普通高等教育"十三五"规划教材

数据库技术与实战
——大数据浅析与新媒体应用

潘瑞芳　徐芝琦　张宝军　编著

电子工业出版社
Publishing House of Electronics Industry
北京·BEIJING

内 容 简 介

本书分为两部分，上篇为基础原理篇，全面讲述了数据库系统概念、关系数据库系统的相关知识、关系数据库标准语言 SQL、关系数据库的规范化理论、数据库设计与管理、大数据与分布式数据库基本知识；下篇为技术应用篇，介绍了 3 个多媒体应用案例，分别是 SQLite 在 Android APP 开发中的应用、MySQL 在 Unity 网络游戏开发中的应用和 SQL Server 在图书管理系统开发中的应用。本书内容丰富，知识新颖，应用案例多样化，既包含关系数据库的基础理论，又介绍了大数据与分布式数据库的基本概念；既有典型的应用案例，又为学生毕业设计提供了应用开发的项目实例。

本书贴合当下数据库主流方向，可作为计算机专业本、专科数据库原理及应用的教材，也可作为数据库开发及应用人员的参考书籍。

未经许可，不得以任何方式复制或抄袭本书之部分或全部内容。
版权所有，侵权必究。

图书在版编目（CIP）数据

数据库技术与实战：大数据浅析与新媒体应用 / 潘瑞芳，徐芝琦，张宝军编著. — 北京：电子工业出版社，2018.3（2024.7重印）
ISBN 978-7-121-33609-6

I. ①数… II. ①潘… ②徐… ③张… III. ①数据库系统－高等学校－教材 IV. ①TP311.13

中国版本图书馆 CIP 数据核字（2018）第 018931 号

策划编辑：戴晨辰
责任编辑：戴晨辰　　　文字编辑：刘　瑀
印　　刷：北京盛通数码印刷有限公司
装　　订：北京盛通数码印刷有限公司
出版发行：电子工业出版社
　　　　　北京市海淀区万寿路 173 信箱　邮编：100036
开　　本：787×1092　1/16　印张：18.25　字数：456 千字
版　　次：2018 年 3 月第 1 版
印　　次：2024 年 7 月第 7 次印刷
定　　价：46.00 元

凡所购买电子工业出版社图书有缺损问题，请向购买书店调换。若书店售缺，请与本社发行部联系，联系及邮购电话：(010) 88254888，88258888。
质量投诉请发邮件至 zlts@phei.com.cn，盗版侵权举报请发邮件至 dbqq@phei.com.cn。
本书咨询联系方式：dcc@phei.com.cn。

前　　言

　　数据库技术是计算机科学与技术学科下发展最快、应用最广的一个分支，它从产生发展到今天不过短短几十年，但其应用却已渗透到生活的各个方面。近年来，云计算、大数据的快速发展，进一步推动了数据库技术的变革，新一代数据库技术应运而生。

　　本书分为两部分，上篇为基础原理篇，包括1～6章；下篇为技术应用篇，包括7～9章，各章配有习题。本书还有配套的实验指导教材，本书中的各知识点在实验教材中均有体现。

　　本书上篇的第1章主要介绍了数据库系统的基本概念；第2章主要介绍了关系数据库系统的相关知识；第3章主要介绍了关系数据库标准语言SQL；第4章主要介绍了关系数据库规范化理论；第5章主要讨论了数据库设计的全过程；第6章概述了大数据与分布式数据库（NoSQL）的基本概念；下篇的第7章主要介绍了SQLite在Android APP开发中的应用，第8章主要介绍了MySQL在Unity网络游戏开发中的应用；第9章主要介绍了SQL Server在图书管理系统开发中的应用。

　　本书内容丰富，知识新颖，应用案例多样化，既包含关系数据库的基础理论，又介绍了大数据与分布式数据库的基本概念；既有典型的应用案例，又为学生毕业设计提供了应用开发的项目实例。本书贴合当下数据库主流方向，可作为计算机专业本、专科数据库原理及应用的教材，也可作为数据库开发及应用人员的参考书籍。

　　本书提供配套电子课件、习题参考答案、案例源代码，任课教师可在华信教育资源网（http://www.hxedu.com.cn）注册后免费下载。

　　本书由浙江传媒学院新媒体学院潘瑞芳、徐芝琦和张宝军编著，其中第1～6章和第9章由潘瑞芳和张宝军编写，第7～8章由徐芝琦编写。

　　由于时间仓促，水平有限，本书难免存在缺点和错误，敬请广大读者批评指正。

编　者

目 录

上篇 基础原理篇

第1章 数据库系统概论 ·· 2
- 1.1 数据库技术的产生与发展 ·· 2
  - 1.1.1 数据管理技术的发展 ·· 2
  - 1.1.2 数据库技术的主要研究领域 ·· 3
- 1.2 数据库系统的基本概念 ··· 3
- 1.3 数据模型 ·· 5
  - 1.3.1 现实世界的抽象过程 ·· 5
  - 1.3.2 概念模型 ·· 5
  - 1.3.3 数据模型 ·· 8
- 1.4 数据库体系结构 ·· 10
- 1.5 小结 ··· 12
- 1.6 习题 ··· 12

第2章 关系数据库 ·· 14
- 2.1 关系模型 ·· 14
  - 2.1.1 基本概念 ·· 14
  - 2.1.2 关系数据库的特点 ·· 15
- 2.2 数据完整性 ··· 16
  - 2.2.1 实体完整性约束 ··· 16
  - 2.2.2 参照完整性约束 ··· 16
  - 2.2.3 用户自定义完整性约束 ··· 17
- 2.3 关系代数 ·· 17
  - 2.3.1 传统的集合运算 ··· 17
  - 2.3.2 关系运算 ·· 19
- 2.4 查询优化 ·· 22
  - 2.4.1 查询优化的概念和策略 ··· 22
  - 2.4.2 关系代数等价变换规则 ··· 22
- 2.5 小结 ··· 24
- 2.6 习题 ··· 24

第3章 关系数据库标准语言SQL ··· 26
- 3.1 SQL语言概述 ··· 26
  - 3.1.1 SQL语言的基本概念 ··· 26
  - 3.1.2 SQL语言的分类 ·· 27

3.1.3 SQL 支持的数据库模式 28
　　3.1.4 标准 SQL 语言与数据库产品中的 SQL 语言 28
3.2 SQL Server 数据库简介 28
　　3.2.1 SQL Server 简介 28
　　3.2.2 SQL Server 2014 的安装 30
　　3.2.3 SQL Server 2014 的使用 36
3.3 数据定义 36
　　3.3.1 模式的定义和删除 36
　　3.3.2 创建基本表 37
　　3.3.3 修改表结构 39
　　3.3.4 删除基本表 40
　　3.3.5 创建索引 40
　　3.3.6 删除索引 41
3.4 数据更新 41
　　3.4.1 插入数据 41
　　3.4.2 修改数据 43
　　3.4.3 删除数据 44
3.5 数据查询 45
　　3.5.1 SELECT 的语法格式 45
　　3.5.2 简单查询 46
　　3.5.3 选择查询 48
　　3.5.4 分组查询 51
　　3.5.5 查询结果排序 53
　　3.5.6 连接查询 54
　　3.5.7 嵌套查询 55
　　3.5.8 使用聚集函数查询 57
　　3.5.9 子查询与数据更新 61
　　3.5.10 集合运算 63
3.6 视图 65
　　3.6.1 视图的作用 65
　　3.6.2 视图的定义 65
　　3.6.3 视图的删除 66
　　3.6.4 使用视图操作表数据 66
3.7 SQL 的数据完整性约束 67
　　3.7.1 事务 68
　　3.7.2 完整性约束 70
3.8 触发器 75
　　3.8.1 触发器的作用 76
　　3.8.2 触发器的组成 76

    3.8.3 触发器的操作 ·· 76
 3.9 存储过程 ·· 77
    3.9.1 存储过程的基本概念 ··· 77
    3.9.2 存储过程的定义 ·· 77
    3.9.3 存储过程的执行 ·· 78
    3.9.4 存储过程的删除 ·· 78
 3.10 嵌入式 SQL 语言 ·· 78
    3.10.1 嵌入式 SQL 语言的基本概念 ··· 78
    3.10.2 嵌入式 SQL 语言需要解决的问题 ·· 79
    3.10.3 嵌入式 SQL 语言的语法格式 ··· 79
    3.10.4 嵌入式 SQL 与宿主语言之间的信息传递 ·· 79
    3.10.5 游标 ·· 81
 3.11 小结 ··· 82
 3.12 习题 ··· 82

第 4 章　关系数据库规范化理论 ·· 84
 4.1 问题的提出 ··· 84
    4.1.1 存在异常的关系模式 ··· 85
    4.1.2 异常原因分析 ·· 86
    4.1.3 异常问题的解决 ··· 87
 4.2 函数依赖 ··· 88
    4.2.1 函数依赖基本概念 ··· 88
    4.2.2 码的函数依赖表述 ··· 89
 4.3 关系模式的规范化 ··· 89
    4.3.1 第一范式 ·· 90
    4.3.2 第二范式 ·· 91
    4.3.3 第三范式 ·· 92
    4.3.4 BCNF 范式 ·· 93
    4.3.5 多值依赖与第四范式 ·· 94
    4.3.6 连接依赖与第五范式 ·· 97
    4.3.7 关系模式的规范化步骤 ··· 98
 4.4 数据依赖的公理系统 ··· 99
 4.5 关系模式的分解 ··· 102
    4.5.1 模式分解中存在的问题 ··· 102
    4.5.2 无损连接 ··· 103
    4.5.3 保持函数依赖 ·· 106
 4.6 小结 ·· 107
 4.7 习题 ·· 108

第 5 章　数据库设计与管理 ·· 109
 5.1 数据库设计概述 ··· 109

  5.1.1 数据库设计方法 ·· 109
  5.1.2 数据库设计的一般步骤 ·· 110
 5.2 需求分析 ··· 112
 5.3 概念结构设计 ··· 114
  5.3.1 概念结构设计概述 ·· 114
  5.3.2 局部概念模型设计 ·· 116
  5.3.3 全局概念模型设计 ·· 117
 5.4 逻辑结构设计 ··· 119
  5.4.1 E-R 模型到关系模型的转换 ·· 120
  5.4.2 关系模型的优化 ·· 123
  5.4.3 设计用户外模式 ·· 123
 5.5 物理结构设计 ··· 123
  5.5.1 选择存取方法 ·· 124
  5.5.2 确定存储结构 ·· 125
  5.5.3 物理结构设计的评价 ··· 126
 5.6 数据库的管理 ··· 126
  5.6.1 数据库的实施阶段 ·· 126
  5.6.2 数据库的运行和维护 ··· 127
 5.7 小结 ··· 128
 5.8 习题 ··· 129

第 6 章 大数据与分布式数据库 ··· 130
 6.1 大数据概述 ··· 130
  6.1.1 大数据概念 ··· 130
  6.1.2 大数据特征和技术特点 ·· 131
  6.1.3 大数据发展 ··· 132
 6.2 大数据应用 ··· 133
  6.2.1 大数据应用的领域 ·· 133
  6.2.2 大数据应用于行业 ·· 135
 6.3 NoSQL 数据库 ··· 138
  6.3.1 NoSQL 简介 ·· 138
  6.3.2 NoSQL 数据库分类 ·· 140
  6.3.3 NoSQL 与关系数据库的比较 ·· 141
 6.4 小结 ··· 142
 6.5 习题 ··· 142

下篇 技术应用篇

第 7 章 SQLite 在 Android APP 开发中的应用 ························· 144
 7.1 SQLite 概述 ··· 144

· VIII ·

		7.1.1 SQLite 简介	144
		7.1.2 SQLite 的特点	144
		7.1.3 SQLite 的局限性	145
		7.1.4 SQLite 基本语句	146
	7.2	SQLite 的使用	146
		7.2.1 SQLite 安装	146
		7.2.2 SQLite 数据类型	149
		7.2.3 SQLite 语法	151
		7.2.4 SQLite 命令	155
	7.3	Android SQLite 类和接口	157
		7.3.1 SQLiteDataBase 类	158
		7.3.2 SQLiteOpenHelper 类	161
	7.4	搭建 Android SQLite 应用	162
		7.4.1 创建新项目工程	162
		7.4.2 定义 UI 界面	163
		7.4.3 定义 schema	170
		7.4.4 创建数据库相关内容	171
		7.4.5 查看数据库文件	182
	7.5	SQLite 应用的注意事项	183
	7.6	小结	184
	7.7	习题	184
第 8 章	MySQL 在 Unity 网络游戏开发中的应用		185
	8.1	服务器的安装和配置	185
		8.1.1 XAMPP 简介	185
		8.1.2 XAMPP 的安装与运行	185
		8.1.3 了解 Apache	190
		8.1.4 了解 MySQL	191
		8.1.5 了解 PHP	192
	8.2	新建 Unity 项目	193
		8.2.1 新建项目	193
		8.2.2 创建 UI	194
	8.3	创建数据库	199
		8.3.1 定义数据库及相关表	199
		8.3.2 插入测试数据	203
	8.4	创建 PHP 脚本	205
		8.4.1 login.php	206
		8.4.2 insertUser.php	209
		8.4.3 userData.php	212

8.5 Unity 中的 WWW 应用 ... 215
    8.5.1 UserBean.cs ... 216
    8.5.2 LoginScripts.cs ... 218
    8.5.3 EnrollScripts.cs ... 221
    8.5.4 DataScripts.cs ... 224
8.6 小结 ... 226
8.7 习题 ... 226

第 9 章 SQL Server 在图书管理系统开发中的应用 ... 227

9.1 图书管理系统案例介绍 ... 227
9.2 技术说明 ... 227
    9.2.1 ASP.NET ... 227
    9.2.2 ADO.NET ... 227
    9.2.3 使用 ADO.NET 进行数据库应用开发 ... 229
9.3 需求分析 ... 229
9.4 系统设计 ... 230
    9.4.1 系统数据流程图 ... 230
    9.4.2 功能模块设计 ... 230
    9.4.3 数据库设计 ... 231
9.5 系统实现 ... 237
    9.5.1 创建数据库和数据表 ... 237
    9.5.2 创建项目 ... 239
    9.5.3 公共类设计 ... 240
    9.5.4 登录模块设计 ... 248
    9.5.5 主界面设计 ... 251
    9.5.6 系统管理 ... 257
    9.5.7 图书管理 ... 264
    9.5.8 读者管理 ... 267
    9.5.9 借阅服务 ... 270
    9.5.10 查询服务 ... 276
9.6 小结 ... 281
9.7 习题 ... 281

参考文献 ... 282

上 篇

基础原理篇

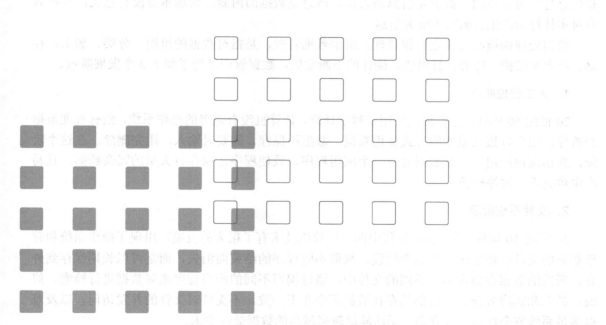

第1章 数据库系统概论

1.1 数据库技术的产生与发展

随着人类社会的不断发展和进步,人们需要处理的数据量越来越大,如何对这些数据进行存储、加工、传输和使用,已日益受到人们的广泛重视。数据库技术就是在这种形势下产生并发展的。

1.1.1 数据管理技术的发展

数据(Data),即人们用符号对客观事物的描述。数据的种类有很多,包括:文字、图像、声音、图形等。数据是事实或观察的结果,是对客观事物的逻辑归纳,是用于表示客观事物的未经加工的原始素材。

数据是信息的表现形式和载体,可以是符号、文字、数字、语音、图像、视频等。数据和信息是不可分离的,数据是信息的表达,信息是数据的内涵。数据本身没有意义,数据只有对实体行为产生影响时才成为信息。

数据处理的核心问题是数据管理,所谓数据管理,是指对数据的组织、分类、加工、存储、检索和维护。随着计算机软、硬件的不断发展,数据管理经历了如下3个发展阶段。

1. 人工管理阶段

20世纪50年代,计算机主要用于科学计算,计算机没有完善的操作系统,没有管理数据的软件,用户以极其原始的方式使用数据,数据不保存,需要时输入,用完删除。在这个阶段,数据面向应用,一组数据对应一个应用程序,致使程序之间存有大量的冗余数据,且易产生数据不一致等问题。

2. 文件系统阶段

20世纪50年代后期到60年代中期,计算机技术有了很大的发展,出现了操作系统和管理数据的文件管理系统。在这个阶段,数据不随程序的结束而消失,而是可以长期保存到外存,所需的数据存储在多个不同的文件中,通过编写不同的应用程序来对数据进行检索、修改、插入和删除等操作。但仍然存在数据冗余和不一致,不支持对文件的并发访问,以及难以满足系统安全性要求等弊端,无法满足越来越高的数据处理要求。

3. 数据库系统阶段

20世纪60年代后期,计算机软、硬件技术的飞速发展带来了数据管理的革命,出现了数据管理的新方式——数据库系统(DBS)。数据库系统主要由数据库和数据库管理系统组成,在数据库系统中，数据以数据库方式存储，使用数据库管理系统可以管理数据库的创建、修改和使用。

与前两种数据管理方式相比，数据库系统具有数据独立性强、冗余小、共享性高、完整性和安全性好等特点。

1.1.2 数据库技术的主要研究领域

数据库技术是使用计算机管理数据的一项新技术，从开始发展到现在，数据库技术已在各行各业得到了广泛应用，是计算机应用的一个重要领域。

数据库是相互关联的数据的集合，但数据库不是简单的数据归集。数据之间包含了一定的逻辑关系，数据库就是根据数据之间的联系和逻辑关系，将数据分门别类地存储。数据库中的数据应具有较小的冗余和较高的数据独立性，可为广大用户所共享。

数据库技术主要应用在需要处理密集型数据的领域，这些领域涉及的数据量大，数据需要长时间保存且为多个应用服务，数据库技术所研究的问题就是如何科学地组织和存储这些数据，以及如何高效地处理和使用这些数据。

1.2 数据库系统的基本概念

1. 数据(Data)

数据，是指用符号记录下来的可区别的信息。在数据库系统中，数据实际上就是可以被计算机存储、识别的信息。

2. 数据库系统(Database System，DBS)

数据库系统是数据库技术在计算机中的应用。数据库系统是一个有机结合的人机系统，严格地讲，它是由计算机硬件系统、操作系统、数据库管理系统、数据库、应用程序、数据库管理员和用户组成的。一个数据库系统不仅需要提供一个界面，使用户可以方便地建立数据库，快捷地检索和修改数据，还需要提供系统软件来管理存储的数据。数据库系统的组成如图1-1所示。

数据库系统必备的特性包括：
- 灵活多样的用户界面；
- 数据的独立性；
- 数据的完整性；
- 查询优化；
- 并发控制；
- 备份与恢复；
- 安全性。

3. 数据库(Database，DB)

在数据库中，数据与数据的逻辑结构同时存储，各数据文件中数据项的逻辑定义都记录在"数据字典"中,通过数据库管理系统,用户可以方便地访问数据库中的数据,数据可高度共享。

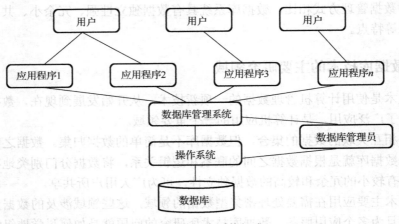

图 1-1 数据库系统组成

4. 数据库管理系统(Database Management System,DBMS)

数据库管理系统是数据库系统的核心,在操作系统的支持下,其对内负责管理数据库中的数据,对外负责对用户提供操作数据库的界面。数据库管理系统的主要功能如下。

(1)数据定义

DBMS 提供了数据定义语言(Data Definition Language,DDL),用于定义数据库中数据的逻辑结构。

(2)数据操纵

DBMS 提供了数据操纵语言(Data Manipulation Language,DML),用于对数据库进行检索、插入、修改和删除等基本操作。数据操纵语言一般分为两类:一类为自主型,一类为宿主型。自主型可独立使用,无须依赖其他程序设计语言;而宿主型则需嵌入到其他程序设计语言(如 C 语言等)中。

(3)数据库运行控制

DBMS 提供了运行控制机制,包括:数据完整性控制、并发控制、安全性控制及数据备份和恢复功能。

5. 数据库管理员(DataBase Administrator,DBA)

数据库管理员不仅要熟悉数据库管理软件的使用,还应熟悉本行业的业务工作,其主要职责是:管理用户对数据库及相关软件的使用,对数据库进行维护,确保数据库正常运行。

6. 用户(User)

用户,即数据库的使用者,不同的用户可通过不同的方式访问数据库,既可通过良好的用户界面访问数据库,也可使用数据库语言直接访问,但必须是已经授权的用户,不同的用户被授予的访问权限也可能不同。

1.3 数据模型

1.3.1 现实世界的抽象过程

现实世界是指实际存在的事物或现象。各种事物都有着自己的许多特性，在众多的事物之间，它们又存在着千丝万缕的联系。

现实存在的事物，例如：桌子、人，桌子有高有低、有方有圆、有黄有红等；人有男有女、有胖有瘦、有白有黑等。这些都是事物自身拥有的特性，这些事物用计算机是无法直接处理的，只有将这些事物的特性数据化以后，才能被计算机所接受，才能被计算机处理。但是如何将现实世界的这些事物转换成计算机所能处理的数据，也就是如何将这些事物的特性及事物之间的联系转换成数据，就是本节要讨论的现实世界的抽象过程。

现实事物是不可能自动转换成计算机所能处理的数据的，它必须通过人的帮助才能转换。首先，应是人对现实世界的事物有了发现，这种发现通过人们的头脑反应、理解后，转换成信息，然后将这些在人的头脑中反应的信息转换成计算机所能处理的数据。一般来说，我们把现实世界实际存在的东西称为事物，每件事物都有其基本特征，现实世界中的事物在人脑中的反应称为信息，这些信息被具体描述成一个个实体，这些实体就对应于现实世界的一件件事物，而事物的特征即被描述成实体的属性，再把信息在计算机中的物理表示称为数据，对应于实体和属性，在数据世界中称为记录和数据项。现实世界的抽象过程见图 1-2。

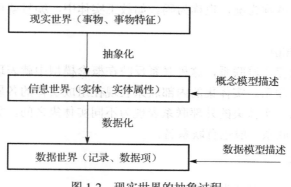

图 1-2 现实世界的抽象过程

1.3.2 概念模型

信息世界是现实世界转换到数据世界(又称机器世界)的中间环节，是人们对现实世界的认识和理解。信息世界用概念模型描述，概念模型不依赖于具体的机器世界，而是与现实世界紧密联系。要进行数据库设计，首先必须给出概念模型，概念模型能很好地体现出设计人员的思想，且设计简单，有利于设计人员与用户交流。

1. 基本概念

(1) 实体(Entity)

实体即客观存在且可区别的事物在信息世界的反映,实体既可以是实际的事物,又可以是一种概念或现象,例如,一个教师、一本书、一堂课、一个程序等都可称为实体。

(2) 实体集(Entity Set)

具有相同属性名,而属性值可有所不同的实体的集合即为实体集。在实体集中,不能存在两个或两个以上相同的实体,如学校的全体教工、书店的全部书籍、工厂的所有设备等都是实体集。为了区别不同的实体集,应给每个实体集取一个名字,称为实体名。

(3) 实体型(Entity Type)

实体型即实体集的命名表示,由实体名和实体集的各属性名构成。如教工登记表(编号,姓名,性别,年龄,婚否,职称,部门)就是全体教工实体集的实体型。

(4) 属性(Attribute)

属性即事物具有的具体特征,在实体中称为属性,实体是由若干个属性来描述的。如教工实体是由编号、姓名、性别、年龄、婚否、职称、部门这些属性来描述的。

(5) 域(Domain)

某个属性的取值范围称该属性的域。如性别的域为"男"和"女",姓名的域取 8 个字节长的字符串,职称的域定义为"教授"、"副教授"、"讲师"、"助教"等。域限制属性的取值。

(6) 键(Key)

在实体集中,不允许完全相同的两个实体存在,即在同一个实体集中的实体,相互间至少应有一个属性(或属性组)的值不同,也就是应有一个能唯一区分一个实体的属性或属性组存在,该属性或属性组就称为键,也称为码。如教工实体中,编号就可作为键,因为每个编号只对应一个教工实体。

(7) 联系(Relationship)

现实世界中的事物存在着联系,这种联系反映在概念模型中就表现为实体集本身内部的联系和实体集间外部的联系。实体集的内部联系表现在组成实体的各属性之间,如姓名与职称之间是"拥有"关系;实体集的外部联系表现为不同实体集之间,如教师实体与学生实体之间是"教学"关系。联系一般也有联系名。

2. 实体集间的联系

两个实体集间的联系一般分为 3 类。

(1) 一对一联系(1:1)

假设有两个实体集 A 和 B,如果实体集 A 中的每个实体至多与实体集 B 中的一个实体相联系,而实体集 B 中的每个实体也至多与实体集 A 中的一个实体相联系,则称实体集 A 与实体集 B 或实体集 B 与实体集 A 是一对一联系,一般可记为 1:1,如图 1-3 所示。

例如,一个部门只有一个主任,而一个主任也只在一个部门任职。则可认为主任与部门之间是一对一联系。

(2) 一对多联系($1:n$)

假设有两个实体集 A 和 B,如果实体集 A 中的每个实体都可以与实体集 B 中的多个实体相联系,而实体集 B 中的每个实体却至多只能够与实体集 A 中的一个实体相联系,则称实体集 A 与实体集 B 是一对多联系,一般可记为 1∶n。例如,一个班级可以有多名学生,而每个学生只能在一个班级中。则可认为班级与学生之间是一对多联系,如图 1-4 所示。

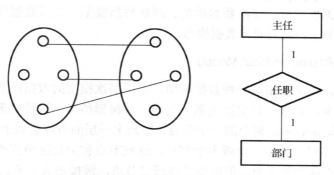

图 1-3 两个实体集间的一对一联系

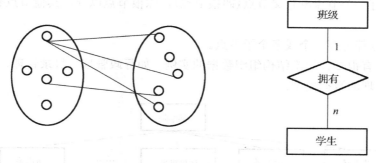

图 1-4 两个实体集间的一对多联系

(3) 多对多联系($m∶n$)

假设有两个实体集 A 和 B,如果实体集 A 中的每个实体都能够与实体集 B 中的多个实体相联系,而实体集 B 中的每个实体也能够与实体集 A 中的多个实体相联系,则称实体集 A 与实体集 B 或实体集 B 与实体集 A 是多对多联系,一般可记为 $m∶n$。例如,一个教师可以教多门课程,一门课也可由多个教师任教。则可认为教师与课程之间是多对多联系。如图 1-5 所示。

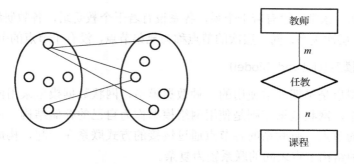

图 1-5 两个实体集间的多对多联系

1.3.3 数据模型

数据模型是指数据在数据库中的存储结构,任何一种数据库管理系统都支持一种数据模型。较为常见的数据模型有:层次数据模型、网状数据模型、关系数据模型。近年来还出现了一种新的数据模型——面向对象数据模型。

1. 层次数据模型(Hierarchical Model)

层次数据模型是最早使用的一种数据模型,采用层次模型的数据库通过链接方式将相互关联的记录组织起来,形成一种层次关系,构成一种树形结构。这种树形结构,就像一棵倒挂的树,若把每条记录看成是树上的一个节点,则最上一层的节点类似于树根,称为根节点。结构中的每个节点都可以链接一个或多个节点,这些节点称为后继节点或子节点。与子节点相链接的上一层节点称为该子节点的前驱节点或父节点,链接则表示节点之间的联系。

层次数据模型的特点包括:
- 有且仅有一个节点没有父节点(即根节点),除根节点以外,其他节点有且只有一个父节点;
- 每个节点都可有一个或多个子节点。

现实生活中有很多按层次结构组织数据的实例,如行政管理、目录管理、族谱等。图1-6为某学院行政管理的数据模型。

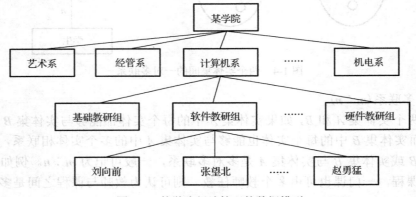

图1-6 某学院行政管理的数据模型

由图1-6可知,该学院设有若干个系,各系设有若干个教研组,各教研组又拥有若干名教师,因此形成一种层次关系,同一层次的节点称为兄弟节点,没有子节点的节点称为叶子节点。

2. 网状数据模型(Network Model)

网状数据模型也是早期经常使用的一种数据模型,网状数据模型采用网状结构表示实体和实体之间的联系,网状数据库则是使用网络模型作为自己的存储结构。在此结构中,各记录便组成网络中的节点,有联系的各节点通过链接的方式联系在一起,构成一个网状结构,即图形结构,这种结构节点之间的联系较为复杂。

网状数据模型的特点包括:
- 允许多个节点没有父节点,允许节点有多个父节点;

- 允许两个节点之间有多种联系。

例如，在某学院教学管理中，系、教师、专业、学生之间的联系就构成一个网状结构，如图 1-7 所示。

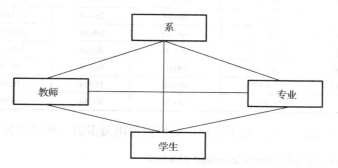

图 1-7 某学院教学管理的数据模型

由图 1-7 可知，一个系可以拥有教师、学生和专业；一个教师可以属于一个系、可以教若干学生、可以任教某个专业；一个学生又可属于某个系、可以由某些教师教课、可以学某个专业；一个专业可以被设在某个系、可以由某些教师任教、可以被某些学生选修。它们之间就构成一个复杂的网状结构。

3．关系数据模型（Relational Model）

关系数据模型是目前使用最广泛的一种数据模型，关系数据模型以其概念简单清晰、操作直观方便、易学易用等优势，受到了众多用户的青睐。现在 90%以上的数据库产品都是以关系模型为基础的。关系数据模型采用关系作为逻辑结构，关系实际上就是一张张二维表，一般简称表。

关系数据模型的特点包括：

- 每张二维表都是由行和列构成的，每行称为一条记录（或一个元组），每列称为一个字段（或一个属性）；
- 关系模型中，实体及实体间的联系都用关系来表示，其操作对象和操作结果都是关系。

例如，学院的教工管理、学生学籍管理等一般都采用关系数据模型（即使用表），如表 1-1、表 1-2 所示。

表 1-1 教工登记表

教师编号	姓 名	性 别	年 龄	婚 否	职 称	基本工资	部 门
JSJ001	江河	男	30	1	讲师	880.00	计算机系
JSJ002	张大伟	男	24	0	助教	660.00	计算机系
JGX001	王冠	男	32	1	讲师	800.00	经管系
JGX002	刘柳	女	38	1	副教授	1000.00	经管系
JCB002	张扬	女	28	0	讲师	800.00	基础部
JGX003	王芝环	女	24	0	助教	500.00	经管系
JCB001	汪洋	男	27	1	NULL	NULL	基础部

表 1-2 教工工资表

工资号	姓名	基本工资	岗位补贴	奖金	扣除	实发工资
1	江河	880.00	400.00	400.00	250.00	1430.00
2	张大伟	660.00	300.00	250.00	120.00	1090.00
3	王冠	800.00	400.00	300.00	200.00	1300.00
4	刘柳	1000.00	600.00	400.00	260.00	1740.00
5	张扬	800.00	400.00	300.00	180.00	1320.00
6	王芝环	500.00	300.00	150.00	150.00	800.00
7	李力	900.00	600.00	400.00	236.00	1664.00

关系模型数据库操作方便、便于管理，是目前使用最多的一种数据模型。

4．面向对象数据模型（Object-Oriented Model）

前三种数据模型所支持的数据类型有限，不能实现对诸如声、像、画、影视等数据的处理，面向对象数据模型是随着数据库技术的飞速发展应运而生的一种新型的数据模型。面向对象模型以对象为基本结构，而向对象数据库是数据库技术与面向对象技术相结合的产物，面向对象数据库系统能够有效地处理计算机辅助设计、办公自动化、多媒体应用等方面的数据库应用，是目前数据库技术的热点研究方向。不过，与关系数据库相比，面向对象数据库技术与理论还不是很成熟。

1.4 数据库体系结构

数据库的体系结构分为 3 层：数据库的物理结构、数据库的逻辑结构、数据库的视图结构。数据库的物理结构是数据的物理存储方式，一般称为内模式；数据库的视图结构是用户的数据视图，最接近用户，一般称为外模式；数据库的逻辑结构介于物理结构和视图结构两者之间，一般称为模式。对于一个数据库系统来说，只有一个内模式，也只有一个模式，但可有多个外模式，如图 1-8 所示。

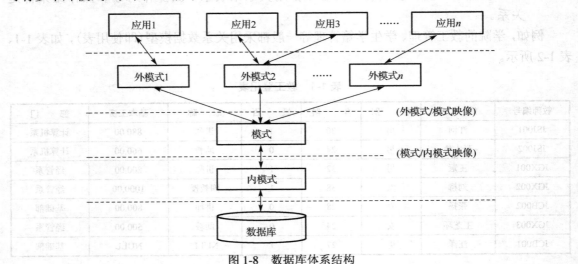

图 1-8 数据库体系结构

1. 模式

模式(Schema)是数据库的逻辑结构。模式又称为逻辑模式(Logic Schema)或概念模式(Conceptual Schema)，表示数据库的全部信息内容，定义数据库全部数据的逻辑结构，其形式比数据的物理结构抽象些，主要描述数据库中存储什么数据，以及这些数据之间有何种关系。

2. 外模式

外模式(External Schema)是数据库的视图结构。外模式又称为子模式或用户模式，是最接近用户的模式，是模式的子集，即从模式中抽取的部分或全部，对应于不同的用户。用户的应用目的不同、使用权限不同，对应的外模式的定义就不同，每个用户只能使用自己权限范围内能调用的外模式的数据，而无法涉及其他外模式的数据。

3. 内模式

内模式(Internal Schema)是数据库的物理结构。内模式又称为存储模式(Storage Schema)或物理模式(Physical Schema)，是整个数据库的最底层表示，用于定义数据的存储方式和物理结构。

4. 映像

数据库体系结构中，还定义了二级映像(Mapping)——模式/内模式间的映像和外模式/模式间的映像，以保证数据库系统的数据具有较高的独立性。下面介绍与映像相关的几个概念。

数据独立性：是指当修改某一层次的模式定义时，不至于影响其上一层次模式定义的能力。数据独立性包括两个层次：一是物理独立性，二是逻辑独立性。

物理独立性：是指用户的应用程序与存储在数据库中的数据是相互独立的，应用程序处理的是数据的逻辑结构，至于存储文件中的数据在磁盘中如何存储，用户无须了解，当存储文件中的数据在磁盘中的存储位置发生改变时，应用程序无须发生改变。

也就是说，应用程序不依赖于数据库中存放数据的物理结构，我们可以对存储的数据进行修改，而不必去改动应用程序。例如，原有数据是按一种标准顺序存储的，若要改用另一种标准进行存储，则对物理数据的改变并不会影响到现有的数据库的逻辑结构以及数据库的应用程序。

逻辑独立性：是指用户的应用程序与数据库定义的逻辑结构是相互独立的，当数据库的逻辑结构发生变化时，不至于影响到用户的应用程序。

也就是说，我们可以单独对数据库的逻辑结构进行修改，而不必修改使用数据库的应用程序。例如，数据库中有一"教师登记表"，我们要给该表添加一个字段"职务"，只需对表的逻辑结构进行修改，要用到这个表的应用程序都无须改动。

模式/内模式映像：定义了模式与内模式之间的对应关系，当数据库的存储结构发生改变时，只要改变相应的模式/内模式映像，就可使模式保持不变，从而使外模式也保持不变。模式/内模式映像是保持数据物理独立性的关键。

外模式/模式映像：定义了外模式与模式之间的对应关系，当模式发生改变时，只要改变相应的外模式/模式映像,可使外模式保持不变。外模式/模式映像是实现数据逻辑独立性的关键。

1.5 小结

本章主要介绍了数据库系统的基本概念,主要内容如下。
(1) 数据管理技术发展的3个阶段：人工管理阶段、文件系统阶段、数据库系统阶段。
(2) 数据库系统的组成：由计算机硬件系统、操作系统、数据库管理系统、数据库、应用程序、数据库管理员和用户组成。
(3) 现实世界的抽象过程：现实世界(事物、事物特征)→信息世界(实体、实体属性)→数据世界(记录、数据项)。
(4) 概念模型的基本概念：实体、实体集、实体型、属性、域、键、联系等。
(5) 实体间的联系类型：一对一、一对多、多对多。
(6) 常见的数据模型：层次模型、网状模型、关系模型。
(7) 数据库系统的三级模式结构及二级映像：模式、外模式、内模式及外模式/模式映像和模式/内模式映像。

1.6 习题

一、填空题

1. 数据管理技术经历了_____、_____、_____三个阶段。
2. DBMS 是指_____,它是位于_____和_____之间的一层管理软件。
3. 实体间的联系一般分为三类：_____、_____、_____。
4. 数据库具有数据结构化和最小的_____及较高的_____等特点。
5. 每个关系实际上就是一张_____。

二、选择题

1. 数据库管理系统可实现对数据库中的数据进行查询、插入、修改和删除,这类功能称为( )。
   A. 数据定义功能 B. 数据操纵功能
   C. 数据控制功能 D. 数据管理功能
2. 要保证数据库的数据独立性,需要修改的是( )。
   A. 模式与外模式 B. 模式与内模式
   C. 三级模式间的二级映像 D. 模式、外模式、内模式
3. 在数据库的三级模式结构中,用于描述数据库中全体数据的全局逻辑结构和特性的是( )。
   A. 外模式 B. 模式 C. 内模式 D. 视图模式

4. 数据模型是（　　）。
   A．文件的集合　　　　　　　　B．数据的集合
   C．记录的集合　　　　　　　　D．记录及其联系的集合
5. 现实世界中事物的特征在信息世界中称为实体的（　　）。
   A．属性　　　　B．域　　　　C．元组　　　　D．联系

三、简答题

1. DBMS 的主要功能是什么？
2. 什么是数据库？
3. 什么是数据独立性？数据独立性包括哪两个层次？
4. 什么是两个实体间的一对多的联系？试举一例。
5. 关系数据模型有什么优点？

第 2 章 关系数据库

关系数据库系统是基于关系模型的数据库系统,采用多张二维表存储数据,是目前使用最广泛的数据库系统。目前市场上的关系数据库管理系统也很多,常见的有:SQL Server、Oracle、Sybase、Foxbase、DB2 等。

2.1 关系模型

2.1.1 基本概念

关系模型是建立在严格的数学理论基础上的,关系模型由关系数据结构、关系数据操纵和关系数据完整性 3 部分组成。关系数据结构是指数据库中数据的结构,它以二维表的形式表现;关系操纵是指对表进行操作所使用的方法,较重要且常用的方法有 3 个:选择、投影和连接;关系数据完整性是指数据库中的表必须满足的某些完整性约束,常用的是实体完整性约束、参照完整性约束和用户自定义完整性约束。

关系模型中的任何关系都表现为一个二维表的形式,即由行和列构成的表。如表 2-1 所示,该表表示了关系数据库中的一个关系。

表 2-1 学生干部登记表

学 号	姓 名	性 别	年 龄	班 级	任 职	教师编号
J2004001	李宏伟	男	19	04 计算机 1 班	班长	JSJ001
J2003005	张华东	男	20	03 电商 1 班	班长	JSJ002
G2003102	江蔚然	女	19	03 国贸 2 班	学习委员	JGX001
G2003209	刘芳红	女	20	03 经管 1 班	副班长	JGX002

关系模型中涉及的基本关系术语如下。

关系(Relation):一个关系即一张二维表。每个关系必须有一个关系名。如表 2-1 就是一个关系,关系名为"学生干部登记表"。

属性(Attribute):又称字段,即关系中的列数据。每个属性必须有一个属性名。一个关系中不允许有同名属性,且属性不允许再分。

在表 2-1 中,学号、姓名、性别、年龄、班级、教师编号都是这个关系的属性。

元组(Tuple):又称记录,即关系中的行数据。一个关系中不允许有完全相同的两个元组。

在表 2-1 中有 4 个元组,每个元组都依次包含了学号、姓名、性别、年龄、班级、教师编号这些属性的值,其中学号可以区分每个元组。可见,元组是属性的集合,关系是元组的集合。

分量(Component):一个元组在一个属性上的值称为该元组在这个属性上的分量。

域(Domain)：即某个属性可以取值的范围。

在表2-1中，"姓名"的取值范围定义为4个字长的字符串；"学号"的取值范围定义为8个字节长的字符串。

键(Key)：如果某关系中的一个属性或属性组能唯一地标识一个元组，且又不包含多余的属性，则该属性或者属性组就称为该关系的候选键，又称候选码，一般简称键(码)。

在表2-1中，"学号"能唯一地标识该关系中的一个元组，"学号"就可作为该关系的键；同样，若"姓名"没有相同值，也可作为该关系的键。

主键(Primary Key)：又称主码，一个关系中可以有一个或多个键，但至少要有一个键。如果一个关系中有多个键，则选择一个作为主键，每个关系中有且只有一个主键。

在表2-1中，可选"学号"作为该关系的主键。

外键(Foreign Key)：又称外码，是一个或多个列的组合，它存在于两个表中，在一个表中它一般是主键(也可是UNIQUE约束列)，该表称为父表；在另一个表中它不是主键，该表称为子表。通过这个列或列的组合可将这两个表关联起来，那么这个列或列的组合就可称为子表相对于父表的外键。

例如，若通过"教师编号"将表1-1和表2-1关联起来，则"教师编号"就是表2-1相对于表1-1的外键。

组合键(Composite Key)：由两个或两个以上属性组合而构成的键称为组合键，又称组合码。

全键(All Key)：是指在一个关系中，包含所有属性的键，又称全码。

主属性(Prime Attribute)：包含在任何一个候选键中的属性称为主属性。

非主属性(Non-Prime Attribute)：不包含在任何一个候选键中的属性称为非主属性。

空值(NULL)：指未知值，表现为未输入。零或长度为零的字符串都不是空值。

关系模式(Relation Mode)：某个关系的关系名及其所有属性的集合称为该关系的关系模式，一般表示为：

关系名(属性名1，属性名2，……，属性名n)

如"学生干部登记表"这个关系的关系模式可表示为：

学生干部登记表(学号，姓名，性别，年龄，班级，任职，教师编号)

关系模式描述的是一个关系的结构。其对关系有一个最基本的限制要求，即关系中的每个分量都是不可再分的数据项，即不允许表中有表。如表2-2就不符合关系模型对关系的要求，因此也就不能称之为关系。

表2-2 非关系表

工资号	姓名	性别	职称	工资		
				基本工资	奖金	岗位补贴
……	……	……	……	……	……	……

2.1.2 关系数据库的特点

关系数据库是所有相关联的关系的集合，它以关系数据模型作为数据结构。一个关系就是一张表，如表1-1"教工登记表"和表1-2"教工工资表"就是一个数据库中的两个关系(表)。

关系数据库是现代流行的数据库系统中应用最为普遍的一种，有着严格的数学基础，是最有效的数据组织方式之一。

关系数据库的特点包括：
- 一张表中包含了一列或数列；
- 一张表中包含了零行或数行；
- 表中的行没有特殊的顺序；
- 表中的列没有特殊的顺序；
- 表中每个列必须有一个列名，同一表中不能有同名列；
- 同一列的属性值全部来自同一个域；
- 表中不能有完全相同的两个行，即至少有一个列的值能区分不同的行；
- 在表中每行、列的交界处是数据项，每个数据项一般有且只有一个值。

2.2 数据完整性

数据完整性是指数据库中的表应满足的某些完整性约束，以保证数据库中数据的正确性和一致性，保证数据库中数据的质量。数据完整性是关系模型的一个重要组成部分，本节介绍数据完整性约束，其中，实体完整性和参照完整性是关系模型必须满足的两个完整性约束条件。

2.2.1 实体完整性约束

实体完整性约束（Entity Integrity Constraint）主要用于限制关系中所有的记录唯一，即表中所有的记录都可区分。一般在一个表中规定一个主码，则主码列（可以是组合列）的值必须存在，不为空值且唯一。

例如，在表 1-1 "教工登记表"中，可把"编号"列定义为主码列，每个教工的编号必须互不相同，且不能为空值或不存在，这样就可通过"编号"列的值来唯一区别"教工登记表"中的每条记录，这时当用户输入"编号"列数据时，关系数据库管理系统（RDBMS）就会进行实体完整性检查。目前的 RDBMS 都支持实体完整性约束，但并没有强制。

2.2.2 参照完整性约束

参照完整性约束（Referential Integrity Constraint）涉及两个或两个以上关系的数据一致性的维护，即参照完整性约束是对不同关系之间有关联的数据的约束，一般使用外码来实现参照完整性约束。假设有两个关系 $R1$ 与 $R2$，字段（或字段组）A 是 $R1$ 的外码，同时又是 $R2$ 的主码，则在 $R1$ 中的每条记录在 A 上的值必须是 $R2$ 中某记录的主码值或空值。

例如，有以下两关系：

教工登记表（教师编号，姓名，性别，年龄，职称，部门）
学生干部登记表（学号，姓名，性别，年龄，班级，教师编号）

"教师编号"是关系"教工登记表"的主码，"学号"是关系"学生登记表"的主码，则

"教师编号"是关系"学生登记表"的外码,在"学生登记表"中的"教师编号",要么取"教工登记表"中的值,要么取空值,不能取其他任何值,以确保"学生登记表"中"教师编号"的值与"教工登记表"中"教师编号"的值一致。

2.2.3 用户自定义完整性约束

用户自定义完整性约束是根据用户的具体需要,由用户自己定义的特殊约束。一般关系数据库系统都提供这种完整性约束机制,以满足各种用户不同的需要。例如,"教工登记表"中的年龄值不能大于 60,性别只能取"男"或"女"等。

2.3 关系代数

关系代数(Relational Algebra)是一种抽象的查询语言,通过对关系的运算来表达查询。关系代数的运算可分为两类:一类是传统的集合运算,包括并、交、差、广义笛卡儿积等;另一类是专门的关系运算,包括选择、投影、连接和除。关系运算的运算对象是关系运算结果也是关系。

2.3.1 传统的集合运算

传统的集合运算都是二目运算,包括以下 4 种。

1. 并(Union)

设有相同结构的两个关系 R 和 S,则 R 和 S 的并运算记作:

$$R \cup S = \{t \mid t \in R \vee t \in S\}$$

其中:$\cup$ 为并运算的运算符,t 为并运算的运算结果集。结果集 t 中的记录,来自关系 R 或关系 S。即 R 与 S 并运算的结果集,是由属于 R 或属于 S 的记录组成的。

例 2-1 有如下两个关系 R(表 2-3)和 S(表 2-4),求 R 和 S 并运算的结果。

表 2-3 关系 R

姓 名	性 别	职 称
王小城	男	讲师
李大为	男	副教授
张宏伟	男	讲师
江卫红	女	助教

表 2-4 关系 S

姓 名	性 别	职 称
王小城	男	讲师
周未来	男	副教授
江卫红	女	助教
梁小依	女	副教授

解: 两个关系 R 和 S 并运算的结果见表 2-5。

2. 交(Intersection)

设有相同结构的两个关系 R 和 S,则 R 和 S 的交运算记作:

$$R \cap S = \{t \mid t \in R \wedge t \in S\}$$

其中:$\cap$ 为交运算的运算符,t 为交运算的运算结果集。结果集 t 中的记录,必须同时来自于关系 R 和关系 S。即 R 与 S 交运算的结果集由既属于 R 又属于 S 的记录组成。

例 2-2 有如例 2-1 的两个关系 R 和 S，求 R 和 S 交运算的结果。

解：两个关系 R 和 S 交运算的结果见表 2-6。

表 2-5 R∪S

姓　名	性　别	职　称
王小城	男	讲师
李大为	男	副教授
张宏伟	男	讲师
江卫红	女	助教
周未来	男	副教授
梁小依	女	副教授

表 2-6 R∩S

姓　名	性　别	职　称
王小城	男	讲师
江卫红	女	助教

3. 差（Difference）

设有相同结构的两个关系 R 和 S，则 R 和 S 的差运算记作：

$$R - S = \{t \mid t \in R \wedge t \notin S\}$$

其中，−为差运算的运算符，t 为差运算的运算结果集。结果集 t 中的记录，必须是来自于关系 R 而不来自于关系 S。即 R 与 S 差运算的结果集由属于 R 但不属于 S 的记录组成。

例 2-3 有如例 2-1 的两个关系 R 和 S，求关系 R 和 S 的差运算的结果。

解：两个关系 R 和 S 差运算的结果见表 2-7。

表 2-7 R−S

姓　名	性　别	职　称
李大为	男	副教授
张宏伟	男	讲师

4. 广义笛卡儿积（Extended Cartesian Product）

设有 n 目关系 R 和 m 目关系 S，则 R 和 S 的广义笛卡儿积记作：

$$R \times S = \{\widehat{t_r t_s} \mid t_r \in R \wedge t_s \in S\}$$

其中，×为广义笛卡儿积运算的运算符，$\widehat{t_r t_s}$ 表示由两条记录 t_r 和 t_s 连接而成的一条记录。其中，前 n 个字段构成的记录 t_r 是 R 的记录，后 m 个字段构成的记录 t_s 是 S 的一个记录。R 和 S 的广义笛卡儿积的记录数是 R 的记录数与 S 的记录数相乘后的积。

例 2-4 有如例 2-1 的两个关系 R 和 S，求关系 R 和 S 的广义笛卡儿积。

解：两个关系 R 和 S 的广义笛卡儿积见表 2-8。

表 2-8 R×S

姓　名	性　别	职　称	姓　名	性　别	职　称
王小城	男	讲师	王小城	男	讲师
王小城	男	讲师	周未来	男	副教授
王小城	男	讲师	江卫红	女	助教
王小城	男	讲师	梁小依	女	副教授
李大为	男	副教授	王小城	男	讲师

续表

姓 名	性 别	职 称	姓 名	性 别	职 称
李大为	男	副教授	周未来	男	副教授
李大为	男	副教授	江卫红	女	助教
李大为	男	副教授	梁小依	女	副教授
张宏伟	男	讲师	王小城	男	讲师
张宏伟	男	讲师	周未来	男	副教授
张宏伟	男	讲师	江卫红	女	助教
张宏伟	男	讲师	梁小依	女	副教授
江卫红	女	助教	王小城	男	讲师
江卫红	女	助教	周未来	男	副教授
江卫红	女	助教	江卫红	女	助教
江卫红	女	助教	梁小依	女	副教授

2.3.2 关系运算

1. 选择(Select)运算

选择运算即在指定的某个关系 R 中，找出满足给定条件的记录，组成新的关系的操作。选择运算是一元操作关系，一般记作：

$$\sigma_F(R)$$

其中：F 表示给定的选择条件，一般是关系表达式(运算符包括：$>$、$<$、$>=$、$<=$、$=$、$<>$)或逻辑表达式(运算符包括：$\wedge$、$\vee$、$\neg$)，选择运算的值为逻辑值"真"或"假"，R 为给定关系的关系名。

选择运算的结果关系中的所有字段都是原关系中的字段，结果关系中的所有记录都是原关系中的记录。

例 2-5 从表 1-1 "教工登记表"中，选择"计算机系"的"讲师"的记录，构成一个新的关系。

解：

$$\sigma_{\text{部门}='\text{计算机系}' \wedge \text{职称}='\text{讲师}'}(\text{教工登记表})$$

运算结果如表 2-9 所示。

表 2-9 选择运算结果

教师编号	姓 名	性 别	年 龄	婚 否	职 称	基本工资	部 门
JSJ001	江河	男	30	1	讲师	880.00	计算机系

2. 投影(Projection)运算

投影运算即在指定的某个关系 R 中，找出包含指定字段的记录，组成新的关系的操作。投影运算也是一元操作关系，一般记作：

$$\Pi_{<\text{属性名表}>}(R)$$

其中：R 表示给定的关系的关系名，<属性名表>包含关系 R 中的一个或多个字段，各字段间用逗号隔开。

投影运算后，一般取消了指定关系中的某些字段，而且还有可能取消指定关系中的某些记录，因为取消了某些字段后，就有可能出现某些重复的记录，这些重复的记录也要被取消。

例 2-6 在表 1-1 "教工登记表"中，对"姓名""职称"列进行投影。

解：
$$\Pi_{姓名,职称}(教工登记表)$$

运算结果如表 2-10 所示。

例 2-7 在表 2-3 关系 R 中，对"性别""职称"列进行投影。

解：
$$\Pi_{性别,职称}(R)$$

运算结果如表 2-11 所示。

表 2-10 投影运算结果

姓　　名	职　　称
江河	讲师
张大伟	助教
王冠	讲师
刘柳	副教授
张扬	讲师
王芝环	助教
汪洋	NULL

表 2-11 投影运算结果

性　　别	职　　称
男	讲师
男	副教授
女	助教

注意：运算结果中有两行"男，讲师"的记录，只取一行。

3. 连接(Join)运算

连接又称 θ 连接，即在两个关系的笛卡儿积的运算结果上，选取满足指定条件的记录构成新的关系的操作。连接运算是二元操作关系，一般记作：

$$R \underset{A\theta B}{\bowtie} S = \sigma_{A\theta B}(R \times S)$$

其中：θ 是关系运算符(>、<、>=、<=、=、<>)，A 和 B 分别是 R 和 S 上度数相等且可比的字段值。

连接中最常使用且最重要的为等值连接(Equivalence Join)和自然连接(Natural Join)。

(1) 等值连接(Equivalence Join)

在 θ 连接中，当 θ 为"="时，该连接称为等值连接。等值连接从两个关系(R 和 S)的笛卡儿积的运算结果上，选取 A、B 字段值相等的那些记录构成新的关系。

例 2-8 对表 1-1 "教工登记表"和表 1-2 "教工工资表"按"姓名"相同进行等值连接。

解： 等值连接的结果如表 2-12 所示。

由结果可以看出，有"姓名""基本工资"两个字段重复，即在等值连接中，若连接的两个关系中，有 n 个重复的字段，则连接结果便有 n 个冗余列，这是等值连接所欠缺的地方。为了消除这些冗余数据，一般采用自然连接。

表 2-12　等值连接运算结果

教师编号	姓名	性别	年龄	婚否	职称	基本工资	部门	工资号	姓名	基本工资	岗位补贴	奖金	扣除	实发工资
JSJ001	江河	男	30	1	讲师	880.00	计算机系	1	江河	880.00	400.00	400.00	250.00	1430.00
JSJ002	张大伟	男	24	0	助教	660.00	计算机系	2	张大伟	660.00	300.00	250.00	120.00	1090.00
JGX001	王冠	男	32	1	讲师	800.00	经管系	3	王冠	800.00	400.00	300.00	200.00	1300.00
JGX002	刘柳	女	38	1	副教授	1000.00	经管系	4	刘柳	1000.00	600.00	400.00	260.00	1740.00
JCB002	张扬	女	28	0	讲师	800.00	基础部	5	张扬	800.00	400.00	300.00	180.00	1320.00
JGX003	王芝环	女	24	0	助教	500.00	经管系	6	王芝环	500.00	300.00	150.00	150.00	800.00

(2) 自然连接(Natural Join)

自然连接，即将两个关系在等值连接的基础上，消除冗余列(重复字段)，形成新的关系的操作。

例 2-9　对表 1-1 "教工登记表"和表 1-2 "教工工资表"按"姓名"相同进行自然连接。

解：自然连接的结果如表 2-13 所示。

表 2-13　自然联结运算结果

教师编号	姓名	性别	年龄	婚否	职称	部门	工资号	基本工资	岗位补贴	奖金	扣除	实发工资
JSJ001	江河	男	30	1	讲师	计算机系	1	880.00	400.00	400.00	250.00	1430.00
JSJ002	张大伟	男	24	0	助教	计算机系	2	660.00	300.00	250.00	120.00	1090.00
JGX001	王冠	男	32	1	讲师	经管系	3	800.00	400.00	300.00	200.00	1300.00
JGX002	刘柳	女	38	1	副教授	经管系	4	1000.00	600.00	400.00	260.00	1740.00
JCB002	张扬	女	28	0	讲师	基础部	5	800.00	400.00	300.00	180.00	1320.00
JGX003	王芝环	女	24	0	助教	经管系	6	500.00	300.00	150.00	150.00	800.00

由结果可以看出，等值连接的两个重复字段"姓名""基本工资"都分别被消除一个。

需要注意的是，在等值连接中，不要求相等的分量必须有相同的字段名，但自然连接则要求相等的分量必须有相同的字段名。

4. 除(Division)运算

除运算是同时从行和列的角度进行的运算，是一个二元操作。

给定关系 $R(X,Y)$ 和 $S(Z)$，其中 X、Y、Z 为字段集合。假设 R 中的 Y 与 S 中的 Z 有相同的字段个数，且对应的字段出自相同的域。则 R 与 S 除运算得到一个新的关系 $P(X)$，该关系 P 是关系 R 在字段 X 上投影的一个子集，该子集和 $S(Z)$ 的笛卡儿积必须包含在 $R(X,Y)$ 中，一般记作：

$$R \div S$$

例 2-10　对下面两个关系 R 和 S 进行除运算。

关系 R

A	B	C	D
a	b	c	d
a	b	d	e
b	d	e	f
d	e	f	g

关系 S

C	D
c	d
d	e

解：除运算的结果如表 2-14 所示。

表 2-14 R÷S

A	B
a	b

2.4 查询优化

2.4.1 查询优化的概念和策略

查询，是指从数据库中提取所需的数据。在实际数据库的应用操作中，使用最频繁的操作莫过于查询，而如今数据库要处理的数据日益增多，如何提高查询效率就是非常重要的问题。而关系模型的一个最主要的缺点就是查询效率低，解决这个问题的关键在于要使系统能自动地进行查询优化。

一个查询可以用多种不同但等效的方法来执行，查询优化就是要考虑查询数据所用到的所有可能的执行方案，然后从中选择最有效的一种。即选择最有效的查询策略，使得查询的过程合理、高效。实际上，每个关系数据库系统都包含一个被称为"优化器"的子组件，"优化器"可以考虑上千种执行方案，利用大量的统计信息来判断一个查询是否最优。

查询优化的准则如下。

- 尽可能早地先执行选择操作。选择操作可以过滤掉一些记录，使得中间结果明显变小，从而缩短查询时间。
- 在执行连接前，适当对关系进行排序或索引。对要进行连接操作的两个关系按连接关键字进行排序或索引后，可大大缩短连接操作的时间。
- 将笛卡儿积与随后要进行的选择运算结合起来，合并为连接运算。同样关系上的连接运算要比笛卡儿积缩短许多时间。
- 将一连串的选择和投影操作同时进行，可避免重复扫描，缩短查询时间。
- 公共子表达式只计算一次。公共子表达式的运算结果可以保存，需要时调入，从而避免重复计算，缩短查询时间。

2.4.2 关系代数等价变换规则

查询优化的一般策略涉及关系代数，对关系代数进行等价变换，可以对查询进行优化，提高查询效率。

两个关系表达式 $E1$ 和 $E2$ 等价，可表示为 $E1 \equiv E2$。常用的等价变换规则如下。

1. 连接和笛卡儿积等价交换律

假设 $E1$ 和 $E2$ 是关系代数表达式，F 是连接运算的条件，则有：

$$E1 \times E2 \equiv E2 \times E1$$
$$E1 \bowtie E2 \equiv E2 \bowtie E1$$
$$E1 \underset{F}{\bowtie} E2 \equiv E2 \underset{F}{\bowtie} E1$$

2. 连接和笛卡儿积等价结合律

假设 $E1$、$E2$、$E3$ 是关系代数表达式，F 是连接运算的条件，则有：

$$(E1 \times E2) \times E3 \equiv E1 \times (E2 \times E3)$$
$$(E1 \bowtie E2) \bowtie E3 \equiv E1 \bowtie (E2 \bowtie E3)$$
$$(E1 \underset{F}{\bowtie} E2) \underset{F}{\bowtie} E3 \equiv E1 \underset{F}{\bowtie} (E2 \underset{F}{\bowtie} E3)$$

3. 投影的串接等价规则

设 E 是关系代数表达式，$A1, \cdots, An$ 和 $B1, \cdots, Bm$ 是字段名，且 $\{A1, \cdots, An\}$ 是 $\{B1, \cdots, Bm\}$ 的子集。则有：

$$\prod_{A1,\cdots,An}(\prod_{B1,\cdots,Bm}(E)) \equiv \prod_{A1,\cdots,An}(E)$$

4. 选择的串接等价规则

设 E 是关系代数表达式，$F1$ 和 $F2$ 是选择条件，则有：

$$\sigma_{F1}(\sigma_{F2}(E)) \equiv \sigma_{F1 \wedge F2}(E)$$

5. 选择与投影的交换等价规则

设 E 是关系代数表达式，F 是选取条件，且只涉及 $A1, \cdots An$ 字段，则有：

$$\sigma_F(\prod_{A1,\cdots,An}(E)) \equiv \prod_{A1,\cdots,An}(\sigma_F(E))$$

若 F 中有不属于 $A1, \cdots, An$ 的字段 $B1, \cdots, Bm$，则有：

$$\prod_{A1,\cdots,An}(\sigma_F(E)) \equiv \prod_{A1,\cdots,An}(\sigma_F(\prod_{A1,\cdots,An,B1,\cdots Bm}(E)))$$

6. 选择与笛卡儿积的交换等价规则

假设 $E1$ 和 $E2$ 是两个关系代数表达式，若 F 涉及的都是 $E1$ 中的字段，则：

$$\sigma_F(E1 \times E2) \equiv \sigma_F(E1) \times E2$$

若 $F = F1 \wedge F2$，且 $F1$ 只涉及 $E1$ 中的字段，$F2$ 只涉及 $E2$ 中的字段，则：

$$\sigma_F(E1 \times E2) \equiv \sigma_{F1}(E1) \times \sigma_{F2}(E2)$$

7. 选择与并交换的等价规则

假设 $E1$ 和 $E2$ 有相同的字段，则：

$$\sigma_F(E1 \cup E2) \equiv \sigma_F(E1) \cup \sigma_F(E2)$$

8. 选择与差交换的等价规则

假设 $E1$ 和 $E2$ 有相同的字段，则：

$$\sigma_F(E1 - E2) \equiv \sigma_F(E1) - \sigma_F(E2)$$

9. 投影与笛卡儿积交换的等价规则

假设 E1 和 E2 是两个关系代数表达式，A1，…，An 是 E1 中的字段，B1，…，Bm 是 E2 中的字段，则：

$$\Pi_{A1,\cdots,An,B1,\cdots,Bm}(E1 \times E2) \equiv \Pi_{A1,\cdots,An}(E1) \times \Pi_{B1,\cdots,Bm}(E2)$$

10. 投影与并交换的等价规则

假设 E1 和 E2 有相同的字段，则：

$$\Pi_{A1,\cdots,An}(E1 \cup E2) \equiv \Pi_{A1,\cdots,An}(E1) \cup \Pi_{A1,\cdots,An}(E2)$$

2.5 小结

本章主要介绍了关系数据库系统的有关知识，关系数据库系统是目前使用最广泛的数据库系统。本章的几个主要概念如下。

(1) 关系模型：由关系数据结构、关系数据操纵和关系数据完整性3部分组成。
(2) 关系数据结构：以二维表的形式表现。
(3) 关系代数：专门的(并、交、差、笛卡儿积)、传统的(选择、投影、连接和除)集合运算。
(4) 关系数据完整性：实体完整性、参照完整性和用户自定义完整性。
(5) 查询优化：根据关系代数等价变换规则、查询优化准则，为查询选择最有效的策略。

2.6 习题

一、填空题

1. 传统的集合运算包括：_____、_____、_____。
2. 专门的关系运算包括：_____、_____、_____、_____。
3. 属性的取值范围称为该属性的_____。
4. 关系中的属性或属性组合，其值能够唯一地标识一个元组，该属性或属性组合可作为_____。
5. 在一个关系模型中，不同关系模式之间的联系是通过_____来实现的。

二、选择题

1. 一个关系中的任何属性(　　)。
   A. 可以有同名　　　　　　　　B. 可再分
   C. 不可再分　　　　　　　　　D. 可以没有属性名
2. 一个关系中只允许有一个(　　)。
   A. 主键　　　　　　　　　　　B. 候选键
   C. 组合键　　　　　　　　　　D. 外键

3. 专门的关系运算包括（　　）。
   A．插入、删除、修改　　　　　　　　B．选择、投影、连接
   C．排序、索引、查找　　　　　　　　D．并、交、差
4. 下列意义不同的是（　　）。
   A．字段　　　　B．属性　　　　C．列　　　　D．元组
5. 从一个数据库文件中取出满足某个条件的所有记录形成一个新的数据库文件的操作是（　　）。
   A．投影　　　　B．选择　　　　C．复制　　　　D．连接

三、简答题

1. 关系数据完整性有哪些实现方式？
2. 等值连接与自然连接有何区别？
3. 简述关系模型的三个组成部分。
4. 查询优化的一般策略是什么？
5. 关系代数的基本运算主要有哪些？

第3章 关系数据库标准语言 SQL

SQL 是 Structured Query Language（结构化查询语言）的缩写，SQL 是关系数据库的标准语言，其功能不仅限于查询，而是非常全面强大、易学易用的，所以现在市面上几乎所有的数据库管理系统都支持 SQL 语言，使之成为数据库领域中的主流语言。

3.1 SQL 语言概述

3.1.1 SQL 语言的基本概念

1. SQL 语言的产生及发展

SQL 是由 Boyce 和 Chamberlin 于 1974 年提出的，并在 IBM 公司研制的关系数据库管理系统上得以实现。它功能丰富、语言简洁、易学易用，赢得了众多的用户，被许多数据库厂商所采用，后来又由各厂商进行了不断的修改、完善。1986 年 10 月，美国国家标准局（American National Standard Institute，ANSI）的数据库委员会 X3H2 批准将 SQL 作为关系数据库语言的美国标准，且公布了 SQL 标准文本（SQL-86）。1987 年，国际标准化组织（International Standard Organization，ISO）也采纳了这个标准。此后 SQL 标准不断得到修改和完善，ANSI 又于 1989 年公布了 SQL-89 标准，于 1992 年公布了 SQL-92 标准，于 1999 年公布了 SQL-99 标准。

2. SQL 语言的特点

SQL 之所以能成为国际化的关系数据库标准语言，源于它的易用易学和功能强大，概括起来，SQL 的特点主要包括以下几方面。

（1）简单易学

SQL 语言语法结构中的关键字接近英语的自然语言，且只使用几个关键字（如 CREATE、DROP、ALTER、UPDATE、INSERT、DELETE、SELECT）就可实现主要功能的操作，易学、易记、易操作。

（2）非过程化的语言

使用 SQL 语言执行数据操作时，用户无须了解怎么做，只需要告诉系统要做什么，至于怎样完成该操作由系统自动安排。

（3）面向集合的语言

SQL 语言操作的对象可以是记录的集合，操作的结果也可是记录的集合。

（4）多种使用方式

SQL 语言既可作为一种独立的数据库语言来使用，又可嵌入其他高级语言（宿主语言）中作为嵌入式语言来使用。

(5) 综合功能强

SQL 语言集数据定义、数据操纵和数据控制于一体，可以独立完成数据库的定义、查询、更新、维护、完整性控制、安全性控制等一系列操作。

3.1.2 SQL 语言的分类

SQL 是目前使用最广泛的数据库语言，主要用于数据库的定义、查询、操纵和控制，是一种功能齐全的关系数据库标准语言。

SQL 语言包括 4 大类。
- 数据定义语言：简称 DDL，用于定义、修改、删除数据库的表结构、视图、索引等。
- 数据操纵语言：简称 DML，用于对数据库中的数据进行查询和更新等操作。
- 数据控制语言：简称 DCL，用于设置数据库用户的各种操作权限。
- 事务处理语言：用于保证数据库中的数据完整性。

1. 数据定义语言

常用的 DDL 语句如下。
- CREATE SCHEMA：创建模式。
- CREATE TABLE：创建基本表。
- CREATE INDEX：创建索引。
- CREATE VIEW：创建视图。
- DROP SCHEMA：删除模式。
- DROP TABLE：删除基本表。
- DROP INDEX：删除索引。
- DROP VIEW：删除视图。
- ALTER TABLE：修改表结构。

2. 数据操作语言

常用的 DML 语句如下。
- INSERT：插入记录到数据库表或视图。
- DELETE：删除数据库表或视图中的记录。
- UPDATE：更改数据库表或视图中的数据。
- SELECT：查询数据库表或视图中的数据。

3. 数据控制语言

常用的 DCL 语句如下。
- GRANT：将权限或角色授予用户或其他角色。
- REVOKE：撤销用户或数据库角色的权限。

4. 事务处理语言

常用的事务处理语句如下。

- BEGIN TRANSACTION：用于控制事务的开始。
- COMMIT：用于正常提交事务。
- ROLLBACK：用于控制事务的非正常结束，将事务回滚。

3.1.3 SQL 支持的数据库模式

SQL 支持数据库的三级模式结构。其中，基本表与模式相对应；视图与外模式相对应；存储文件与内模式相对应，如图 3-1 所示。

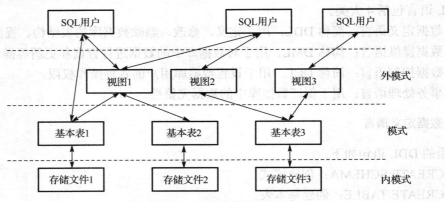

图 3-1 SQL 支持的数据库模式

可以看出，一个存储文件对应一个基本表，一个基本表可对应多个视图，一个视图可由多个基本表导出，一个视图可由多个用户访问，一个用户也可访问多个视图，用户也可直接访问多个基本表。

3.1.4 标准 SQL 语言与数据库产品中的 SQL 语言

标准 SQL 语言与实际数据库产品中的 SQL 语言并不完全一致，即标准 SQL 语言的某些功能在实际数据库产品中可能实现不了；而在实际数据库产品中，也可能对标准 SQL 语言的功能进行了扩充，即在标准 SQL 语言中不能实现的某些功能在实际数据库产品中却有可能实现。应在具体使用某个数据库产品时对此问题加以关注，使用时要查看有关产品的技术资料。

3.2 SQL Server 数据库简介

SQL Server 是 Microsoft 公司推出的关系数据库管理系统，是一个全面的数据库平台，具有使用方便、可伸缩性好、与相关软件集成程度高等优点，可以为用户提供企业级的数据管理。Microsoft SQL Server 数据库的引擎为关系型数据和结构化数据提供了更安全可靠的存储功能，使用户可以构建和管理用于业务的高可用和高性能的数据应用程序。

3.2.1 SQL Server 简介

SQL Server 是一个关系数据库管理系统，它最初是由 Microsoft、Sybase 和 Ashton-Tate

三家公司共同开发的,于 1988 年推出了第一个支持 OS/2 操作系统的版本。在 Windows NT 推出后,Microsoft 与 Sybase 在 SQL Server 的开发上开始分道扬镳,Microsoft 将 SQL Server 移植到了 Windows NT 系统上,专注于开发推广 SQL Server 的 Windows NT 版本。Sybase 则较专注于 SQL Server 在 UNIX 操作系统上的应用。

Microsoft 的 SQL Server 已推出 SQL Server 2000、SQL Server 2005、SQL Server 2008、SQL Server 2012、SQL Server 2014 等一系列产品。下面以 SQL Server 2014 为例,介绍 SQL Server 数据库的安装和使用。

SQL Server 版本非常多,目前已知的 SQL Server 2014 的版本有:企业版、标准版、工作组版、Web 版、开发者版、Express 版、Compact 3.5 版。这个顺序也是各个版本的功能强大程度从高到低的一个排序。具体使用的版本,并非是功能越强大越好,而是应该选择合适的。这 7 个版本的具体功能如下。

(1) SQL Server 2014 企业版

SQL Server 2014 企业版是一个全面的数据管理和业务智能平台,可为关键业务应用提供企业级的可扩展性、数据仓库、安全、高级分析和报表支持。这一版本可提供更加坚固的服务器,可执行大规模在线事务处理。企业版是 SQL Server 2014 中功能最强大的版本。

(2) SQL Server 2014 标准版

SQL Server 2014 标准版是一个完整的数据管理和业务智能平台,可为部门级应用提供最佳的易用性和可管理性。

(3) SQL Server 2014 工作组版

SQL Server 2014 工作组版是一个值得信赖的数据管理和报表平台,用以实现安全的发布、远程同步和对运行分支应用的管理能力。这一版本拥有核心的数据库特性,可以很容易地升级到标准版或企业版。

(4) SQL Server 2014 Web 版

SQL Server 2014 Web 版是针对运行于 Windows 服务器中要求高可用、面向 Internet Web 服务的环境而设计的。这一版本为实现低成本、大规模、高可用性的 Web 应用或客户托管解决方案提供了必要的支持工具。

(5) SQL Server 2014 开发者版

SQL Server 2014 开发者版允许开发人员构建和测试基于 SQL Server 任意类型的应用。这一版本拥有所有企业版的特性,但只限于在开发、测试和演示中使用。基于这一版本开发的应用和数据库可以很容易地升级到企业版。

(6) SQL Server 2014 Express 版

SQL Server 2014 Express 版是 SQL Server 的一个免费版本,它拥有核心的数据库功能,其中包括 SQL Server 2014 中最新的数据类型,但它是 SQL Server 的一个微型版本。这一版本是为了学习、创建桌面应用和小型服务器应用而发布的,也可供 ISV 再发行使用。

(7) SQL Server Compact 版

SQL Server Compact 版是一个针对开发人员而设计的免费的嵌入式数据库,这一版本的意图是构建独立的、仅有少量连接需求的移动设备、桌面和 Web 客户端应用。 SQL Server Compact 版可以运行于所有的微软 Windows 平台之上。

对于开发者来说,面对这么多的 SQL Server 2014 版本,除了按照需求进行选择外,在开发测试时可选择开发版，部署时可选择企业版，而一般情况下选择 Express 版本即可满足常见的需求。本书选择的是 Express 版，具体的版本为：cn_sql_server_2014_express_with_advanced_services_x64_exe_3949524.exe。下载地址为http://www.imsdn.cn/servers/sql-server-2014/。版本选择时应注意软件版本与操作系统 32 位和 64 位的匹配。

3.2.2 SQL Server 2014 的安装

本书选择 SQL Server 2014 Express 版，安装在 Windows 10 64 位操作系统上，安装步骤如下。

（1）解压安装软件。双击 sql_server_2014_express，首先将安装文件解压到指定目录，如图 3-2 所示，解压后将自动弹出安装向导，如图 3-3 所示。

图 3-2　解压安装文件

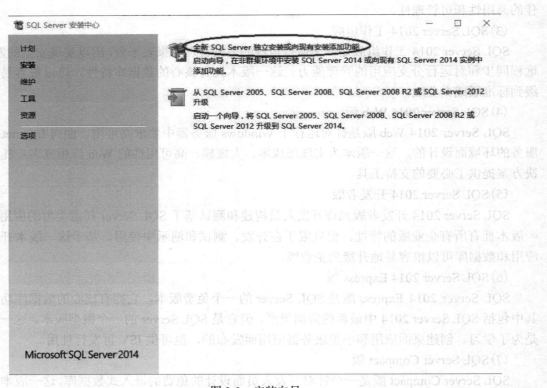

图 3-3　安装向导

（2）安装选择。在图 3-3 中选择全新安装（而不是升级），在弹出对话框中勾选"我接受许可条款"，然后单击下一步，如图 3-4 所示。

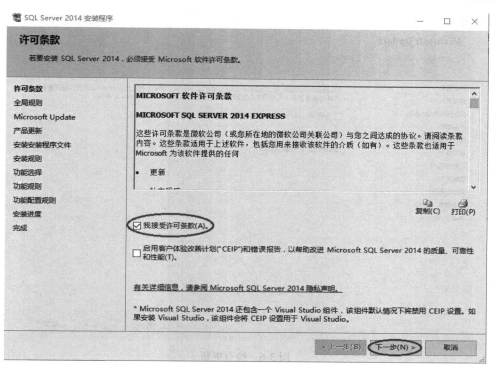

图 3-4　接受许可条款

(3) 检查规则和更新。检查规则和更新的界面如图 3-5、图 3-6 所示，直接单击下一步。

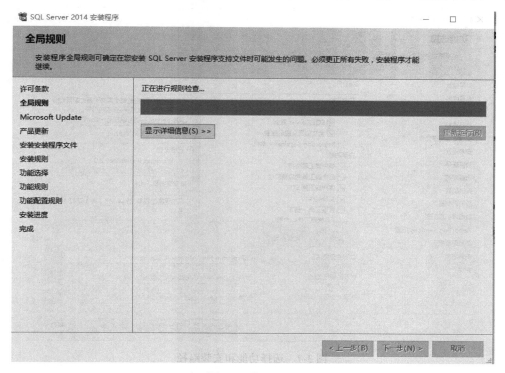

图 3-5　检查规则

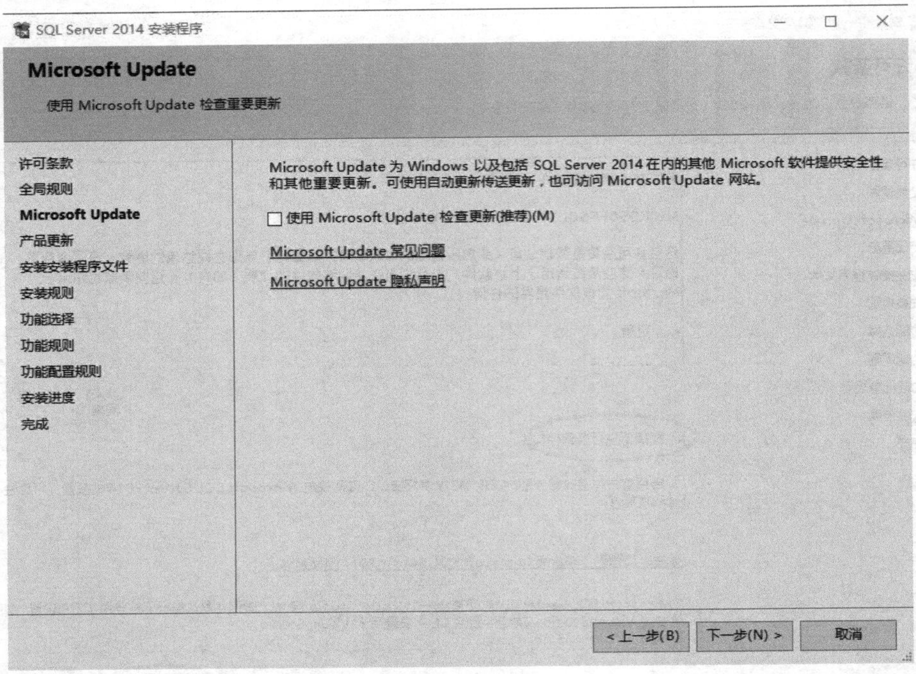

图 3-6 检查更新

(4) 选择功能和安装路径。功能和安装路径可根据读者需要进行选择,这里都选择默认,如图 3-7 所示,继续单击下一步。

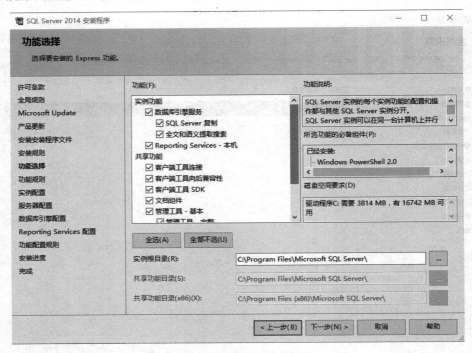

图 3-7 选择功能和安装路径

(5) 实例配置。这里选择默认,如图 3-8 所示,单击下一步。

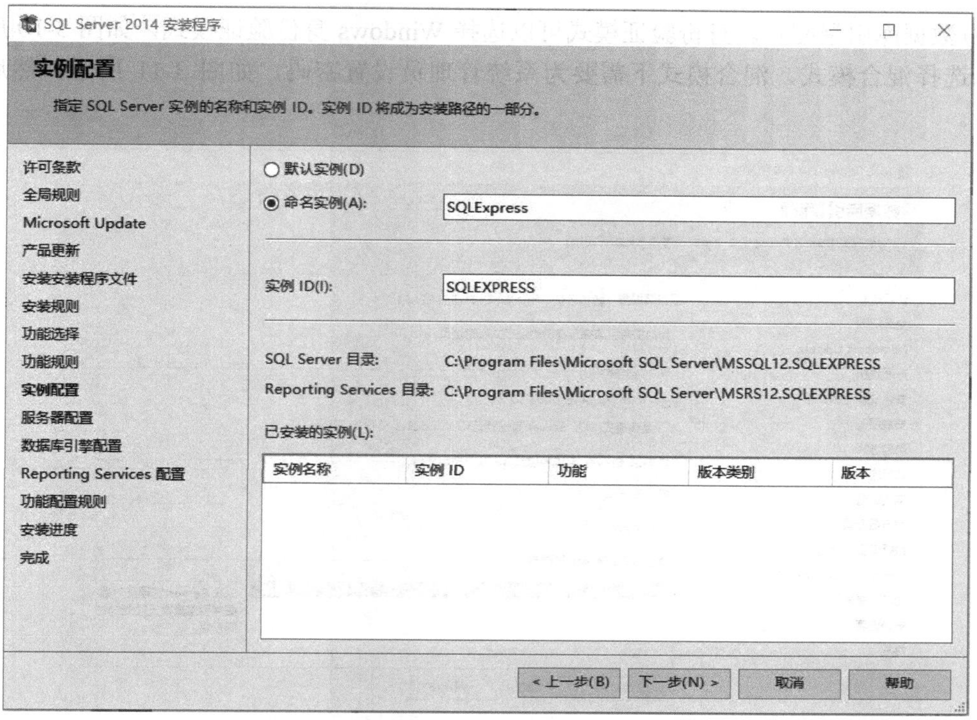

图 3-8　实例配置

(6) 服务器配置。这里选择默认，如图 3-9 所示，单击下一步。

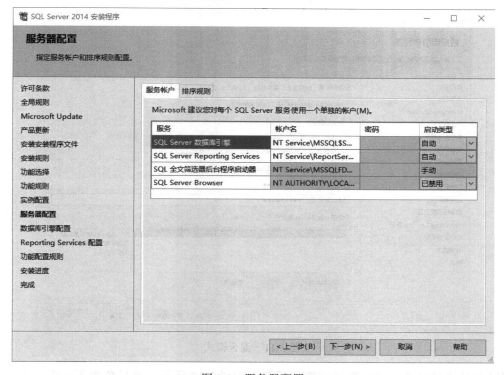

图 3-9　服务器配置

(7)数据库引擎配置。身份验证模式可以选择 Windows 身份验证模式,如图 3-10 所示。也可以选择混合模式,混合模式下需要为系统管理员设置密码,如图 3-11 所示,然后单击下一步。

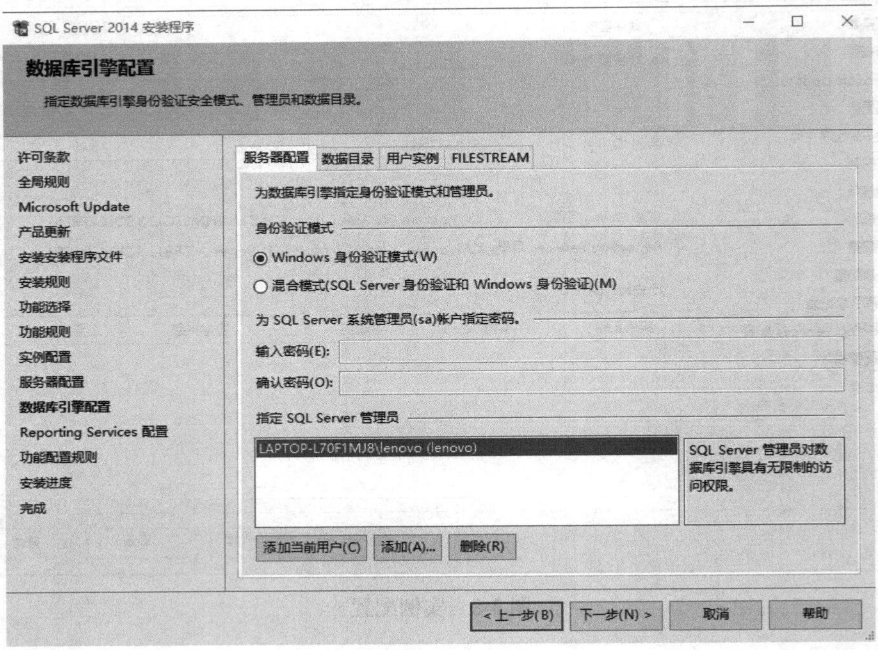

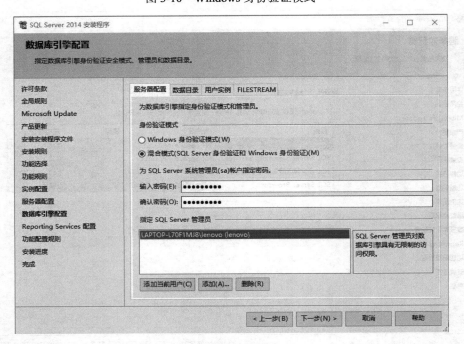

图 3-10　Windows 身份验证模式

图 3-11　混合模式

(8)选择安装模式。这里选择安装和配置,如图 3-12 所示,然后单击下一步。

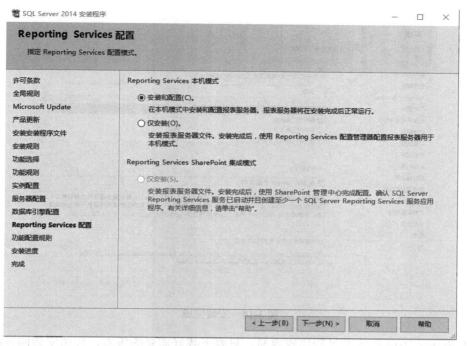

图 3-12　安装和配置

(9) 开始安装。这时安装进度条将指示安装的进度，等待安装完成，如图 3-13 所示。

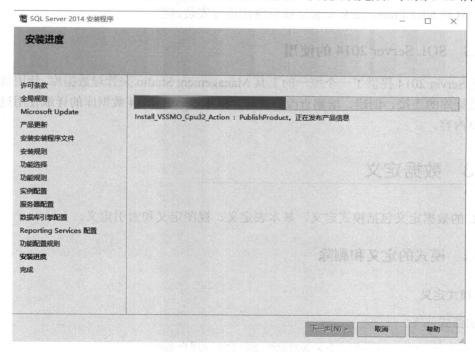

图 3-13　安装进度

(10) 安装完成。安装完成后会显示各功能的安装状态，如图 3-14 所示。

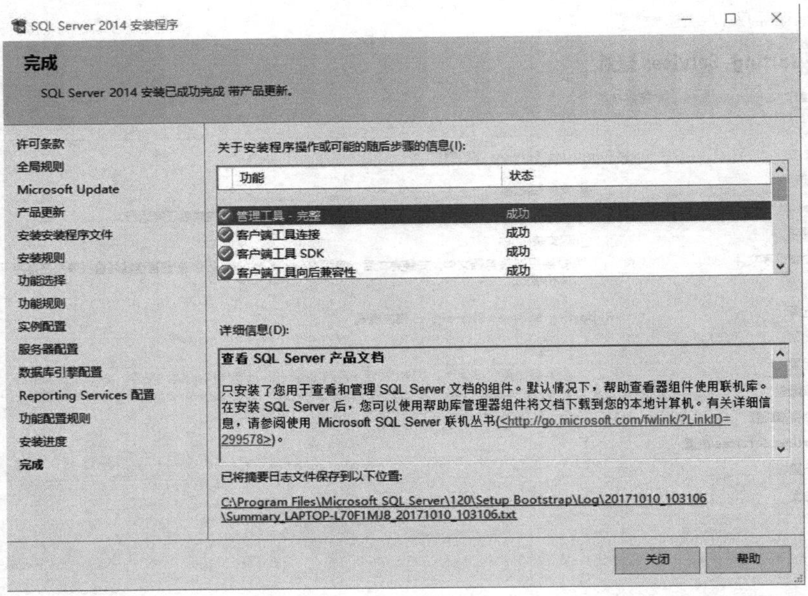

图 3-14 安装完成

SQL Server 2014 的安装过程比较容易，只要下载好需要的版本，按照安装向导的指示一步步进行，即可安装成功。需要注意的是，SQL Server 2014 的安装需要.NET Framework 的支持，安装程序会自动检测系统环境是否满足需求，如果没有.NET Framework，安装程序会暂停安装，直到.NET Framework 安装完成后继续进行安装过程。

3.2.3 SQL Server 2014 的使用

SQL Server 2014 提供了一个统一的工具 Management Studio 来管理数据库，使用该工具可以进行数据库的连接、创建、增删查改等操作。SQL Server 2014 数据库的详细使用过程请参考第 9 章内容。

3.3 数据定义

SQL 的数据定义包括模式定义、基本表定义、视图定义和索引定义。

3.3.1 模式的定义和删除

1. 模式定义

语法格式：

    CREATE SCHEMA <模式名> AUTHORIZATION <用户名>

创建了一个模式，即创建了一个数据库，许多的 RDBMS 把创建模式称为创建数据库。如在 SQL Server 2000 中，就用 CREATE DATABASE 语句代替了 CREATE SCHEMA 语句。

创建模式后,可进一步创建该模式所包含的数据库对象,如基本表、视图、索引等。

例 3-1 创建一个 Teacher 模式。

```
CREATE SCHEMA Teacher AUTHORIZATION ZYL;
```

其中 Teacher 为模式名,ZYL 为用户名。若省略模式名,则模式名默认为用户名。

例 3-2 在 SQL Server 2000 中创建数据库 Teacher。

```
CREATE DATABASE Teacher;
```

其中,Teacher 为数据库名。

2. 模式删除

语法格式:

```
DROP SCHEMA <模式名> <CASCADE|RESTRICT>
```

其中,选择 CASCADE 选项,表示在删除模式时,将该模式中的所有数据库对象一起删除。选择 RESTRICT 选项,表示在删除模式时,若该模式中已经包含了数据库对象(表或视图等),则拒绝执行该删除语句;若该模式中未包含任何数据库对象,则允许执行该删除语句。

例 3-3 删除例 3-1 创建的 Teacher 模式。

```
DROP SCHEMA Teacher CASCADE;
```

例 3-4 在 SQL Server 2000 中删除例 3-2 创建的数据库 Teacher。

```
DROP DATABASE Teacher;
```

3.3.2 创建基本表

语法格式:

```
CREATE TABLE <表名>
       (列定义[,...N],
        表级完整性约束[,...N]);
```

(1) <表名>:所要创建的基本表的名称。
(2) 列定义:包括<列名> <数据类型> [<列级完整性约束>][,...N]。
(3) <列名>:所定义的列(字段)的名称,一个表中不能有同名的列。
(4) <数据类型>:规定该列数据所属的数据类型,应视该列数据的具体内容和 SQL 提供的数据类型来定义,SQL 支持的常用数据类型如表 3-1 所示。

表 3-1 SQL 支持的常用数据类型

数据类型		说 明 符	解 释
数值型	长整型	INT 或 INTEGER	表示整数值,一般用 4 个字节存储
	短整型	SMALLINT	表示整数值,一般用 2 个字节存储
	定点数值型	DECIMAL(p, [s])	表示定点数。p 指定总的数值位数,包括小数点和小数点后的位数。s 表示小数点后的位数
	定点数值型	NUMERIC(p, [s])	同 DECIMAL

续表

数据类型		说明符	解释
浮点数值型		REAL	取决于机器精度的浮点数
浮点数值型		DOUBLE PRECISION	取决于机器精度的双精度浮点数
浮点数值型		FLOAT	表示浮点数，一般精度至少为 n 位数字
字符串型	定长字符串	CHAR(n)	按固定长度 n 存储字符串，若实际字符串长度小于 n，则后面填充空格，若实际字符串长度大于 n，则报错
字符串型	变长字符串	VERCHAR(n)	按实际字符串长度存储，若实际字符串长度小于 n，后面不填充空格，若实际字符串长度大于 n，则报错
位串型	位串	BIT(n)	表示长度为 n 的二进制位串
位串型	变长位串	BIT VARYING(n)	表示长度为 n 的变长二进制位串
日期时间型	日期型	DATE	表示日期值年、月、日，格式为 YYYY-MM-DD
日期时间型	时间型	TIME	表示时间值时、分、秒，格式为 HH：MM：SS

(5) 列级完整性约束：定义该列上数据必须满足的条件，一般包括以下几种。

- NULL　　　　　　　　允许为空值(默认值)
- NOT NULL　　　　　　不允许为空值
- PRIMARY KEY　　　　 主键约束(主码约束)
- FOREIGN KEY　　　　 外键约束(外码约束)
- UNIQUE　　　　　　　唯一性约束
- CHECK　　　　　　　 检查约束
- DEFAULT　　　　　　 默认值

(6) 表级完整性约束：定义在列或组合列上的完整性约束。

例 3-5　创建"教工登记表"。

```
CREATE TABLE 教工登记表
(教师编号 CHAR(6) PRIMARY KEY,    /*定义为列级主码约束*/
 姓名 CHAR(8) NOT NULL,           /*姓名列不能取空值*/
 性别 CHAR(2) NOT NULL,           /*性别列不能取空值*/
 年龄 SMALLINT,
 婚否 BIT,
 职称 CHAR(6),
 基本工资 DECIMAL(7,2),
 部门 CHAR(10));
```

系统执行以上语句后，数据库中就建立了一个名为"教工登记表"的空表，只有表结构而无记录。系统将该表的定义及有关约束条件存放在数据字典中。

注意：

(1) 定义每列时，要用逗号隔开；

(2) 该例将"婚否"定义为 BIT 类型，则只能输入 1 或 0，代表 TRUE 和 FALSE。

例 3-6　创建"教工工资表"。

```
CREATE TABLE 教工工资表
(工资编号 INT,
 姓名 CHAR(8) NOT NULL,
 基本工资 DECIMAL(7,2),
```

```
    岗位补贴 DECIMAL(7,2),
    奖金 DECIMAL(7,2),
    扣除 DECIMAL(7,2),
    实发工资 DECIMAL(7,2));
```

例 3-7 创建"学生干部登记表"。

```
CREATE TABLE 学生干部登记表
(学号       CHAR(8),
 姓名       CHAR(8),
 性别       CHAR(2),
 年龄       SMALLINT,
 班级       CHAR(12),
 任职       CHAR(10),
 教师编号   CHAR(6));
```

3.3.3 修改表结构

修改表结构,是指对已定义的表增加新的列(字段)或删除多余的列(字段)。

语法格式:

```
ALTER TABLE <表名>
[ADD<列名><数据类型>[列级完整性约束]]
[DROP <列名>]
[MODIFY <列名><新的数据类型>]
[ADD CONSTRAINT<表级完整性约束>]
[DROP CONSTRAINT<表级完整性约束>];
```

(1) ADD<列名><数据类型>[列级完整性约束]:为指定的表添加新的列,并可在新添加的列上增加列级完整性约束。

(2) DROP <列名>:删除表中指定的列。

(3) MODIFY <列名> <新的数据类型>:修改表中指定列的数据类型,但当该列有约束定义时,不能修改。

(4) ADD CONSTRAINT<表级完整性约束>:为指定表添加表级完整性约束。

(5) DROP CONSTRAINT<表级完整性约束>:删除指定表中的某个指定的表级完整性约束。

例 3-8 在"教工登记表"中增加一列"政治面貌"。

```
ALTER TABLE 教工登记表
ADD 政治面貌 CHAR(10);
```

例 3-9 在"教工登记表"中修改"政治面貌"列的数据类型。

```
ALTER TABLE 教工登记表
MODIFY 政治面貌 VARCHAR(8);
```

例 3-10 在"教工登记表"中删除"政治面貌"一列。

```
ALTER TABLE 教工登记表
DROP 政治面貌;
```

例 3-11 在"教工登记表"中的"姓名"列增加一个表级唯一性约束 WYYS1。

```
ALTER TABLE 教工登记表
ADD CONSTRAINT WYYS1 UNIQUE (姓名);
```

例 3-12 在"教工登记表"中删除上例中建立的表级唯一性约束 WYYS1。

```
ALTER TABLE 教工登记表
DROP CONSTRAINT WYYS1;
```

3.3.4 删除基本表

删除基本表,即将指定的表从数据库中删除,删除表后,所有属于表的数据、索引、视图和触发器也将被自动删除。视图的定义仍被保留在数据字典中,但已无法使用。

语法格式:

```
DROP TABLE <表名>
```

例 3-13 删除"教工工资表"。

```
DROP TABLE 教工工资表;
```

3.3.5 创建索引

创建索引可提高查询速度,因此可在经常要进行检索的列上建立索引。但索引并非越多越好,因为索引自身也要占用一定的资源。索引可创建在一列或多列的组合上。

语法格式:

```
CREATE [UNIQUE][CLUSTER] INDEX <索引名> ON 表名(列名[,…N])
```

(1) UNIQUE:表示建立唯一性索引,即索引列不允许有重复值。

(2) CLUSTER:表示建立聚簇索引,否则是非聚簇索引,聚簇索引是指索引项的顺序与表中记录的物理存放顺序一致。一个表中最多可建立一个聚簇索引,但可建立多个非聚簇索引。

(3) 在列名后可用 ASC 或 DESC 指定升序或降序,默认为升序。

(4) 如在多列组合上建立索引,则各列名之间用逗号隔开,先按第一指定列排序,然后按第二指定列排序,以此类推。

例 3-14 重新创建"教工工资表"后,为该表创建一个索引,按"基本工资"降序排列。

```
CREATE INDEX SY1 ON 教工工资表(基本工资 DESC);
```

例 3-15 为"教工登记表"创建一个索引,先按"职称"升序排列,然后按"基本工资"降序排列。

```
CREATE INDEX SY2 ON 教工登记表(职称,基本工资 DESC);
```

例 3-16 在"教工登记表"的"姓名"列上按升序创建一个唯一性的聚簇索引。

```
CREATE UNIQUE CLUSTED INDEX SY3 ON 教工登记表(姓名);
```

3.3.6 删除索引

当索引不再需要时，应及时将其删除，释放空间，减少维护的开销。
语法格式：

```
DROP INDEX <表名.索引名>
```

例 3-17　将"教工工资表"中"基本工资"列上建立的索引删除。

```
DROP INDEX 教工工资表.SY1;
```

例 3-18　将"教工登记表"中"姓名"列上建立的唯一性的聚簇索引删除。

```
DROP INDEX 教工登记表.SY3;
```

删除索引后，有关索引的描述也将会从数据字典中删除。

3.4　数据更新

数据更新是指对基本表中的数据进行更改，包括插入数据、修改原有数据和删除数据。

3.4.1 插入数据

在已存在的表中插入数据，一般有两种方法：一种是一次插入一条记录，另一种是一次插入一组记录。

1. 插入一条记录

执行一次命令只能完成一条记录的插入。
语法格式：

```
INSERT [INTO] <表名>[(<列名表>)]
VALUES(<对应的列值>);
```

(1)(<列名表>)：要插入值的列的列名序列，各列名之间用逗号隔开，该项为可选项，若省略该项，则表示插入数据到所有列。

(2)(<对应的列值>)：要插入到表中的数据值，各数据值之间用逗号隔开，各值对应于<列名表>中的各列。

例 3-19　在"教工登记表"中插入一条记录。

```
INSERT INTO 教工登记表
VALUES('JSJ001','江河','男',30,1,'讲师',880,'计算机系');
```

例 3-20　在"教工登记表"中插入一条记录，该记录只包含部分数据。

```
INSERT INTO 教工登记表(编号,姓名,性别,部门)
VALUES('JSJ002','张大伟','男','计算机系');
```

注意：
(1)没有指定列时，必须为每个列赋值，顺序必须与表中各列的顺序一致。

(2) 字符串类型的值要用单引号括起来。
(3) 部分列赋值时，对于允许为空的列，如果没有赋予具体值，系统将自动添加 NULL。
(4) 不允许为空的列必须赋值，否则会出错。

以上两条命令执行后，"教工登记表"中存在的两条记录如下：

教师编号	姓名	性别	年龄	婚否	职称	基本工资	部门
JSJ001	江河	男	30	1	讲师	880	计算机系
JSJ002	张大伟	男	NULL	NULL	NULL	NULL	计算机系

若要再插入下列记录：

JGX001	王冠	男	32	1	讲师	800	经管系
JGX002	刘柳	女	38	1	副教授	1000	经管系
JCB002	张扬	女	28	0	讲师	800	基础部
JGX003	王芝环	女	24	0	助教	500	经管系

则执行下面一组命令：

```
INSERT INTO 教工登记表
VALUES('JGX001','王冠','男',32,1,'讲师',800,'经管系');
INSERT INTO 教工登记表
VALUES('JGX002','刘柳','女',38,1,'副教授',1000,'经管系');
INSERT INTO 教工登记表
VALUES('JCB002','张扬','女',28,0,'讲师',800,'基础部');
INSERT INTO 教工登记表
VALUES('JGX003','王芝环','女',24,0,'助教',500,'经管系');
```

此时，"教工登记表"中有如下记录：

教师编号	姓名	性别	年龄	婚否	职称	基本工资	部门
JCB002	张扬	女	28	0	讲师	800	基础部
JGX001	王冠	男	32	1	讲师	800	经管系
JGX002	刘柳	女	38	1	副教授	1000	经管系
JGX003	王芝环	女	24	0	助教	500	经管系
JSJ001	江河	男	30	1	讲师	880	计算机系
JSJ002	张大伟	男	NULL	NULL	NULL	NULL	计算机系

2. 插入一组记录

可通过使用查询语句，将查询结果作为插入值，实现一组记录的插入。

语法格式：

```
INSERT [INTO] <表名>[(<列名表>)]
<子查询>;
```

例 3-21 建立一个"教工查询表"，在表中插入一组记录，这些记录取之于"教工登记表"。

```
CREATE TABLE 教工查询表
(编号 CHAR(6) NOT NULL,
 姓名 CHAR(8) NOT NULL,
 性别 CHAR(2) NOT NULL,
```

```
    职称 CHAR(6),
    部门 CHAR(10) );
```

建立"教工查询表"后,再执行插入命令:

```
INSERT 教工查询表
SELECT 教师编号,姓名,性别,职称,部门
FROM 教工登记表;
```

命令执行后,"教工查询表"中存在下列记录,即同时插入了下面6条记录。

编号	姓名	性别	职称	部门
JCB002	张扬	女	讲师	基础部
JGX001	王冠	男	讲师	经管系
JGX002	刘柳	女	副教授	经管系
JGX003	王芝环	女	助教	经管系
JSJ001	江河	男	讲师	计算机系
JSJ002	张大伟	男	NULL	计算机系

3.4.2 修改数据

表中的数据值可进行修改。修改数据有多种方式,可按指定条件修改一条或多条记录,也可对表中所有记录进行修改,还可利用子查询的结果对表中数据进行修改(详见3.5.9)。

1. 按指定条件修改记录

语法格式:

```
UPDATE <表名>
SET <列名 1>=<表达式 1>[,<列名 2>=<表达式 2>][,…N]
WHERE <条件>;
```

(1)"列名 1"、"列名 2"为要修改的列的列名,"表达式 1"、"表达式 2"为要赋予的新值。

(2) WHERE<条件>:指定条件,对满足条件的记录进行修改。

例 3-22 修改"教工登记表"中姓名为"张大伟"的记录,使"年龄"为 24,"婚否"为未婚,"职称"为助教,"基本工资"为 660。

```
UPDATE 教工登记表
SET 年龄=24,婚否=0,职称='助教',基本工资=660
WHERE 姓名='张大伟';
```

结果表中的记录为:

教师编号	姓名	性别	年龄	婚否	职称	基本工资	部门
JCB002	张扬	女	28	0	讲师	800	基础部
JGX001	王冠	男	32	1	讲师	800	经管系
JGX002	刘柳	女	38	1	副教授	1000	经管系
JGX003	王芝环	女	24	0	助教	500	经管系
JSJ001	江河	男	30	1	讲师	880	计算机系
JSJ002	张大伟	男	24	0	助教	660	计算机系

例 3-23 修改"教工登记表"中的基本工资值，给所有的讲师增加基本工资 100 元。

```
UPDATE 教工登记表
SET 基本工资=基本工资+100
WHERE 职称='讲师';
```

结果表中的记录为：

教师编号	姓名	性别	年龄	婚否	职称	基本工资	部门
JCB002	张扬	女	28	0	讲师	900	基础部
JGX001	王冠	男	32	1	讲师	900	经管系
JGX002	刘柳	女	38	1	副教授	1000	经管系
JGX003	王芝环	女	24	0	助教	500	经管系
JSJ001	江河	男	30	1	讲师	980	计算机系
JSJ002	张大伟	男	24	0	助教	660	计算机系

2. 修改表中所有记录

语法格式：

```
UPDATE <表名>
SET <列名1>=<表达式1>[,<列名2>=<表达式2>][,…N]
```

例 3-24 修改"教工登记表"中的年龄值，给所有教工的年龄值增加 1。

```
UPDATE 教工登记表
SET 年龄=年龄+1;
```

结果表中的记录为：

教师编号	姓名	性别	年龄	婚否	职称	基本工资	部门
JCB002	张扬	女	29	0	讲师	900	基础部
JGX001	王冠	男	33	1	讲师	900	经管系
JGX002	刘柳	女	39	1	副教授	1000	经管系
JGX003	王芝环	女	25	0	助教	500	经管系
JSJ001	江河	男	31	1	讲师	980	计算机系
JSJ002	张大伟	男	25	0	助教	660	计算机系

3.4.3 删除数据

删除表中数据，是指在表中删除记录，但表的结构、约束、索引等并没有被删除。删除数据有几种方式，可按指定条件删除一条或多条记录，也可删除表中所有记录，还可利用子查询的结果进行删除（详见 3.5.9）。

1. 按指定条件删除一条或多条记录

语法格式：

```
DELETE FROM <表名>
WHERE <条件>;
```

例 3-26 删除"教工工资表"中姓名为"李力"的记录。

```
DELETE
FROM 教工工资表
WHERE 姓名='李力';
```

假设删除前"教工工资表"中有如下记录：

工资号	姓名	基本工资	岗位补贴	奖金	扣除	实发工资
1	江河	980.00	400.00	400.00	250.00	1430.00
2	张大伟	660.00	300.00	250.00	120.00	1090.00
3	王冠	900.00	400.00	300.00	200.00	1300.00
4	刘柳	1000.00	600.00	400.00	260.00	1740.00
5	张扬	900.00	400.00	300.00	180.00	1320.00
6	王芝环	500.00	300.00	150.00	150.00	800.00
7	李力	900.00	600.00	400.00	236.00	1664.00

执行删除后，表中的记录为：

工资号	姓名	基本工资	岗位补贴	奖金	扣除	实发工资
1	江河	980.00	400.00	400.00	250.00	1430.00
2	张大伟	660.00	300.00	250.00	120.00	1090.00
3	王冠	900.00	400.00	300.00	200.00	1300.00
4	刘柳	1000.00	600.00	400.00	260.00	1740.00
5	张扬	900.00	400.00	300.00	180.00	1320.00
6	王芝环	500.00	300.00	150.00	150.00	800.00

2. 删除表中所有记录

语法格式：

```
DELETE FROM <表名>
```

例 3-27 删除"教工查询表"中的所有记录。

```
DELETE
FROM  教工查询表
```

结果表中的记录为：

编号	姓名	性别	职称	部门

由结果可知，表中所有的记录被删除，但表的属性、约束、索引等仍被保留。

3.5 数据查询

查询是数据库的主要操作，SQL 提供的查询语句 SELECT 可以灵活方便地完成各种查询操作。

3.5.1 SELECT 的语法格式

语法格式：

```
SELECT [ALL|DISTINCT]<查询列表>
FROM <表名或视图名>
[WHERE <查询条件>]
[GROUP BY <列名表>]
```

```
[HAVING <筛选条件>]
[ORDER BY <列名[ASC | DESC] 表>];
```

(1) ALL| DISTINCT：选择 DISTINCT，则每组重复记录只输出一条记录；选择 ALL，则所有重复记录全部输出，默认为 ALL。

(2) FROM <表名或视图名>：指定要查询的基本表或视图，可以是多个表或视图。

(3) WHERE <查询条件>：指定查询要满足的条件。

(4) GROUP BY <列名表>：指定根据列名表进行分类汇总查询。

(5) HAVING <筛选条件>：将对 GROUP BY 子句分组查询的结果进行进一步筛选。

(6) ORDER BY <列名[ASC | DESC] 表>：指定将查询结果按<列名表>中指定的列进行升序或降序排列，<列名表>中可指定多个列，各列名之间用逗号隔开，先按第一指定列排序，然后按第二指定列排序，以此类推。

3.5.2 简单查询

最基本的 SELECT 语句格式为：

```
SELECT [ALL|DISTINCT]<查询列表>
FROM <表名或视图名>
```

1. 查询表中所有的列

若查询表中所有的列，可不必将所有列名列出，而用"*"替代。

例 3-28 查询"教工登记表"中的所有信息。

```
SELECT *
FROM 教工登记表;
```

查询结果为：

教师编号	姓名	性别	年龄	婚否	职称	基本工资	部门
JCB002	张扬	女	29	0	讲师	900	基础部
JGX001	王冠	男	33	1	讲师	900	经管系
JGX002	刘柳	女	39	1	副教授	1000	经管系
JGX003	王芝环	女	25	0	助教	500	经管系
JSJ001	江河	男	31	1	讲师	980	计算机系
JSJ002	张大伟	男	25	0	助教	660	计算机系

2. 查询表中指定列

例 3-29 查询"教工登记表"中"姓名""年龄""职称"列的所有信息。

```
SELECT 姓名,年龄,职称
FROM 教工登记表;
```

查询结果为：

姓名	年龄	职称
张扬	29	讲师
王冠	33	讲师

刘柳	39	副教授
王芝环	25	助教
江河	31	讲师
张大伟	25	助教

3. 查询列表中的指定常量和计算表达式

例 3-30 查询"教工工资表"中各教工的应发工资。

```
SELECT 姓名,基本工资+岗位补贴+奖金
FROM 教工工资表;
```

查询结果为：

姓名	
江河	1780.00
张大伟	1210.00
王冠	1600.00
刘柳	2000.00
张扬	1600.00
王芝环	950.00

4. 给查询列指定别名

语法格式：

列名 AS 别名

例 3-31 查询"教工工资表"中各教工的应发工资，并将查询出来的列用列名"应发工资"显示。

```
SELECT 姓名,基本工资+岗位补贴+奖金 AS 应发工资
FROM 教工工资表
```

查询结果为：

姓名	应发工资
江河	1780.00
张大伟	1210.00
王冠	1600.00
刘柳	2000.00
张扬	1600.00
王芝环	950.00

5. 消除查询结果中的重复行

在有些查询结果中，可能会包含一些重复行，使用 DISTINCT 关键字，可消除查询结果中的重复行，默认为 ALL(取所有行)。

例 3-32 查询"教工登记表"中各部门名称。

若执行下列语句：

```
SELECT 部门
FROM 教工登记表
```

查询结果为:

  部门
  基础部
  经管系
  经管系
  经管系
  计算机系
  计算机系

若改为执行下列语句:

```
SELECT  DISTINCT 部门
FROM 教工登记表
```

则查询结果为:

  部门
  基础部
  计算机系
  经管系

可以看出,第一次执行使用的是默认值 ALL,所有结果都将列出;第二次执行使用了 DISTINCT 关键字,消除了重复行,结果中相同的部门只取一个。

3.5.3 选择查询

选择查询即根据给定的查询条件,查询出满足条件的记录。

语法格式:

```
SELECT [ALL|DISTINCT]<查询列表>
FROM <表名或视图名>
WHERE<查询条件>
```

根据 WHERE 子句中使用的关键字不同,可进行不同的选择查询。

1. 使用关系表达式和逻辑表达式表示查询条件

关系表达式和逻辑表达式中涉及的运算符如下。

(1)关系运算符:>(大于)、<(小于)、>=(大于等于)、<=(小于等于)、=(等于)、<>(不等于)。

(2)逻辑运算符:AND(与)、OR(或)、NOT(非)。

例 3-33 查询"教工登记表"中职称为"讲师"的记录。

```
SELECT  *
FROM 教工登记表
WHERE 职称='讲师';
```

查询结果为:

教师编号	姓名	性别	年龄	婚否	职称	基本工资	部门
JCB002	张扬	女	29	0	讲师	900.00	基础部

JGX001	王冠	男	33	1	讲师	900.00	经管系
JSJ001	江河	男	31	1	讲师	980.00	计算机系

例 3-34 查询"教工工资表"中基本工资大于 800 的记录。

```
SELECT  *
FROM  教工工资表
WHERE  基本工资>800;
```

查询结果为:

工资号	姓名	基本工资	岗位补贴	奖金	扣除	实发工资
1	江河	980.00	400.00	400.00	250.00	1430.00
3	王冠	900.00	400.00	300.00	200.00	1300.00
4	刘柳	1000.00	600.00	400.00	260.00	1740.00
5	张扬	900.00	400.00	300.00	180.00	1320.00

例 3-35 查询"教工登记表"中职称为"讲师"且年龄小于 30 的记录。

```
SELECT  *
FROM  教工登记表
WHERE  职称='讲师'  AND  年龄<30;
```

查询结果为:

教师编号	姓名	性别	年龄	婚否	职称	基本工资	部门
JCB002	张扬	女	29	0	讲师	900.00	基础部

2. 使用[NOT] BETWEEN 关键字表示查询条件

使用 BETWEEN 关键字可指定在某个范围内查询,使用 NOT BETWEEN 关键字则相反。

例 3-36 查询"教工登记表"中基本工资在 500 至 800 之间的记录。

```
SELECT  *
FROM  教工登记表
WHERE  基本工资 BETWEEN 500 AND 800;
```

查询结果为:

教师编号	姓名	性别	年龄	婚否	职称	基本工资	部门
JGX003	王芝环	女	25	0	助教	500.00	经管系
JSJ002	张大伟	男	25	0	助教	660.00	计算机系

例 3-37 查询"教工登记表"中基本工资不在 500 至 800 之间的记录。

```
SELECT  *
FROM  教工登记表
WHERE  基本工资 NOT BETWEEN 500 AND 800;
```

查询结果为:

教师编号	姓名	性别	年龄	婚否	职称	基本工资	部门
JCB002	张扬	女	29	0	讲师	900.00	基础部
JGX001	王冠	男	33	1	讲师	900.00	经管系

JGX002	刘柳	女	39	1	副教授	1000.00	经管系
JSJ001	江河	男	31	1	讲师	980.00	计算机系

3. 使用 IN 关键字表示查询条件

使用 IN 关键字可以查询符合列表中任何一个值的记录。

例 3-38 查询"教工登记表"中职称是"讲师"、"副教授"、"教授"的记录。

```
SELECT *
FROM 教工登记表
WHERE 职称 IN('讲师','副教授','教授');
```

查询结果为：

教师编号	姓名	性别	年龄	婚否	职称	基本工资	部门
JCB002	张扬	女	29	0	讲师	900.00	基础部
JGX001	王冠	男	33	1	讲师	900.00	经管系
JGX002	刘柳	女	39	1	副教授	1000.00	经管系
JSJ001	江河	男	31	1	讲师	980.00	计算机系

4. 使用 LIKE 关键字进行模糊查询

使用 LIKE 关键字可完成对字符串的模糊匹配，即查找指定的列值与<匹配串>相匹配(LIKE)或不相匹配(NOT LIKE)的记录，字符串中可使用通配符。

语法格式：

```
[NOT] LIKE '<匹配串>' [ESCAPE'<换码字符>'];
```

通配符：%表示任意多个字符。
_表示单个任意字符。

其中，[ESCAPE'<换码字符>']是指，当要查询的字符串本身就含有通配符"%"或"_"时，使用 ESCAPE'<换码字符>'可对通配符进行转义。

例 3-39 查询"教工登记表"中江姓教工的记录。

```
SELECT *
FROM 教工登记表
WHERE 姓名 LIKE '江%';
```

查询结果为：

教师编号	姓名	性别	年龄	婚否	职称	基本工资	部门
JSJ001	江河	男	31	1	讲师	980.00	计算机系

例 3-40 查询"教工登记表"中年龄为三十几岁的教工的记录。

```
SELECT *
FROM 教工登记表
WHERE 年龄 LIKE '3_';
```

查询结果为：

教师编号	姓名	性别	年龄	婚否	职称	基本工资	部门
JGX001	王冠	男	33	1	讲师	900.00	经管系

| JGX002 | 刘柳 | 女 | 39 | 1 | 副教授 | 1000.00 | 经管系 |
| JSJ001 | 江河 | 男 | 31 | 1 | 讲师 | 980.00 | 计算机系 |

例 3-41 查询"教工登记表"中非计算机系的教工的记录。

```
SELECT *
FROM 教工登记表
WHERE 部门 NOT LIKE '计%';
```

查询结果为:

教师编号	姓名	性别	年龄	婚否	职称	基本工资	部门
JCB002	张扬	女	29	0	讲师	900.00	基础部
JGX001	王冠	男	33	1	讲师	900.00	经管系
JGX002	刘柳	女	39	1	副教授	1000.00	经管系
JGX003	王芝环	女	25	0	助教	500.00	经管系

5. 使用[NOT] NULL 关键字进行查询

使用 NULL 和 NOT NULL 关键字查询某一列值为空或不空的记录。

例 3-42 假设在"教工登记表"中插入一条记录:

```
JCB001  汪洋  男  27  1  NULL  500  基础部
```

然后再查询"教工登记表"中职称列不为空的记录。

```
SELECT *
FROM 教工登记表
WHERE 职称 IS NOT NULL;
```

查询结果为:

教师编号	姓名	性别	年龄	婚否	职称	基本工资	部门
JCB002	张扬	女	29	0	讲师	900	基础部
JGX001	王冠	男	33	1	讲师	900	经管系
JGX002	刘柳	女	39	1	副教授	1000	经管系
JGX003	王芝环	女	25	0	助教	500	经管系
JSJ001	江河	男	31	1	讲师	980	计算机系
JSJ002	张大伟	男	25	0	助教	660	计算机系

例 3-43 查询"教工登记表"中职称列为空的记录。

```
SELECT *
FROM 教工登记表
WHERE 职称 IS NULL
```

查询结果为:

教师编号	姓名	性别	年龄	婚否	职称	基本工资	部门
JCB001	汪洋	男	27	1	NULL	500	基础部

3.5.4 分组查询

使用 GROUP BY 子句,可将查询结果按 GROUP BY 子句中的<列名表>分组,在这些列上,值相同的记录分为一组,然后分别计算库函数的值。

语法格式:

```
SELECT [ALL|DISTINCT]<查询列表>
FROM <表名或视图名>
[WHERE <查询条件>]
GROUP BY <列名表>[HAVING <筛选条件>]
```

(1) 一般当<查询列表>中有库函数时，才使用 GROUP BY 子句。

(2) 当使用 GROUP BY 子句时，SELECT 子句的<查询列表>中就只能出现库函数和 GROUP BY 子句中<列名表>中的分组字段。

(3) 当使用 HAVING <筛选条件>子句时，将对 GROUP BY 子句分组查询的结果进行进一步的筛选。

例 3-44 分别查询"教工登记表"中各种职称的基本工资总和。

```
SELECT 职称,SUM(基本工资) AS 基本工资总和
FROM 教工登记表
WHERE 职称 IS NOT NULL
GROUP BY 职称;
```

查询结果为：

职称	基本工资总和
副教授	1000.00
讲师	2780.00
助教	1160.00

例 3-45 查询"教工登记表"中各种职称的总人数。

```
SELECT 职称,COUNT(职称) AS 总人数
FROM 教工登记表
WHERE 职称 IS NOT NULL
GROUP BY 职称;
```

查询结果为：

职称	总人数
副教授	1
讲师	3
助教	2

例 3-46 查询"教工登记表"中各种职称的平均工资大于 800 的记录。

```
SELECT 职称,AVG(基本工资) AS 平均工资
FROM 教工登记表
WHERE 职称 IS NOT NULL
GROUP BY 职称
HAVING AVG(基本工资)>800;
```

查询结果为：

职称	平均工资
副教授	1000.000000
讲师	926.666666

该查询中,由于"助教"的平均工资不大于 800,因此被 HAVING 子句筛去。

注意:WHERE 子句和 HAVING 子句都是用于筛选记录的,但用法不同。WHERE 子句用于在 GROUP BY 子句使用之前筛选记录,而 HAVING 子句用于在 GROUP BY 子句使用之后筛选记录。

3.5.5 查询结果排序

使用 ORDER BY 子句,可将查询结果按指定的列进行排序。
语法格式:

```
SELECT [ALL|DISTINCT]<查询列表>
FROM <表名或视图名>
[WHERE <查询条件>]
[GROUP BY <列名表>][HAVING <筛选条件>]
ORDER BY <列名[ASC | DESC] 表>
```

(1) 使用 ASC 关键字表示升序排序,使用 DESC 关键字表示降序排序,默认为升序排序。

(2) ORDER BY 子句后有多个列名时,各列名用逗号隔开,先依据第一个列名排序,在此列上值相同,再按第二个列名排序,以此类推。

(3) ORDER BY 子句必须是 SELECT 语句中的最后一个子句。

例 3-47 查询"教工登记表"中各记录,并将查询结果按职称排序。

```
SELECT *
FROM 教工登记表
ORDER BY 职称;
```

查询结果为:

教工编号	姓名	性别	年龄	婚否	职称	基本工资	部门
JCB001	汪洋	男	27	1	NULL	500.00	基础部
JGX002	刘柳	女	39	1	副教授	1000.00	经管系
JGX001	王冠	男	33	1	讲师	900.00	经管系
JCB002	张扬	女	29	0	讲师	900.00	基础部
JSJ001	江河	男	31	1	讲师	980.00	计算机系
JGX003	王芝环	女	25	0	助教	500.00	经管系
JSJ002	张大伟	男	25	0	助教	660.00	计算机系

例 3-48 查询"教工登记表"中各记录,并将查询结果按"职称"排序,职称相同的记录按"基本工资"降序排序。

```
SELECT *
FROM 教工登记表
ORDER BY 职称,基本工资 DESC;
```

查询结果为:

教工编号	姓名	性别	年龄	婚否	职称	基本工资	部门
JCB001	汪洋	男	27	1	NULL	500.00	基础部
JGX002	刘柳	女	39	1	副教授	1000.00	经管系

JSJ001	江河	男	31	1	讲师	980.00	计算机系
JGX001	王冠	男	33	1	讲师	900.00	经管系
JCB002	张扬	女	29	0	讲师	900.00	基础部
JSJ002	张大伟	男	25	0	助教	660.00	计算机系
JGX003	王芝环	女	25	0	助教	500.00	经管系

注意：ORDER BY 子句的作用只是将查询结果排序，但基本表中的数据并没有排序。

3.5.6 连接查询

在数据库的实际应用中，往往需要查询许多数据，这些数据有可能出现在两个或两个以上的表中，而我们希望这些数据出现在一个结果集中，这就要用到连接查询。

连接查询包括以下几种类型。

1. 等值连接与非等值连接

等值连接与非等值连接是最常用的连接查询方法，是通过两个表(关系)中具有共同性质的列(字段)的比较，将两个表(关系)中满足比较条件的记录组合起来作为查询结果。

语法格式：

```
SELECT <查询列表>
FROM 表1,表2
WHERE 表1.列1  <比较运算符> 表2.列2;
```

其中，比较运算符可以是=、>、<、>=、<=、<>等。
(1) 连接的列(字段)名可不相同，但数据类型必须兼容。
(2) 当<比较运算符>是"="时，称等值连接，否则称非等值连接。

例 3-49 查询每个部门教工的实发工资的信息。

```
SELECT 教工登记表.姓名,部门,实发工资
FROM 教工登记表,教工工资表
WHERE 教工登记表.姓名=教工工资表.姓名;
```

查询结果为：

姓名	部门	实发工资
张扬	基础部	1320.00
王冠	经管系	1300.00
刘柳	经管系	1740.00
王芝环	经管系	800.00
江河	计算机系	1430.00
张大伟	计算机系	1090.00

本例中，"姓名"列同时出现在两个表中，应具体指定选择哪个表的"姓名"列。在等值连接中，去掉目标列的重复字段，即为自然连接。

2. 自然连接

自然连接即在同一个表中进行连接，可以看作是一张表的两个副本之间进行的连接。在自然连接中，必须为表指定两个别名，使之在逻辑上成为两张表。

例 3-50 在"教工登记表"中增加一列"负责人",按自然连接查询全体教工的负责人姓名及负责人的编号信息。

```
SELECT  A.姓名, B.负责人, B.教师编号 AS 负责人编号
FROM 教工登记表 A,教工登记表 B
WHERE B.姓名=A.负责人;
```

查询结果为:

姓名	负责人	负责人编号
汪洋	张扬	JCB002
张扬	张扬	JCB002
王冠	刘柳	JGX002
刘柳	刘柳	JGX002
王芝环	江河	JSJ001
江河	江河	JSJ001
张大伟	江河	JSJ001

3.5.7 嵌套查询

嵌套查询是指在一个外层查询中包含另一个内层查询,即在一个 SELECT 语句中的 WHERE 子句中,包含另一个 SELECT 语句。外层的查询称主查询,WHERE 子句中包含的 SELECT 语句被称为子查询。一般将子查询的查询结果作为主查询的查询条件。使用嵌套查询,可完成复杂的查询操作。

1. 使用 IN 关键字

语法格式:

```
WHERE 表达式 [NOT] IN(子查询)
```

IN 表示属于,若表达式的值属于子查询返回的结果集中的值,则满足查询条件,NOT IN 则表示不属于。

例 3-51 查询"教工登记表"中实发工资大于 800 的教工的记录。

```
SELECT *
FROM 教工登记表
WHERE 姓名 IN(SELECT 姓名 FROM 教工工资表 WHERE 实发工资>800);
```

则查询结果为:

教师编号	姓名	性别	年龄	婚否	职称	基本工资	部门
JCB002	张扬	女	29	0	讲师	900.00	基础部
JGX001	王冠	男	33	1	讲师	900.00	经管系
JGX002	刘柳	女	39	1	副教授	1000.00	经管系
JSJ001	江河	男	31	1	讲师	980.00	计算机系
JSJ002	张大伟	男	25	0	助教	660.00	计算机系

例 3-52 查询"教工登记表"中实发工资不大于 800 的教工的记录。

```
SELECT *
```

```
FROM 教工登记表
WHERE 姓名 NOT IN(SELECT 姓名 FROM 教工工资表 WHERE 实发工资>800);
```

则查询结果为：

教师编号	姓名	性别	年龄	婚否	职称	基本工资	部门
JCB001	汪洋	男	27	1	NULL	500.00	基础部
JGX003	王芝环	女	25	0	助教	500.00	经管系

2. 使用比较运算符

语法格式：

```
WHERE 表达式 比较运算符 [ANY|ALL](子查询)
```

(1) 比较运算符包括：>、<、>=、<=、=、<>。

(2) ANY 关键字表示任何一个(其中之一)，即只要与子查询中一个值符相合即可；ALL 关键字表示所有(全部)，即要求与子查询中的所有值相符合。

例 3-53 查询"教工登记表"中"岗位补贴"在 400 至 800 之间的教工的信息。

```
SELECT *
FROM 教工登记表
WHERE 姓名=ANY(SELECT 姓名 FROM 教工工资表 WHERE 岗位补贴>=400 AND 岗位补贴<=800);
```

查询结果为：

教师编号	姓名	性别	年龄	婚否	职称	基本工资	部门
JCB002	张扬	女	29	0	讲师	900.00	基础部
JGX001	王冠	男	33	1	讲师	900.00	经管系
JGX002	刘柳	女	39	1	副教授	1000.00	经管系
JSJ001	江河	男	31	1	讲师	980.00	计算机系

若将上例中的 ANY 改为 ALL：

```
SELECT *
FROM 教工登记表
WHERE 姓名=ALL(SELECT 姓名 FROM 教工工资表 WHERE 岗位补贴>=400 AND 岗位补贴<=800);
```

执行后则无查询结果显示，因为子查询结果有多个值，而外部查询中的一个姓名值不可能对应于子查询的多个姓名值。

3. 使用 BETWEEN 关键字

语法格式：

```
WHERE 表达式1 [NOT] BETWEEN(子查询) AND 表达式2
```

或

```
WHERE 表达式1 [NOT] BETWEEN 表达式2 AND(子查询)
```

使用 BETWEEN 关键字，则查询条件是表达式 1 的值必须介于子查询结果值与表达式 2 值之间；使用 NOT BETWEEN 关键字则相反。

例 3-54 查询"教工登记表"中"年龄"介于教工"汪洋"的年龄和 30 岁之间的教工的记录。

```
SELECT *
FROM 教工登记表
WHERE 年龄 BETWEEN
(SELECT 年龄 FROM 教工登记表 WHERE 姓名='汪洋') AND 30;
```

查询结果为:

教师编号	姓名	性别	年龄	婚否	职称	基本工资	部门
JCB001	汪洋	男	27	1	NULL	500.00	基础部
JCB002	张扬	女	29	0	讲师	900.00	基础部

4. 使用 EXISTS 关键字

语法格式:

```
WHERE [NOT] EXISTS(子查询)
```

EXISTS 关键字表示存在量词,带有 EXISTS 关键字的子查询不返回任何数据,只返回逻辑真值和逻辑假值。当子查询的结果不为空集时,返回逻辑真值,否则返回逻辑假值;使用 NOT EXISTS 则与 EXISTS 查询结果相反。

例 3-55 查询"学生干部登记表"(见表 2-1)中各班主任的"编号"、"姓名"、"部门信息"。

```
SELECT 教师编号,姓名,部门
FROM 教工登记表 A
WHERE EXISTS(SELECT * FROM 学生干部登记表 B WHERE A.教师编号=B.教师编号);
```

查询结果为:

教师编号	姓名	部门
JGX001	王冠	经管系
JGX002	刘柳	经管系
JSJ001	江河	计算机系
JSJ002	张大伟	计算机系

例 3-56 查询不在"学生干部登记表"中出现的教师的"编号"、"姓名"、"部门信息"。

```
SELECT 教师编号,姓名,部门
FROM 教工登记表 A
WHERE NOT EXISTS(SELECT * FROM 学生干部登记表 B WHERE A.教师编号=B.教师编号);
```

查询结果为:

教师编号	姓名	部门
JCB001	汪洋	基础部
JCB002	张扬	基础部
JGX003	王芝环	经管系

3.5.8 使用聚集函数查询

常用的聚集函数包括:SUM、AVG、MAX、MIN、COUNT 和 COUNT(*)。其作用是在查询结果集中生成汇总值。聚集函数常与 GROUP BY 子句配合使用,进行分组查询。

1. SUM 函数

用于计算一列或多列的表达式的和。

语法格式:

```
SUM([ALL|DISTINCT] 表达式)
```

使用 DISTINCT 关键字表示不计重复值, 默认为 ALL(计算全部值)。

例 3-57 查询所有教工的基本工资总和。

```
SELECT SUM(基本工资) 基本工资总和
FROM 教工登记表;
```

查询结果为:

```
基本工资总和
5440.00
```

例 3-58 查询"教工登记表"中各部门教工的基本工资总和。

```
SELECT 部门,SUM(基本工资) 基本工资总和
FROM 教工登记表
GROUP BY 部门;
```

查询结果为:

部门	基本工资总和
基础部	1400.00
计算机系	1640.00
经管系	2400.00

2. AVG 函数

用于计算一列或多列的表达式的平均值。

语法格式:

```
AVG([ALL|DISTINCT] 表达式);
```

例 3-59 查询"教工登记表"中所有教工的基本工资平均值。

```
SELECT AVG(基本工资) 平均工资
FROM 教工登记表;
```

查询结果为:

```
平均工资
777.142857
```

例 3-60 查询"教工登记表"中各部门教工的平均工资值。

```
SELECT 部门,AVG(基本工资) 平均工资
FROM 教工登记表
GROUP BY 部门;
```

查询结果为:

部门	平均工资
基础部	700.000000
计算机系	820.000000
经管系	800.000000

例 3-61 查询"教工登记表"中各职称的教工的平均年龄。

```
SELECT 职称,AVG(年龄) 平均年龄
FROM 教工登记表
WHERE 职称 IS NOT NULL
GROUP BY 职称；
```

查询结果为：

职称	平均年龄
副教授	39
讲师	31
助教	25

3. MAX 函数

用于计算一列或多列的表达式的最大值。
语法格式：

```
MAX(表达式)
```

例 3-62 查询"教工登记表"中全体教工中的基本工资最高值。

```
SELECT MAX(基本工资) 最高工资
FROM 教工登记表；
```

查询结果为：

最高工资
1000.00

例 3-63 查询"教工登记表"中各部门教工的基本工资最高值。

```
SELECT 部门,MAX(基本工资) 最高工资
FROM 教工登记表
GROUP BY 部门；
```

查询结果为：

部门	最高工资
基础部	900.00
计算机系	980.00
经管系	1000.00

4. MIN 函数

用于计算一列或多列的表达式的最小值。
语法格式：

```
MIN(表达式)
```

例3-64 查询"教工登记表"中全体教工的基本工资最低值。

```
SELECT MIN(基本工资) 最低工资
FROM 教工登记表;
```

查询结果为：

```
最低工资
500.00
```

例3-65 查询"教工登记表"中各部门教工的基本工资最低值。

```
SELECT 部门,MIN(基本工资) 最低工资
FROM 教工登记表
GROUP BY 部门;
```

查询结果为：

```
部门      基本工资
基础部    500.00
计算机系  660.00
经管系    500.00
```

5. COUNT 和 COUNT(*) 函数

用于计算查询到的结果的数目。

语法格式：

```
COUNT([ALL|DISTINCT] 表达式);
```

或

```
COUNT(*);
```

其中，COUNT(表达式)不计算空值行，COUNT(*)计算所有行(包括空值行)。

例3-66 查询"教工登记表"中职称为"讲师"的教工的人数。

```
SELECT COUNT(职称) 讲师人数
FROM 教工登记表
WHERE 职称='讲师';
```

查询结果为：

```
讲师人数
3
```

例3-67 查询"教工登记表"中各种职称的教工的人数。

```
SELECT 职称,COUNT(职称) 人数
FROM 教工登记表
GROUP BY 职称;
```

查询结果为：

```
职称     人数
NULL     0
```

副教授	1
讲师	3
助教	2

在"教工登记表"中，职称为空的记录本有一条，但 COUNT(表达式) 格式不计算空值行，所以查询结果显示职称为 NULL 的人数为 0。

若将代码改为：

```
SELECT 职称,COUNT(*) 人数
FROM 教工登记表
GROUP BY 职称;
```

则查询结果为：

职称	人数
NULL	1
副教授	1
讲师	3
助教	2

因为 COUNT(*) 格式计算所有行，包括空值行，所以查询结果显示职称为 NULL 的人数为 1。

例 3-68 查询"教工登记表"中男性教工的人数。

```
SELECT COUNT(*) 男职工人数
FROM 教工登记表
WHERE 性别='男';
```

查询结果为：

男职工人数
4

3.5.9 子查询与数据更新

3.4 节介绍了数据更新的 3 种语句：INSERT、UPDATE、DELETE，实际上，这 3 种语句还能与子查询结合，实现更加灵活的数据更新操作。

1. 子查询与 INSERT 语句

子查询与 INSERT 语句相结合，可以完成一批数据的插入。

语法格式：

```
INSERT [INTO] <表名> [<列名表>]
   <子查询>
```

例 3-69 先创建一个计算机系教工登记表"计算机系教工表"，然后将"教工登记表"中计算机系教工的数据插入到该表中。

创建表：

```
CREATE TABLE 计算机系教工表
  (编号 CHAR(6) NOT NULL,
```

```
姓名 CHAR(8) NOT NULL,
性别 CHAR(2) NOT NULL,
年龄 SMALLINT,
婚否 BIT,
职称 CHAR(6),
基本工资 DECIMAL(7,2),
部门 CHAR(10));
```

插入数据：

```
INSERT 计算机系教工表
SELECT *
FROM 教工登记表
WHERE 部门='计算机系';
```

此时，"计算机系教工表"中有如下记录：

教师编号	姓名	性别	年龄	婚否	职称	基本工资	部门
JSJ001	江河	男	31	1	讲师	980	计算机系
JSJ002	张大伟	男	25	0	助教	660	计算机系

例3-70　创建一个"职称查询表"，包括"姓名"、"性别"、"职称"列，然后将"教工登记表"中的数据插入到该表中。

```
CREATE TABLE 职称查询表
(姓名 CHAR(8) NOT NULL,
 性别 CHAR(2) NOT NULL,
 职称 CHAR(6),
);
```

插入数据：

```
INSERT 职称查询表
SELECT 姓名,性别,职称
FROM 教工登记表;
```

执行后，"职称查询表"中有如下记录：

姓名	性别	职称
汪洋	男	NULL
张扬	女	讲师
王冠	男	讲师
刘柳	女	副教授
王芝环	女	助教
江河	男	讲师
张大伟	男	助教

以上两例都使用了子查询，完成了在指定的表中有选择地插入了一批记录，或完整地插入一个表的数据。

2. 子查询与 UPDATE 语句

子查询与 UPDATE 语句结合，一般是嵌在 WHERE 子句中，将查询结果作为修改数据的条件依据之一，可以批量修改数据。

语法格式：

```
UPDATE <表名>
SET <列名1>=<表达式1>[,<列名2>=<表达式2>][,…N]
WHERE <含子查询的条件表达式>；
```

例 3-71 为计算机系的教工，每人增加 100 元奖金。

```
UPDATE 教工工资表
SET 奖金=奖金+100
WHERE 姓名=ANY(SELECT 姓名 FROM 教工登记表 WHERE 部门='计算机系')；
```

执行结果：在"教工工资表"中计算机系的教工"江河"和"张大伟"的奖金分别由 400 和 250，增加到 500 和 350。

3. 子查询与 DELETE 语句

子查询与 DELETE 语句结合，一般也是嵌在 WHERE 子句中，查询结果作为删除数据的条件依据之一，可以批量删除数据。

语法格式：

```
DELETE FROM <表名>
WHERE <含子查询的条件表达式>；
```

例 3-72 在"职称查询表"中，删除非计算机系教师的记录。

```
DELETE FROM 职称查询表
WHERE 姓名=ANY(SELECT 姓名 FROM 教工登记表 WHERE 部门<>'计算机系')；
```

执行后，"职称查询表"中有如下记录：

姓名	性别	职称
江河	男	讲师
张大伟	男	助教

可见，非计算机系的 5 条记录被删除。

3.5.10 集合运算

SQL 中的集合运算实际上是对两个 SELECT 语句的查询结果进行的运算，主要包括以下三种。

- UNION：并；
- INTERSECT：交；
- EXCEPT：差。

例 3-73 在"教工登记表"中，查询职称为"讲师"及"讲师"以上，年龄小于 27 岁的教工记录的并集。

```
SELECT *
FROM 教工登记表
WHERE 职称 IN('讲师','副教授','教授')
UNION
```

```
SELECT *
FROM 教工登记表
WHERE 年龄<27;
```

查询结果为:

教师编号	姓名	性别	年龄	婚否	职称	基本工资	部门
JCB002	张扬	女	29	0	讲师	900.00	基础部
JGX001	王冠	男	33	1	讲师	900.00	经管系
JGX002	刘柳	女	39	1	副教授	1000.00	经管系
JGX003	王芝环	女	25	0	助教	500.00	经管系
JSJ001	江河	男	31	1	讲师	980.00	计算机系
JSJ002	张大伟	男	25	0	助教	660.00	计算机系

例 3-74 在"教工登记表"中,查询职称为"讲师"以上与年龄小于 30 岁的教工记录的交集。

```
SELECT *
FROM 教工登记表
WHERE 职称 IN('讲师','副教授','教授')
INTERSECT
SELECT *
FROM 教工登记表
WHERE 年龄<30;
```

相当于:

```
SELECT *
FROM 教工登记表
WHERE 职称 IN('讲师','副教授','教授') AND 年龄<30;
```

查询结果为:

教师编号	姓名	性别	年龄	婚否	职称	基本工资	部门
JCB002	张扬	女	29	0	讲师	900.00	基础部

例 3-75 在"教工登记表"中,查询职称为"讲师"以上与年龄小于 30 岁的教工记录的差集。

```
SELECT *
FROM 教工登记表
WHERE 职称 IN('讲师','副教授','教授')
EXCEPT
SELECT *
FROM 教工登记表
WHERE 年龄<30;
```

相当于:

```
SELECT *
FROM 教工登记表
WHERE 职称 IN('讲师','副教授','教授') AND 年龄>=30;
```

查询结果为:

教师编号	姓名	性别	年龄	婚否	职称	基本工资	部门
JGX001	王冠	男	33	1	讲师	900.00	经管系
JGX002	刘柳	女	39	1	副教授	1000.00	经管系
JSJ001	江河	男	31	1	讲师	980.00	计算机系

3.6 视图

3.6.1 视图的作用

视图(View)实际上是从一个或多个基本表或已有视图中派生出来的虚拟表,也是一个关系,每个视图都有命名的字段和记录(列和行)。但在数据库中只存在视图的定义,并不存在视图的实际数据。视图是一个虚表,实际数据都存放在基本表中,但可通过操作视图而达到操作基本表数据的目的,其操作方法与操作基本表类似。

视图的优点包括:
- 简化用户操作;
- 多角度地看待同一数据;
- 提高数据的安全性。

3.6.2 视图的定义

语法格式:

```
CREATE VIEW <视图名> [<列名表>]
AS <SELECT 语句>
[WITH CHECK OPTION];
```

(1) 选项 WITH CHECK OPTION 将在对视图进行 INSERT、UPDATE 和 DELETE 操作时,检查数据是否符合定义视图时 SELECT 语句中的<条件表达式>。

(2) SELECT 语句即前面介绍的查询语句。

例 3-76 利用"教工登记表"创建一个视图"中高级职称名册"。

```
CREATE VIEW 中高级职称名册
AS SELECT *
FROM 教工登记表
WHERE 职称 IN ('讲师','教授','副教授')
WITH CHECK OPTION;
```

例 3-77 利用"教工登记表"创建一个视图"经管系教工名册"。

```
CREATE VIEW 经管系教工名册
AS SELECT *
FROM 教工登记表
WHERE 部门='经管系'
WITH CHECK OPTION;
```

通过以上两视图插入记录，只能分别插入职称为所列出职称的记录和部门为"经管系"的记录，无法插入其他记录。

3.6.3 视图的删除

删除视图即删除视图的定义，并将指定的视图从数据字典中删除。
语法格式：

```
DROP VIEW <视图名>;
```

例 3-78 删除视图"经管系教工名册"。

```
DROP VIEW 经管系教工名册;
```

删除视图后，若有从该视图中导出的其他视图，则其他视图的定义仍保留在数据字典中，但已失效。

3.6.4 使用视图操作表数据

1．查询数据

视图也可像基本表一样通过 SELECT 语句查询数据，由于视图是一个虚表，不存放数据，所以查询视图的数据，实际上是查询基本表中的数据。查询时，首先从数据字典中取出指定视图的定义，然后检查数据源表是否存在，若不存在，则无法执行；若存在，则将 SELECT 语句指定的查询与视图的定义相结合，到基本表中查询数据，然后将结果显示出来。

例 3-79 检索"中高级职称名册"。

```
SELECT *
FROM 中高级职称名册;
```

查询结果为：

教师编号	姓名	性别	年龄	婚否	职称	基本工资	部门
JCB002	张扬	女	29	0	讲师	900.00	基础部
JGX001	王冠	男	33	1	讲师	900.00	经管系
JGX002	刘柳	女	39	1	副教授	1000.00	经管系
JSJ001	江河	男	31	1	讲师	980.00	计算机系

例 3-80 检索"中高级职称名册"中，职称是"讲师"，且性别为"女"的记录。

```
SELECT *
FROM 中高级职称名册
WHERE 职称='讲师' AND 性别='女';
```

查询结果为：

教师编号	姓名	性别	年龄	婚否	职称	基本工资	部门
JCB002	张扬	女	29	0	讲师	900.00	基础部

2．插入数据

可使用 INSERT 语句向视图中添加数据，由于视图是一个虚表，不存放数据，所以对视图插入数据实际上是对基本表插入数据。

例 3-81 向"中高级职称名册"插入一条数据为:"编号(JGX01)、姓名(姜环红)、性别(女)、年龄(23)、婚否(0)、职称(助教)、部门(经管系)"的记录。

```
INSERT 中高级职称名册
VALUES ('JGX01','姜环红','女',23,0,'助教',400,'经管系');
```

执行后发现无法插入,因为该记录职称为"助教",不满足定义该视图时指定的条件,而定义视图时又指定了"WITH CHECK OPTION"。

若改为执行下列操作:

```
INSERT 中高级职称名册
VALUES ('JGX02','王杨','女',35,0,'副教授',900,'经管系')
```

则插入成功,可通过打开视图或查询视图看到此记录。此时打开基本表"教工登记表"或对此表进行查询,也可发现该记录出现在表中。可见,对视图的插入操作,即是对基本表的插入操作。

3. 修改数据

可使用 UPDATE 语句通过视图对基本表的数据进行修改。同样,修改后的数据如果不满足定义该视图时指定的条件,而定义视图时有又指定了"WITH CHECK OPTION",则系统会拒绝执行。

例 3-82 将上例中插入在"中高级职称名册"中的记录的职称改为"高工"。

```
UPDATE 中高级职称名册
SET 职称='高工'
WHERE 姓名='王杨';
```

执行后发现数据并没有得到修改,原因是在定义视图"中高级职称名册"时,"高工"并不在职称列表之中,则系统拒绝执行修改。

执行下列操作,将职称改为"教授":

```
UPDATE 中高级职称名册
SET 职称='教授'
WHERE 姓名='王杨';
```

则修改成功,实际上是基本表中的数据得到了修改。

4. 删除数据

使用 DELETE 语句删除视图中的数据,也就是删除基本表中的数据。

例 3-83 将"中高级职称名册"中"王杨"的记录删除。

```
DELETE 中高级职称名册
WHERE 姓名='王杨';
```

运行后查询"中高级职称名册"和"教工登记表",该记录已不存在。

3.7 SQL 的数据完整性约束

数据完整性约束是指保证数据库中的数据始终是正确的、一致的。在 SQL 中,提供了许多保障数据正确、一致的机制,例如,事务处理可以保证数据库中数据的一致性;主码约束、唯一性约束可实现实体完整性约束;外键约束可实现参照完整性约束;检查约束可实现用户自定义完整性约束等。

3.7.1 事务

事务(Transaction)是 RDBMS 提供的一种特殊手段,事务可确保数据能够正确地被修改,避免因某些原因造成数据只修改一部分,而导致的数据不一致现象。

1. 基本概念

所谓事务,实际上就是对于一个不可分割的操作序列,控制它全部执行或全部不执行。

例如,某人去银行转账,准备将 1 万元人民币从活期存折转入定期存折,1 万元人民币从活期存折提取之后,再将 1 万元人民币存入定期存折时发生了故障,后面的业务没有完成,这时,从活期存折提款的业务也应取消,否则用户活期账户的钱少了,定期账户的钱又并没有增加。转账中提取和存入是一个连续的操作序列,必须保证该操作序列完成之后,数据库中的数据才是一致的。

2. 事务的特性

事务具有如下特性。

(1) 原子性(Atomicity)

即要求事务中的所有操作都作为数据库中的一个基本的工作单元,这个工作单元中的所有操作,要么全部被执行,要么一个都不执行。只要其中有一个语句操作失败,则这个工作单元的所有语句将全部拒绝执行,回到这个工作单元执行前的状态。

(2) 一致性(Consistency)

即要求无论事务完成或失败,都应保持数据库中的数据的一致性。当事务执行结果从一种状态变为另一种状态时,在状态的始终,数据库中的数据必须保持一致。事务原子性是事务一致性的重要保证。

(3) 独立性(Isolation)

即要求多个事务并发(同时)执行时,事务之间不会发生干扰,一个事务所做的操作是独立于其他事务的。事务的独立性由并发控制来保证。

(4) 持久性(Durability)

即要求一个事务一旦成功完成执行,则它对数据库中数据的修改就应永久地在系统中保存下来,即使系统出现故障也不会对它产生影响。

事务的这 4 个特性一般统称为 ACID 特性,即取每个特性的英文单词的第一个字母表示。

3. 事务控制语句

SQL 语言对事务的控制是通过事务控制语句来实现的。主要有以下 3 种事务控制语句。

(1) BEGIN TRANSACTION

用于标识一个用户定义的事务的开始。

(2) COMMIT

用于提交一个用户定义的事务。保证本次事务对数据的修改已经成功地写入数据库中,并被永久地保存下来。在 COMMIT 语句执行之前,事务对数据的修改都是暂时的。

(3) ROLLBACK

在事务执行的过程中,若发生故障,无法将事务顺利完成,则使用该语句回滚事务,将事务的执行撤销,回到事务的开始处。

例 3-84　给教工"刘柳"增加工资 100 元。

```
BEGIN TRANSACTION
UPDATE 教工登记表
SET 基本工资=基本工资+100
WHERE 姓名='刘柳';
UPDATE 教工工资表
SET 基本工资=基本工资+100
WHERE 姓名='刘柳';
COMMIT
```

因为教工的"基本工资"同时出现在"教工登记表"和"教工工资表"中,所以"刘柳"的工资必须在两个表中同时修改,以保证数据的一致性。把这两个修改操作放在一个事务中,即可使得两个表都修改成功或都不修改。

例 3-85　在"中高级职称名册"中修改一条记录,并插入一条记录。

```
BEGIN TRANSACTION
UPDATE 中高级职称名册
SET 职称='副教授'
WHERE 姓名='王冠';
INSERT 中高级职称名册
VALUES('SYS010','高山','男',40,1,'教授','计算机系');
SELECT *
FROM 中高级职称名册;
COMMIT
```

运行后发现,插入操作不成功,原因是插入的记录少了一项"基本工资"值;修改操作也不成功,"王冠"那条记录也没得到修改。修改代码如下:

```
BEGIN TRANSACTION
UPDATE 中高级职称名册
SET 职称='副教授'
WHERE 姓名='王冠';
INSERT 中高级职称名册
VALUES('SYS010','高山','男',40,1,'教授',1200,'计算机系');
SELECT *
FROM 中高级职称名册;
COMMIT
```

运行结果为:

教师编号	姓名	性别	年龄	婚否	职称	基本工资	部门
JCB002	张扬	女	29	0	讲师	900.00	基础部
JGX001	王冠	男	33	1	副教授	900.00	经管系
JGX002	刘柳	女	39	1	副教授	1100.00	经管系
JSJ001	江河	男	31	1	讲师	980.00	计算机系
SYS010	高山	男	40	1	教授	1200.00	计算机系

可见,插入和修改操作同时成功完成。

3.7.2 完整性约束

完整性约束主要包括：实体完整性约束、参照完整性约束和用户自定义完整性约束。约束用来强制实现数据库中数据的完整性、正确性。

在 SQL 中，一般用以下形式来完成完整性约束：
- 主键(主码)完整性约束(PRIMARY KEY)；
- 外键(外码)完整性约束(FOREIGN KEY)；
- 唯一性完整性约束(UNIQUE)；
- 检查完整性约束(CHECK)；
- 非空值完整性约束(NOT NULL)。

1. 主码完整性约束

主码是一个表中能够唯一标识每行的列或列的组合，SQL 中使用主码来实现表的实体完整性。

主码约束的特征包括：
- 主码列不允许输入重复值，若主码列由多个列组合而成，则某一列上的数据可以重复，但列的组合值不能重复；
- 一个表中只能有一个主码约束，主码约束列不允许取空值；
- 主码约束可在创建表时定义，也可在已有表中添加。

定义主码的子句格式如下：

```
[CONSTRAINT 约束名]
PRIMARY KEY [(<主码列名表>)];
```

其中，[CONSTRAINT 约束名]是指定建立的主码约束的约束名，可选。若不选该项，则由系统自动取默认约束名。

例 3-86 创建"学生干部登记表"，并将"学号"列设置为主码列。

```
CREATE TABLE 学生干部登记表
(学号 CHAR(8) PRIMARY KEY,        /*列级主码约束*/
 姓名 CHAR(8),
 性别 CHAR(2),
 年龄 SMALLINT,
 班级 CHAR(12),
 任职 CHAR(10),
 教师编号 CHAR(6));
```

也可这样定义：

```
CREATE TABLE 学生干部登记表
(学号 CHAR(8),
 姓名 CHAR(8),
 性别 CHAR(2),
 年龄 SMALLINT,
 班级 CHAR(12),
```

```
    任职 CHAR(10),
    教师编号 CHAR(6),
    PRIMARY KEY(学号));         /*表级主码约束*/
```
"学生干部登记表"建立后,在"学号"列上不能有重复值和空值。

2. 外码完整性约束

外码完整性约束用于限制两个表之间数据的完整性,在 SQL 中,外码是用来体现表的参照完整性的。

定义外码的子句格式如下:

```
[CONSTRAINT 约束名]
[FOREIGN KEY(列名)]
REFERENCES <父表名>(父表的列名)
[ON DELETE {CASCADE|NO ACTION}]
[ON UPDATE {CASCADE|NO ACTION}];
```

(1)CONSTRAINT 约束名:指定建立的外码约束的约束名,可选,若不选该项,则由系统自动取一默认约束名。

(2)FOREIGN KEY(列名):此项可选,若不选该项,则需直接在要建立外码的列名后加"REFERENCES <父表名>(父表的列名)"项。

(3)父表名:即建立外码要参照的表的表名。

(4)父表的列名:即建立外码要引用的父表中的列的列名。

(5)ON DELETE {CASCADE|NO ACTION}:如果指定 CASEDE,则在删除父表中被引用的记录时,也将从引用表(子表)中删除引用记录;如果指定 NO ACTION,则在删除父表中被引用的记录时,将返回一个错误消息并拒绝删除操作。默认值为 NO ACTION。

(6)ON UPDATE {CASCADE|NO ACTION}:如果指定 CASEDE,则在更新父表中被引用的记录时,也将在引用表(子表)中更新引用记录;如果指定 NO ACTION,则在更新父表中被引用的记录时,将返回一个错误消息并拒绝更新操作。默认值为 NO ACTION。

例 3-87 将上例中的"学生干部登记表"中的"教师编号"列设置为相对于"教师登记表"的外码。

```
CREATE TABLE 学生干部登记表
(学号 CHAR(8) PRIMARY KEY,
 姓名 CHAR(8),
 性别 CHAR(2),
 年龄 SMALLINT,
 班级 CHAR(12),
 任职 CHAR(10),
 教师编号 CHAR(6) REFERENCES 教工登记表(教师编号));
```

也可这样定义:

```
CREATE TABLE 学生干部登记表
(学号 CHAR(8) PRIMARY KEY,
 姓名 CHAR(8),
```

```
    性别 CHAR(2),
    年龄 SMALLINT,
    班级 CHAR(12),
    任职 CHAR(10),
    教师编号 CHAR(6),
    FOREIGN KEY(教师编号)
    REFERENCES 教工登记表(教师编号));
```

向"学生干部登记表"中插入如下记录：

学号	姓名	性别	年龄	班级	任职	教师编号
J2004001	李宏伟	男	19	04计算机1班	班长	JSJ001
J2003005	张华东	男	20	03电商1班	班长	JSJ002
G2003102	江蔚然	女	19	03国贸2班	学习委员	JGX001
G2003209	刘芳红	女	20	03经管1班	副班长	JGX005

执行后，发现最后一条记录无法插入，因为教师编号"JGX005"在父表（被引用的表，这里是"教工登记表"）中不存在，违反参照完整性约束，更新操作被拒绝。将该记录的"教师编号"改为"JGX003"，则插入成功。

SQL 中提供了 3 种方法来保证参照完整性的实施。

(1) 限制方法（RESTRICT）

即任何违反参照完整性的更新都将被拒绝。如例 3-87 中，在子表中插入的记录时，父表中"教师编号"列中无"JGX002"值，所以无法插入。若在子表中修改"教师编号"的值，而修改后的值非空且在父表中不存在，也将无法更改。若将子表中的"教师编号"值"JSJ001"更改为"JSJ007"，系统将拒绝修改。若在上例中删除父表中的一条记录，而该记录的"教师编号"值仍出现在子表的"教师编号"列中，此记录也无法删除。又如在"教工登记表"中删除"教师编号"值为"JSJ001"的记录，系统将拒绝删除。除非先将子表"学生干部登记表"中"教师编号"值为"JSJ001"的记录先删除，才能将父表中相对应的记录删除。

(2) 级联方法（CASCADE）

限制方法经常要对父表的主码值进行删除、更改操作，十分不方便。即当对父表的主码值进行删除或更改操作时，都必须先将子表中的相应记录先删除，不能使得子表的数据随父表的数据而改变。

级联方法是指当对父表的主码值进行删除和修改时，子表中的相应的外码值也将随之删除或修改，以便保证参照完整性。

例 3-88 同上例，只是在创建外码约束时增加选项"ON DELETE CASCADE"和"ON UPDATE CASCADE"。

```
CREATE TABLE 学生干部登记表
(学号 CHAR(8) PRIMARY KEY,
 姓名 CHAR(8),
 性别 CHAR(2),
 年龄 SMALLINT,
 班级 CHAR(12),
 任职 CHAR(10),
教师编号 CHAR(6)REFERENCES 教工登记表(教师编号)
```

```
ON DELETE CASCADE
ON UPDATE CASCADE);
```

执行后，子表中输入如下记录：

J2004001	李宏伟	男	19	04	计算机1班	班长	JSJ001
J2003005	张华东	男	20	03	电商1班	班长	JSJ002
G2003102	江蔚然	女	19	03	国贸2班	学习委员	JGX001
G2003209	刘芳红	女	20	03	经管1班	副班长	JGX003

然后将父表中"教师编号"值"JSJ001"修改为"JSJ007"，修改成功，查看子表，子表中对应的外码值也修改为"JSJ007"。再将父表中"教师编号"值为"JGX003"的记录删除，查看子表，子表中外码"教师编号"值为"JGX003"的记录也随之被删除。

(3) 置空方法(SET NULL)

置空方法也是针对父表的删除或修改操作的，当删除或修改父表中的某一主码值时，将与其对应的子表中的外码值置空。

3. 唯一性完整性约束(UNIQUE)

唯一性完整性约束用于限制非主码的其他指定列上的数据的唯一性。

定义唯一性约束的子句格式如下：

```
[CONSTRAINT 约束名]
UNIQUE [(字段名表)]
```

唯一性约束与主码约束的异同点如下。

(1) 相同点

- 列值不能重复，都能保证表中记录的唯一性；
- 都可以被外码约束所引用。

(2) 不同点

- 一个表中只能定义一个主码约束，但可以定义多个唯一性约束；
- 定义了主码约束的列上不能取空值，定义了唯一性约束的列上可以取空值。

例 3-89 在"学生干部登记表"的"姓名"列上建立一个唯一性约束。

```
CREATE TABLE 学生干部登记表
(学号 CHAR(8) PRIMARY KEY,
 姓名 CHAR(8) UNIQUE,        /*列级唯一性约束*/
 性别 CHAR(2),
 年龄 SMALLINT,
 班级 CHAR(12),
 任职 CHAR(10),
 教师编号 CHAR(6));
```

也可这样定义：

```
CREATE TABLE 学生干部登记表
(学号 CHAR(8) PRIMARY KEY,
 姓名 CHAR(8),
 性别 CHAR(2),
```

```
    年龄 SMALLINT,
    班级 CHAR(12),
    任职 CHAR(10),
    教师编号 CHAR(6),
    UNIQUE(姓名));              /*表级唯一性约束*/
```

执行后，若在姓名列输入了重复的数据，则系统拒绝接受，可在姓名列输入一个空值 NULL(即任何值都不输入)。但超过一个空值，则认为是重复数据，系统仍然拒绝接受。

4. 检查完整性约束(CHECK)

检查完整性约束可以实现用户自定义完整性约束。检查约束主要用于限制列上可以接受的数据值，一个列上可以使用多个检查约束。

定义检查约束的子句格式如下：

```
[CONSTRAINT 约束名]
CHECK(逻辑表达式);
```

这里的"逻辑表达式"是指用于约束列值的逻辑表达式。

例 3-90 在"教工工资表"的"基本工资"列上建立一个检查约束，限制基本工资值的范围在 500~1200。

```
CREATE TABLE 教工工资表
(工资编号 INT IDENTITY,
    姓名 CHAR(8) NOT NULL,
    性别 CHAR(2),
    职称 CHAR(6),
    基本工资 DECIMAL(7,2)
    CHECK(基本工资>=500 AND 基本工资<=1200),    /*列级检查约束*/
    岗位补贴 DECIMAL(7,2),
    奖金 DECIMAL(7,2),
    扣除 DECIMAL(7,2),
    实发工资 AS 基本工资+岗位补贴+奖金-扣除);
```

也可这样定义：

```
CREATE TABLE 教工工资表
(工资编号 INT IDENTITY,
    姓名 CHAR(8) NOT NULL,
    性别 CHAR(2),
    职称 CHAR(6),
    基本工资 DECIMAL(7,2),
    岗位补贴 DECIMAL(7,2),
    奖金 DECIMAL(7,2),
    扣除 DECIMAL(7,2),
    实发工资 AS 基本工资+岗位补贴+奖金-扣除,
    CHECK(基本工资>=500 AND 基本工资<=1200));   /*表级检查约束*/
```

执行后，若在该表的"基本工资"列输入的值大于 1200 或小于 500，则系统报错，拒绝输入。

5. 非空值完整性约束(NOT NULL)

非空值完整性约束，即用于限制指定表的某个指定列的值不能为空值（即未曾输入值，输入值后删除不是 NULL）。

定义非空值约束的子句格式如下：

```
NOT NULL;
```

例 3-91 在"学生干部登记表"的"任职"列上建立一个非空值约束。

```
CREATE TABLE 学生干部登记表
(学号 CHAR(8) PRIMARY KEY,
 姓名 CHAR(8) UNIQUE,
 性别 CHAR(2),
 年龄 SMALLINT,
 班级 CHAR(12),
 任职 CHAR(10) NOT NULL,
 教师编号 CHAR(6));
```

执行后，则在该表的"任职"一列上便不允许有空值出现。

以上完整性约束可以分为列约束和表约束，列约束是对表中列定义的约束（见以上各例中的第一种形式），只适用于该列；表约束与列的定义无关（见以上各例的第二种形式），可以适用于一个或一个以上的列，当一个约束必须包含一个以上的列时，必须使用表约束。

6. 完整性约束的修改

可以对已有的表增加或删除完整性约束，但要修改约束条件，只能先将原有约束删除，然后再按新的约束条件增加约束。

例 3-92 在"教工登记表"的"年龄"列增加一个检查约束，将年龄控制在 20～55 岁。

```
ALTER TABLE 教工登记表
ADD CONSTRAINT JC1
CHECK(年龄>=20 AND 年龄<=55);
```

例 3-93 修改例 3-92 中的约束条件，将年龄控制在 20～60 岁之间。

```
ALTER TABLE 教工登记表
DROP CONSTRAINT JC1            /*删除约束*/
ALTER TABLE 教工登记表
ADD CONSTRAINT JC1
CHECK(年龄>=20 AND 年龄<=60);
```

3.8 触发器

触发器（Trigger）是一种可以实现程序式完整性约束的机制，用来对表实施复杂的完整性约束。当对触发器所保护的数据进行增、删、改操作时，系统会自动触发触发操作，以防止对数据进行不正确的修改，从而实现数据的完整性约束。触发器基于一个表创建，但可针对多个表进行操作。

3.8.1 触发器的作用

触发器一般有以下几种用途：
- 对数据库中相关的表进行级联修改；
- 撤销或回滚违反引用完整性的操作，防止非法修改数据；
- 完成比检查约束更为复杂的约束操作；
- 比较表修改前后数据之间的差别，并根据这些差别进行相应的操作；
- 对一个表的不同操作（INSERT、UPDATE 或 DELETE）可调用不同的触发器，对一个表的相同操作也可调用不同的触发器。

3.8.2 触发器的组成

1. 触发器的组成

触发器一般由 3 个部分组成：
- 触发器名；
- 触发器的触发事件；
- 触发器执行的操作。

触发器名即所创建的触发器的名称，触发器的触发事件是指对表进行的插入、修改、删除操作；触发器执行的操作是一个存储过程或一个批处理过程，也是一个 SQL 语句序列。

2. 触发器动作时间

触发器动作时间由 BEFORE 和 AFTER 关键字定义，使用 BEFORE 则表示触发动作在触发事件之前出现，使用 AFTER 则表示触发动作在触发事件之后出现。

3.8.3 触发器的操作

1. 创建触发器

语法格式：

```
CREATE TRIGGER <触发器名>
{BEFORE|AFTER}
<触发事件> ON <表名>
<触发动作>;
```

其中，<触发事件>是指 INSERT、UPDATE、DELETE 操作；<触发动作>是指具体要执行的触发操作，由一组 SQL 语句构成。

例 3-94 在"教工登记表"上创建一个触发器。

```
CREATE TRIGGER CFQ1 ON 教工登记表
AFTER INSERT
AS
SELECT '请核对修改后的记录：'
SELECT * FROM 教工登记表;
```

2. 触发触发器

即针对触发器，执行相应的触发事件(INSERT、UPDATE、DELETE)。

例 3-95 在"教工登记表"上插入一条记录，触发触发器 CFQ1。

```
INSERT 教工登记表
VALUES('JSJ006','李立','男',30,1,'讲师',700,'计算机系','江河');
```

执行结果如下。

请核对修改后的记录：

教师编号	姓名	性别	年龄	婚否	职称	基本工资	部门	负责人
JCB001	汪洋	男	27	1	NULL	500.00	基础部	张扬
JCB002	张扬	女	29	0	讲师	900.00	基础部	张扬
JGX001	王冠	男	33	1	副教授	900.00	经管系	刘柳
JGX002	刘柳	女	39	1	副教授	1100.00	经管系	刘柳
JGX003	王芝环	女	25	0	助教	500.00	经管系	江河
JSJ001	江河	男	31	1	讲师	980.00	计算机系	江河
JSJ002	张大伟	男	25	0	助教	660.00	计算机系	江河
JSJ006	李立	男	30	1	讲师	700.00	计算机系	江河

3. 删除触发器

当触发器不再需要时，可将其删除。

语法格式：

```
DROP TRIGGER <触发器名>;
```

例 3-96 删除触发器 CFQ1。

```
DROP TRIGGER cfq1;
```

早在标准 SQL 之前，许多 RDBMS 就已经支持触发器，因此它们的定义与标准 SQL 有所不同，且相互之间也有所不同，应注意区别。

3.9 存储过程

3.9.1 存储过程的基本概念

存储过程是 RDBMS 中的由一组 SQL 语句组成的程序，存储过程被编译好后保存在数据库中，可以被反复调用，运行效率高。目前，大部分的 RDBMS 都提供了存储过程。下面以 T-SQL 存储过程为例进行介绍。

3.9.2 存储过程的定义

语法格式：

```
CREATE PROCEDURE  <存储过程名>
[<参数表列>]
AS
<SQL 语句组>;
```

其中，<参数表列>用于指定默认参数、输入参数或输出参数。

例 3-97 创建一个存储过程，使职工通过输入姓名可查询本人的工资情况。

```
CREATE PROCEDURE 查询工资
@NAME VARCHAR(8)=NULL
AS
IF @NAME IS NULL
SELECT '请输入姓名后再查询！'
ELSE
SELECT 姓名,基本工资
FROM 教工登记表
WHERE 姓名=@NAME;
```

3.9.3 存储过程的执行

存储过程一经建立就可反复调用执行。

例 3-98 执行例 3-97 中创建的存储过程"查询工资"。

(1) 不带参调用

输入：查询工资

则输出：请输入姓名后再查询！

(2) 带参调用

输入：查询工资 '刘柳'

则输出：

姓名	基本工资
刘柳	1100.00

如果在定义时，输入参数给定了默认值(例 3-97 中的@NAME VARCHAR(8)=NULL)，则在调用时可不给出确定的参数值，否则一定要给出确定值。

3.9.4 存储过程的删除

当存储过程不再需要时，可将其删除。

语法格式：

```
DROP PROCEDURE <存储过程名>
```

例 3-99 删除上例中创建的存储过程"查询工资"。

```
DROP PROCEDURE 查询工资;
```

3.10 嵌入式 SQL 语言

3.10.1 嵌入式 SQL 语言的基本概念

SQL 语言有两种形式，一种是自主式 SQL，即 SQL 作为独立的数据语言，以交互方式使用；一种是嵌入式SQL(Embedded SQL)，即SQL嵌入到其他高级语言中，在其他高级语言中使用。被嵌入的高级语言(如C/C++、Basic、Java等)称为宿主语言(或主语言)。

3.10.2 嵌入式SQL语言需要解决的问题

将SQL嵌入到高级语言中使用，一方面可以使SQL借助高级语言来实现本身难以实现的复杂操作(如递归)，另一方面也可使高级语言克服对数据库操作的不足，获得更强的数据库操作能力。但是如果要使SQL语言在高级语言中得到正确无误的运用，首先必须要考虑以下3个问题。

(1) 在宿主语言中如何区分SQL语句和高级语言的语句？宿主语言的预编译器无法识别和接受SQL语句，因此必须要有能区分宿主语言语句和SQL语句的标识。

(2) 数据库的工作单元与宿主语言程序工作单元如何进行信息传递？

(3) 一般一个SQL语句一次能完成对一批记录的处理，而宿主语言一次只能对一个记录进行处理，如何协调这两种处理方式的不同？

3.10.3 嵌入式SQL语言的语法格式

嵌入式SQL的语法结构与交互式SQL的语法结构基本保持相同，一般只是在嵌入式SQL中加入一些前缀和结束标志。对于不同的宿主语言，在嵌入SQL时，格式上可能略有不同。

下面以C语言为例，说明嵌入式SQL的一般使用方法。

在C语言中嵌入的SQL语句以EXEC SQL开始，以分号结束：

```
EXEC SQL <SQL 语句>;
```

(1) EXEC SQL 大小写均可。

(2) EXEC SQL 与分号之间只能是SQL语句，不能包含有任何宿主语言的语句。

(3) 当嵌入式SQL语句中包含的字符串在一行写不下时，可用反斜杠(\)作为续行标志，将一个字符串分多行写。

(4) 嵌入式SQL语句按照功能的不同，可分为可执行语句和说明语句。而可执行语句又可分为数据定义语句、数据操纵语句和数据控制语句。

3.10.4 嵌入式SQL与宿主语言之间的信息传递

嵌入式SQL与宿主语言之间的信息传递，即SQL与高级语言之间的数据交流，包括SQL向宿主语言传递SQL语句的执行信息，以及宿主语言向SQL提供参数。前者主要通过SQL通信区来实现，后者主要通过宿主语言的主变量来实现。

1. 主变量(Host Variable)

主变量即宿主变量，是在宿主语言中定义，在嵌入式SQL语言中可以引用的变量，主要用于嵌入式SQL与宿主语言之间的数据交流。

主变量在使用前一般应预先加以定义，定义格式如下：

```
EXEC SQL BEGIN DECLARE SECTION;
```

......   /*主变量的定义语句*/
```
    EXEC SQL END DECLARE SECTION;
```

例 3-100 定义若干主变量。

```
EXEC SQL BEGIN DECLARE SECTION;
    int num;
    char name[8];
    char sex;
    int age;
EXEC SQL END DECLARE SECTION;
```

(1) 主变量的定义格式应符合宿主语言的格式要求，且变量所取的数据类型应是宿主语言和 SQL 都能处理的数据类型，如整型、字符型等。

(2) 在嵌入式 SQL 语句中引用主变量时，变量前应加上冒号，以示对数据库对象名（如表名，列名等）的区别。而在宿主语言中引用主变量时，不必加冒号。

主变量不能直接接受空值，但主变量可附带一个指示变量(Indicator Variable)用以描述它所指的主变量是否为 NULL。指示变量一般为短整型，若指示变量的值为 0，则表示主变量的值不为 NULL，若指示变量的值为–1，则表示主变量的值为 NULL。指示变量一般跟在主变量之后，用冒号隔开。

例 3-101 指示变量的使用。

```
EXEC SQL SELECT TDepartment INTO: Dept: dp
    FROM TEACHER
    WHERE TName=: name: na;
```

其中，dp 和 na 分别是主变量 Dept 和 name 的指示变量。该例是从"TEACHER"表中根据给定的教师姓名(name)，查询该教师所在部门(Tdepartment)，如果 na 的值为 0，而 dp 的值不为 0，则说明指定的教师部门为 NULL；如果 na 的值不为 0，则说明查询姓名为 NULL 的教师所在的部门，一般这种查询没有意义；如果 na 和 dp 的值都为 0，则说明查询到了指定姓名的教师所在的部门。

负责对 SQL 操作输入参数值的主变量为输入主变量，负责接受 SQL 操作的返回值的主变量为输出主变量，如果返回值为 NULL，将不置入主变量，因为宿主语言一般不能处理空值。

2. SQL 通信区(SQL Communication Area，SQLCA)

SQL 通信区是宿主语言中的一个全局变量，用于应用程序与数据库间的通信，主要是实时反映 SQL 语句的执行状态信息，如数据库连接、执行结果、错误信息等。

SQLCA 已经由系统说明，无须再由用户说明，只需要在嵌入的可执行 SQL 语句前加 INCLUDE 语句就能使用。

语法格式：

```
EXEC SQL INCLUDE SQLCA;
```

SQLCA 有一个成员是 SQLCODE，取整型值，用于 SQL 向应用程序报告 SQL 语句的执行情况。每执行一条 SQL 语句，都有一个 SQLCODE 代码值与其对应，应用程序根据测得的 SQLCODE 代码值，来判定 SQL 语句的执行情况，然后决定执行相应的操作。

一般约定：

SQLCODE=0，表示语句执行无异常情况，执行成功；

SQLCODE=1，表示 SQL 语句已经执行，但执行的过程中发生了异常情况；

SQLCODE<0，表示 SQL 语句执行失败，具体的数值表示错误的类别，如出错的原因可能是系统、应用程序或其他情况；

SQLCODE=100，表示语句已经执行，但无记录可取。

不同的应用程序，SQLCODE 的代码值可能会有所不同。

3.10.5 游标

3.10.2 节中提到的问题(3)指出，一个 SQL 语句一次能完成对一批记录的处理，而宿主语言一次只能对一个记录进行处理，这两种处理方式不同。实际上，SQL 语言与宿主语言的不同的数据处理方式可以通过游标(Cursor)来协调。

游标是系统为用户在内存中开辟的一个数据缓冲区，用于存放 SQL 语句的查询结果，每个游标都有一个名字，通过宿主语言的循环使 SQL 逐一从游标中读取记录，赋给主变量，然后由宿主语言做进一步的处理。

游标的操作一般分为以下 4 个步骤。

1. 定义游标（DECLARE CURSOR）

游标必须先定义。

语法格式：

```
EXEC SQL DECLARE <游标名> CURSOR FOR <SELECT 语句>;
```

游标定义后，并不马上执行定义中的 SELECT 语句，需在打开后才执行。

2. 打开游标（OPEN CURSOR）

游标定义后，在使用之前必须要打开。

语法格式：

```
EXEC SQL OPEN<游标名>;
```

游标打开后，将执行游标定义中的 SELECT 语句，并将执行结果存入游标缓冲区，游标指针指向第一条记录。

3. 推进游标（FETCH CURSOR）

要对游标缓冲区的记录逐一进行处理，需移动游标指针，依次取出缓冲区中的记录。

语法格式：

```
EXEC SQL FETCH<游标名>INTO <主变量名表>;
```

主变量名表中的主变量要与 SELECT 语句查询结果中的每个字段相对应，多个主变量间用逗号分隔，主变量必须加冒号以示区别。

FETCH 语句每执行一次，只能取得一条记录，要想得到多条记录，必须在宿主程序中使用循环。

4. 关闭游标（CLOSE CURSOR）

游标使用完成后，应关闭游标。

语法格式：

```
        EXEC SQL CLOSE<游标名>;
```
关闭游标后,若还要使用,仍可用 OPEN 语句打开。

例 3-102 查询各职称的教师名单。

```
EXEC SQL BEGIN DECLARE SECTION;
char xm[8];
char zc[6];
EXEC SQL END DECLARE SECTION;
printf("Enter 职称: ");
scanf("%s", zc);
EXEC SQL DECLARE zc_cur CURSOR FOR
SELECT Tname, Ttitle
FROM TEACHER
WHERE Ttitle=: zc;
EXEC SQL OPEN zc_cur
while(1)
{
EXEC SQL FETCH zc_cur INTO: xm,: zc;
if(sqlca.sqlcode<>0)
break;
……
}
EXEC SQL CLOSE zc_cur;
……
```

3.11 小结

本章介绍了标准 SQL 语言,SQL 语言是关系数据库的标准语言,功能全面、强大。本章的几个重要概念如下。

(1) SQL 标准文本:SQL-86、SQL-89、SQL-92、SQL-99。
(2) SQL 语言特点:简单易学、非过程化、面向集合、多种使用方式、综合功能强。
(3) SQL 语言分类:数据定义语言、数据操纵语言、数据控制语言、事务处理语言。
(4) 数据定义:模式定义、基本表定义、视图定义、索引定义。
(5) 数据操纵:数据更新、数据查询。
(6) 数据更新:插入、修改、删除基本表数据。
(7) 数据查询:SELECT 语句可灵活方便地完成各种查询。
(8) 视图:一个或多个表中导出的虚表,可简化操作,提高安全性。
(9) SQL 的数据完整性约束:主码约束、外码约束、唯一性约束、检查完整性约束、非空值完整性约束、事务等。

3.12 习题

一、填空题

1. SQL 的中文全称是_____。

2. SQL 语言的数据定义功能包括：_____、_____、_____、_____。
3. 视图是一个_____表，它是从_____导出来的表。
4. 宿主语言向 SQL 语言提供参数是通过_____，在 SQL 语句中应用时，必须在宿主变量前加_____。
5. 某个表不再用时可将其删除，此时表中的_____、_____、_____和_____自动删除。

二、选择题

1. SQL 是一种（　　）语言。
   A. 层次数据库　　　　　　B. 网状数据库
   C. 关系数据库　　　　　　D. 面向对象数据库
2. SQL 语言中，删除基本表 R 使用的命令是（　　）。
   A. DROP TABLE R　　　　B. DELETE TABLE R
   C. DROP R　　　　　　　D. DELETE R
3. 在视图上不能完成的操作是（　　）。
   A. 插入数据　　　　　　　B. 修改数据
   C. 定义新的视图　　　　　D. 定义新的表
4. 在 SQL 语句中，检索数据使用的语句是（　　）。
   A. INDEX　　　　　　　　B. SELECT
   C. DELETE　　　　　　　D. INSERT
5. SQL 语言中的视图，对应于关系数据库中的（　　）。
   A. 模式　　　　　　　　　B. 内模式
   C. 外模式　　　　　　　　D. 以上都不是

三、应用题

1. 假设有下列表：学生(学号，姓名，性别，年龄，系别)，成绩(学号，课程名，成绩)，用 SQL 语言表示下列操作。

(1) 在学生表中插入数据（('1001','王小春','男',18,'计算机系')、('1002','江海','男',17,'经管系')、('1003','万云','女',19,'经管系')、('1004','李微','女',18,'经管系')）。

(2) 查询学生表中的所有记录。

(3) 查询学生表中姓名为"万云"的记录。

(4) 修改姓名为'李微'的记录，将系别改为"计算机系"。

(5) 查询"计算机"系学生的姓名，年龄。

(6) 查询"李微"的各门课成绩。

(7) 查询"经管系"学生的"数学"成绩。

(8) 查询成绩不及格的学生的姓名、系别和不及格课程的成绩。

(9) 查询成绩在 80 分及 80 分以上的学生姓名、系别及课程名和成绩。

(10) 创建一个视图包含学号，姓名，性别，系别，课程名，成绩。

第4章 关系数据库规范化理论

为了通过关系数据库管理系统实现管理，则数据模型需要向关系模型转换，设计出相应的关系数据库模式，这就是关系数据库的逻辑设计问题。在这个过程中，由于得到的关系模式有可能存在诸多异常（如插入异常、删除异常、冗余及更新异常），因此需要利用关系数据库规范化理论进行规范化，以逐步消除其存在的异常，从而得到一定规范程度的关系模式，这就是本章主要讲述的内容。

本章将以实际关系模式为例，介绍关系模式规范化的必要性、关系数据库规范化理论的基本概念和方法。

4.1 问题的提出

现实系统中数据间的语义，需要通过完整性来维护。例如，每个学生都应该是唯一区分的实体，这可以通过实体完整性来保证。数据间的语义还会对关系模式的设计产生影响。因此，数据的语义不仅可从完整性方面体现出来，还可在关系模式的设计方面体现出来，表现为在关系模式中的属性间存在一定的依赖关系，即数据依赖（Data Dependency）。

关系模式应当刻画这些完整性约束条件，于是一个关系模式应当是一个五元组：

$$R<U, D, dom, F>$$

其中，R 为关系名，U 为一组属性，D 为属性组中属性所来自的域，dom 为属性到域的映射，F 为属性组上的在一组数据依赖。

本章中把关系模式看作是一个三元组：

$$R<U, F>$$

当且仅当 U 上的一个关系 r 满足 F 时，r 称为关系模式 $R<U, F>$ 的一个关系。

在关系数据库规范化理论中，数据依赖是一个非常重要的概念，下面简单介绍数据依赖的概念，4.2 节将会给出其严格定义。

数据依赖是关系内部属性之间的相互依存或相互决定的一种约束关系，是数据之间的内在性质和语义的体现。数据依赖是否存在，应由现实系统中实体属性间相互联系的语义来决定，而不是凭空臆造。数据依赖有多种类型，其中最重要的是函数依赖（Functional Dependency，FD）、多值依赖（Multivalued Dependency，MVD）和连接依赖（Join Dependency，JD）。

函数依赖是现实生活中很普遍的一种依赖关系。例如，描述一个学生的关系，有学号、姓名、所在系等属性，由于一个学号对应一个学生，一个学生只在一个系，因而，当学号值确定下来后，学生的姓名和所在系就被唯一地确定了。属性间的这种依赖关系类似于数学中的函数 $y=f(x)$，当自变量 x 确定之后，相应的函数值 y 就唯一确定了，相应的有姓名=f(学号)，所在系=f(学号)，称学号决定姓名、所在系，或者说姓名、所在系函数依赖于学号，记为"学号→姓名"、"学号→所在系"。

在设计关系模式时，有一些必须遵循的规则，以保证所设计的关系模式是一个"好"的关系模式，否则可能设计出"有问题"的关系模式。

4.1.1 存在异常的关系模式

例 4-1 为建立数据库描述学生、其所在系及其选课信息，设计如下关系模式：

学生信息(学号，姓名，所在系，系主任，课程号，课程名，成绩)

其中，学生信息为关系模式名，学号(Sno)、姓名(Sname)、所在系(Dname)、系主任(Ddirector)、课程号(Cno)、课程名(Cname)、成绩(Sgrade)分别表示学生的学号、姓名、所在系名、系主任、课程号、课程名、学生所选课程的成绩。

假定，该关系模式包含如下数据语义：

(1) 学号与学生姓名之间是 1：1 的联系，即一个学生只有一个学号；

(2) 系与学生之间是 1：n 的联系，即一个系有若干学生，一个学生只属于一个系；

(3) 系与系主任之间是 1：1 的联系，即一个系只有一名系主任，一名系主任只在一个系里任职；

(4) 课程号与课程名之间是 1：1 的联系，即一门课程只有一个课程编号；

(5) 学生与课程之间是 m：n 的联系，即一名学生可以选修多名课程，一门课程可以由多名学生选修，且每个学生学习每门课程只有一个成绩。

由上述语义，可以确定{学号，课程号}是该关系模式的唯一候选码，因此是主码。表 4-1 是该关系模式的一个实例。

表 4-1 学生信息关系模式的一个实例

学 号	姓 名	所 在 系	系 主 任	课 程 号	课 程 名	成 绩
040101	李勇	信息系	张敏	C01	电路分析	86
040101	李勇	信息系	张敏	C02	电工电子	90
040102	刘晨华	信息系	张敏	C01	电路分析	65
040201	蒋丽丽	计算机系	李芬	C09	数据结构	85
040201	蒋丽丽	计算机系	李芬	C08	操作系统	68
040202	向宇	计算机系	李芬	C08	操作系统	89
040302	钱小强	外语系	王大力	C10	口语	83
040302	钱小强	外语系	王大力	C12	听力	88

从表 4-1 中可以发现如下异常问题。

(1) 插入异常

如果学生没有选课，课程号为空，则根据关系数据模式实体完整性要求，主码值不能为空，该学生的信息就不能插入数据库；如果一个系刚成立，尚无学生，即学号为空，就无法将这个系及其系主任的信息存入数据库；如果开设了一门新课，尚无学生选修，则无法将该课程的信息插入数据库。

(2) 删除异常

删除学生信息，将删除该学生的整条记录，会将系及系主任等信息一起删除，若某个系的学生全部毕业了，则系及其系主任的信息就会丢失。

(3) 数据冗余过多

学生的姓名、所在系名、系主任、课程名重复出现,如系主任重复出现次数与该系所有学生的所有课程成绩出现次数相同,将浪费大量的存储空间。

(4) 更新异常

由于数据冗余,当更新数据库中的数据时,系统要付出很大的代价来维护数据库的完整性,否则会面临数据不一致的危险。例如,当某个学生转系时,则要修改该学生的所有记录信息;当某系更换系主任时,必须修改该系学生的每条记录,若发生遗漏,就会造成数据的不一致。

鉴于上述存在的问题,可以发现"学生信息"关系模式不是一个"好"的模式,一个"好"的关系模式应当不会发生插入异常、删除异常和更新异常,且数据冗余应尽可能少。

4.1.2 异常原因分析

分析例 4-1 的关系模式,根据其语义,有如下函数依赖关系。

(1) 学号→姓名

说明:每个学生只有一个学号,而不同学生的姓名有可能相同,故学号决定姓名。

(2) 学号→所在系

说明:系与学生之间是 1:n 的联系。

(3) 所在系→系主任

说明:每个系只有一个系主任,而系主任的姓名有可能相同,故系决定系主任。

(4) 课程号→课程名

说明:每门课只有一个课程号,故课程号决定课程名。

(5) (学号,课程号)→成绩

说明:每个学生的每一门课有一个成绩,故由所参与实体的码共同决定。

从上述事实,可以得到关系模式学生信息的属性集 U 上的一组函数依赖:

F={学号→姓名,学号→所在系,学号→系主任,所在系→系主任,
       课程号→课程名,(学号,课程号)→成绩}

这组函数依赖关系如图 4-1 所示。

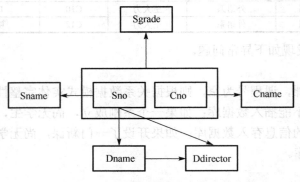

图 4-1 学生信息关系模式中的函数依赖

上述异常现象产生的根源,是由于关系模式中属性间存在的复杂的依赖关系。在关系模

式中，各个属性一般来说是有关联的，但是有着不同的表现形式，主要有两种形式，一部分属性的取值决定所有其他属性的取值，即部分属性构成的子集合与关系的整个属性集合的关联；一部分属性的取值决定其他部分属性的取值，即部分属性构成的子集合与另一些部分属性组成的子集合的关联。在设计关系模式时，如果将各种有关联的实体数据集中于一个关系模式中，不仅造成关系模式结构冗余、包含的语义过多，也使得其中的函数依赖变得错综复杂，不可避免地产生异常。

4.1.3　异常问题的解决

解决异常的方法，是利用关系数据库规范化理论，对关系模式进行相应的分解，消除其中不合适的数据依赖，使得每个关系模式表达的概念单一，属性间的数据依赖关系单纯化，从而消除异常。

例如，将例 4-1 的关系模式分解为以下 4 个关系模式。

(1) 学生(学号，姓名，所在系)

其函数依赖为：学号→姓名，学号→所在系。

(2) 系(所在系，系主任)

其函数依赖为：所在系→系主任。

(3) 课程(课程号，课程名)

其函数依赖为：课程号→课程名。

(4) 选课(学号，课程号，成绩)

其函数依赖为：(学号，课程号)→成绩。

分解后的关系模式实例如表 4-2～表 4-5 所示。

表 4-2　学生

学　号	姓　名	所　在　系
040101	李勇	信息系
040102	刘晨华	信息系
040201	蒋丽丽	计算机系
040202	向宇	计算机系
040302	钱小强	外语系

表 4-3　系

所　在　系	系　主　任
信息系	张敏
计算机系	李芬
外语系	王大力

表 4-4　课程

课　程　号	课　程　名
C01	电路分析
C02	电工电子
C09	数据结构
C08	操作系统
C10	口语
C12	听力

表 4-5　选课

学　号	课　程　号	成　绩
040101	C01	86
040101	C02	90
040102	C01	65
040201	C09	85
040201	C08	68
040202	C08	89
040302	C10	83
040302	C12	88

分解后的每个关系模式，其属性间的函数依赖大大减少，插入异常、删除异常、更新问题都得到解决，数据冗余问题也大大降低。

由于在数据库管理中，数据的异常操作一直是影响系统性能的问题，所有规范化理论是关系数据库设计中的重要部分，下面各节分别讨论函数依赖、关系模式的规范化及关系模式的分解规则。

4.2 函数依赖

在数据依赖现象的讨论中，函数依赖是最为常见和最为基本的情形。本节将较为详细地讨论函数依赖及其相关问题。

4.2.1 函数依赖基本概念

定义 4.1 设 $R(U)$ 是属性集 U 上的关系模式，X 和 Y 是 U 的子集。若对于 $R(U)$ 中的任意一个关系 r 和 r 中的任意两个元组 $t1$、$t2$，如果 $t1[X]=t2[X]$，有 $t1[Y]=t2[Y]$，则称 X 函数决定 Y，或者称 Y 函数依赖于 X，记为 $X \rightarrow Y$，X 称为决定因素(Determinant)，Y 称为依赖因素(Dependent)。

对于函数依赖，需要说明以下几点。

(1) 函数依赖不是指关系模式 R 的某个或某些关系实例满足的约束条件，而是指 R 的所有关系实例均要满足的约束条件。

(2) 函数依赖是一个语义范畴的概念，需要根据属性的语义和规定来确定函数依赖。例如，"姓名→年龄"这个函数依赖只有在没有人同名的条件下成立，如果有相同名字的人，则"年龄"就不再函数依赖于"姓名"了。

(3) 若 Y 函数不依赖于 X，则记为 $X \nrightarrow Y$。

(4) 若 $X \rightarrow Y$，$Y \rightarrow X$，则记为 $X \leftrightarrow Y$。

(5) 若 $X \rightarrow Y$，但 $Y \not\subseteq X$，则称 $X \rightarrow Y$ 是非平凡的函数依赖；若不特别声明，所讨论的总是非平凡的函数依赖。

(6) 若 $X \rightarrow Y$，但 $Y \subset X$，则称 $X \rightarrow Y$ 是平凡的函数依赖。

事实上，对于关系模式 $R(U)$，U 为其属性集合，X 和 Y 为其属性子集，根据函数依赖定义和实体间联系的定义，可以得到如下变换方法。

- 如果 X 和 Y 之间是 1:1 的联系，则存在函数依赖 $X \rightarrow Y$ 和 $Y \rightarrow X$。
- 如果 X 和 Y 之间是 1:n 的联系，则存在函数依赖 $Y \rightarrow X$。
- 如果 X 和 Y 之间是 m:n 的联系，则 X 和 Y 之间不存在函数依赖关系。

定义 4.2 在 $R(U)$ 中，如果 $X \rightarrow Y$，并且对于任何一个真子集 X'，都有 $X' \nrightarrow Y$，则称 Y 完全函数依赖于 X，记作 $X \xrightarrow{F} Y$。若 $X \rightarrow Y$，但 Y 不完全函数依赖于 X，则称 Y 部分函数依赖于 X，记作 $X \xrightarrow{P} Y$。

在例 4-1 中，有(学号，课程号) $\xrightarrow{P}$ 姓名和学号 $\xrightarrow{F}$ 姓名。

定义 4.3 在关系 R 中，X、Y、Z 是 R 的 3 个不同的属性或属性组，如果 $X \rightarrow Y$，$Y \nrightarrow Z$，但 $Y \nrightarrow X$，且 Y 不是 X 的子集，则称 Z 传递依赖于 X。

在传递依赖的定义中加上 $Y \rightarrow X$ 是必要的，因为如果 $Y \rightarrow X$，则 $X \leftrightarrow Y$。实际上 Z 直接函数依赖于 X，而不是传递依赖于 X。

在例 4-1 中，由"学号→所在系和所在系→系主任"可知，系主任传递依赖于学号。

4.2.2 码的函数依赖表述

在前面的有关章节中，已经给出了候选码、主码和外码的若干非形式化定义，这里使用函数依赖的概念来更严格地定义关系模式的候选码、主码和外码。

定义 4.4 设 K 为 $R<U, F>$ 中的属性或属性组合，若 $K \xrightarrow{F} U$，则 K 为 R 的候选码，简称为码，又称为候选键或键。若候选码多于一个，则选定其中的一个为主码，又称为主键。

候选码是能够唯一确定关系中任何一个元组的最少属性集合，主码是候选码中任意选定的一个。在最简单情况下，单个属性是候选码。在最极端的情况下，关系模式的整个属性集全体是候选码，此时称为全码，又称为全键。

包含在任何一个候选码中的属性，称为主属性。主属性的取值不能为空值。不包含在任何码中的属性，称为非主属性或非码属性(Non-key Attribute)。

例如，在关系模式学生信息(学号，姓名，所在系，系主任，课程号，课程名，成绩)中，{学号，课程号}是唯一候选码，因而是主码。学号和课程号都是主属性，姓名、所在系、系主任、课程名、成绩都是非主属性。

设关系模式 SPD(供应商编号，部门编号，零件编号)表示各供应商供给各部门的零件信息。该关系模式的主码是{供应商编号，部门编号，零件编号}，而且是全码。

定义 4.5 关系模式 $R(U, F)$ 中属性或属性组 X 并非 R 的码，但 X 是另一个关系模式 S 的码(或 UNIQUE 约束属性)，则称 X 是 R 的外码，也称为外键或外部键。

由表 4-5 可知，关系模式选课(学号，课程号，成绩)中，{学号，课程号}是码，其中学号又是关系模式学生(学号，姓名，所在系)的码，则关系模式选课中的学号是选课的外码。

在关系模式中，主码起着数据导航的作用，而主码和外码的结合表示两个关系中记录间的联系。

4.3 关系模式的规范化

由于关系模式可能存在种种"异常"情况，为解决和规范关系模式的"异常"，规范化理论得以提出并研究。早在 1971 年，关系模式的创始人 E.F.Codd 系统地提出了 1NF、2NF、3NF 的概念，1974 年又与 Boyce 合作提出了 BCNF。随后几年，规范化理论进一步发展，又相继出现了 4NF、5NF 的概念。

满足最低要求的叫第一范式，简称 1NF(Normalization Formula)。在第一范式基础上进一步满足一些要求的为第二范式，简称 2NF。其余以此类推。各种范式之间存在所定义范围的包含关系，即满足 2NF 的必定满足 1NF，满足 BCNF 的必定满足 3NF、2NF、1NF，这种关系概括为：

$$5NF \subset 4NF \subset BCNF \subset 3NF \subset 2NF \subset 1NF$$

如图 4-2 所示，通常把某一关系模式 R 为第几范式简记为 $R \in n$NF。

范式级别与异常问题之间的关系是，级别越低，出现异常的程度越高。将一个给定的关系模式转化为某种范式的过程，称为关系模式的规范化过程。规范化一般采用分解的方法，将低级别范式向高级别范式转化，使关系的语义单纯化。

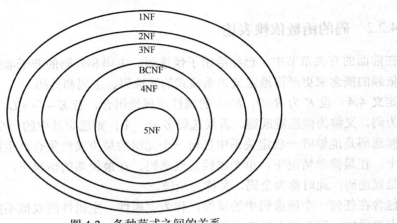

图 4-2 各种范式之间的关系

4.3.1 第一范式

定义 4.6 如果关系模式 R 中不包含多值属性，则 R 满足第一范式，记为 $R\in 1NF$。

1NF 是对关系的最低要求，不满足 1NF 的关系是非规范化关系，不能称为关系数据库。如表 4-6 和表 4-7 所示的关系就不满足 1NF。表 4-6 是具有组合数据项的非规范化关系，表 4-7 是具有多值数据项的非规范化关系。

表 4-6 具有组合数据项非规范化表

职工号	姓名	工资		
		基本工资	职务工资	工龄工资
20010201	李香	800	450	200

表 4-7 具有多值数据项非规范化表

职工号	姓名	职称	系名	系办公地址	学历	毕业年份
001	张三	教授	计算机	1-305	大学 研究生	1963 1982
002	李四	讲师	信电	2-204	大学	1989

要将非 1NF 关系转换为 1NF 关系，只需将复合属性变为简单属性即可，如表 4-8 和表 4-9 所示。

表 4-8 消除组合数据项后的表

职工号	姓名	基本工资	职务工资	工龄工资
20010201	李香	800	450	200

表 4-9 消除多值数据项后的表

职工号	姓名	职称	系名	系办公地址	学历	毕业年份
001	张三	教授	计算机	1-305	大学	1963
001	张三	教授	计算机	1-305	研究生	1982
002	李四	讲师	信电	2-204	大学	1989

关系模式仅满足 1NF 是不够的，仍可能出现插入、删除、冗余和更新异常。因为在关系模式中，可能存在"部分函数依赖"与"传递函数依赖"等问题。

4.3.2 第二范式

定义 4.7 如果一个关系 $R \in 1NF$，且它的所有非主属性都完全函数依赖于 R 的任一候选码，则 R 属于第二范式，记为 $R \in 2NF$。

由定义可知，第二范式的实质是要从第一范式中消除非主属性对码的部分函数依赖。

非 2NF 关系或 1NF 向 2NF 转换的方法是：消除其中的部分函数依赖，一般是将一个关系模式分解成多个 2NF 的关系模式，即将部分函数依赖于码的非主码及其决定属性移出，另成一个关系，使其满足 2NF。

例 4-2 例 4-1 中的关系模式"学生信息"中出现上述问题的原因是姓名、所在系、系主任、课程名对码{学号，课程号}的部分函数依赖。为了消除部分函数依赖，采用投影分解法，将关系模式分解为以下 3 个 3NF 的关系模式。

学生(<u>学号</u>，姓名，所在系，系主任)
课程(<u>课程号</u>，课程名)
选课(<u>学号</u>，<u>课程号</u>，成绩)

这三个关系模式的函数依赖如图 4-3 所示。

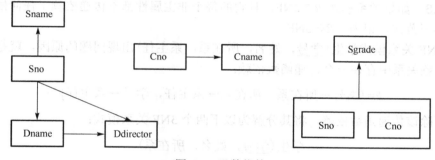

图 4-3　函数依赖

显然，在分解后的关系模式中，非主属性都完全函数依赖于码，不存在非主属性部分函数依赖于码的情况，解除了一部分异常。

(1) 解决插入异常

在关系模式"学生"中可以插入没有选课的学生；如果开设了一门新课，尚无学生选修，也可以将该课程的信息插入数据库中的"课程"关系中。

(2) 解决删除异常

删除学生信息时，不会将课程信息等信息一起删除。

(3) 解决数据冗余过多

学生的基本情况和课程的基本情况只存储一次，降低了冗余。

(4) 解决更新异常

当某个学生转系时，只需修改一次该学生中系名所在系和系主任。

显然，采用投影分解方法将一个 1NF 的关系分解为多个 2NF 的关系模式，可以在一定程度上减轻原 1NF 关系中存在的插入异常、删除异常、数据冗余和更新异常等问题。但是，属于 2NF 的关系模式仍然可能存在上述问题。

例如，2NF 关系模式学生(学号，姓名，所在系，系主任)中存在函数依赖：

$$F=\{学号→姓名，学号→所在系，学号→系主任，所在系→系主任\}$$

该关系模式存在以下异常。

(1) 插入异常

如果一个系刚成立，尚无学生，即学号为空，就无法将这个系及其系主任的信息存入数据库。

(2) 删除异常

若某个系的学生全部毕业了，在删除该系学生信息的同时，把系及其系主任的信息丢失。

(3) 数据冗余过多

如系主任重复出现次数与该系学生人数相同。

(4) 更新异常

当某系更换系主任时，必须修改该系学生的每条记录，若发生遗漏，就会造成数据的不一致。

推论：如果关系模式 $R\in 1NF$，且它的每个候选码都是单码，则 $R\in 2NF$。

4.3.3 第三范式

定义 4.8 如果关系模式 $R\in 2NF$，且它的每个非主属性都不传递依赖于任何候选码，则称 R 属于第三范式，记为：$R\in 3NF$。

上述 2NF 关系模式学生(学号，姓名，所在系，系主任)出现问题的原因，就是该关系模式的函数依赖关系中存在一个传递函数依赖：

$$F=\{学号→所在系，所在系→系主任，学号→系主任\}$$

为了消除该传递函数依赖，将其分解为以下两个 3NF 关系模式：

$$学生(学号，姓名，所在系)$$
$$系(所在系，系主任)$$

分解后的关系模式中，既没有非主属性对码的部分函数依赖，也没有非主属性对码的传递函数依赖，进一步解决了一些问题。

(1) 消除插入异常

可以插入无在校学生的系的信息。

(2) 消除删除异常

若某个系的学生全部毕业了，在删除该系学生信息的同时，可以保留系及其系主任的信息。

(3) 消除数据冗余

系的系主任信息只存储一次。

(4) 消除更新异常

当某系更换系主任时，只需修改一次。

推论 1：如果关系模式 $R\in 1NF$，且它的每个非主属性既不部分依赖，也不传递依赖于任何候选码，则 $R\in 3NF$。

推论 2：不存在非主属性的关系模式一定为 3NF。采用投影分解法将一个 2NF 的关系模式分解为多个 3NF 的关系，可以在一定程度上解决 2NF 关系中存在的插入异常、删除异常、冗余和更新异常等问题，但是，3NF 的关系模式并不能完全消除关系模式中的各种异常情况和数据冗余，因为还可能存在"主属性"部分函数依赖或传递函数依赖于码的情况。

例 4-3 在关系模式 STJ(学生，教师，课程)中，假定每一位教师只教一门课，但每门课可由若干教师讲授。某一学生选定某门课，就确定一个固定的教师。由语义可得如下的函数依赖：

$$F=\{(\text{学生}，\text{课程})\to\text{教师}，(\text{学生}，\text{教师})\to\text{课程}，\text{教师}\to\text{课程}\}$$

STJ 的函数依赖如图 4-4 所示。

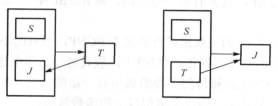

图 4-4　STJ 的函数依赖

其中，{学生，课程}，{学生，教师}都是候选码，学生、课程、教师都是主属性，因此不存在任何非主属性对码的部分函数依赖或传递函数依赖，故 STJ∈3NF。

该关系模式存在以下异常。

(1) 插入异常

受主属性不能为空的限制，插入尚未选课的学生，或插入没有学生选课的课程，都不能实现。

(2) 删除异常

如果选修某门课程的学生全部毕业了，在删除这些学生记录的同时，则会删除相应教师开设该门课程的信息。

(3) 数据冗余过多

每个选修某课程的学生均带有教师的信息。

(4) 更新异常

某教师开设的课程改名后，所有选修了该教师该门课程的学生信息都要进行相应修改。

4.3.4　BCNF 范式

BCNF 范式是由 Boyce 和 Codd 提出的，故称 BCNF，BCNF 被认为是增强的第三范式，有时也归入第三范式中。

定义 4.9　设关系模式 $R<U, F>\in 1NF$，若 F 的任一函数依赖 $X\to Y(Y\not\subset X)$，X 必为候选码，则称 $R\in BCNF$。

每个 BCNF 范式具有以下 3 个性质：
- 所有非主属性都完全函数依赖于每个候选码；
- 所有主属性都完全函数依赖于每个不包含它的候选码；
- 没有任何属性完全函数依赖于非码的任何一组属性。

上述关系模式 STJ(学生，教师，课程)出现异常的原因在于主属性课程函数依赖于教师，即主属性课程部分函数依赖于码{学生，教师}，故不满足 BCNF。

3NF 范式向 BCNF 转换的方法是：消除主属性对码的部分函数依赖和传递函数依赖，通过投影分解，将 3NF 关系模式分解成多个 BCNF 关系模式。

将 STJ 关系分解为以下两个关系模式：

ST(<u>学生</u>，教师)

TJ(<u>教师</u>，课程)

分解后的关系模式，不存在任何属性对候选码的部分函数依赖和传递函数依赖，解决了上述的异常问题。

定理 4.1 如果 $R \in $ BCNF，则 $R \in $ 3NF 一定成立。

定理 4.2 如果 $R \in $ 3NF，且 R 有唯一候选码，则 $R \in $ BCNF 一定成立。

证明略。

需要注意的是，属于 3NF 的关系模式有的属于 BCNF，但有的不属于 BCNF。

例 4-4 关系模式 SJP(学生，课程，名次)中，假设每一名学生选修多门课程，每门课程可被多个学生选修，每个学生选修每门课程的成绩有一定的名次，假定名次没有并列，则每门课程中每一名次只有一位学生。由语义可得以下的函数依赖：

$$F=\{(学生，课程) \to 名次，(课程，名次) \to 学生\}$$

SJP 的函数依赖如图 4-5 所示。

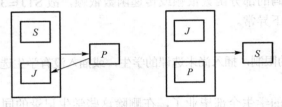

图 4-5 SJP 的函数依赖

其中，{学生，课程}和{课程，名次}都是候选码，学生、课程、名次都是主属性，但不存在任何属性对候选码的部分函数依赖和传递函数依赖，故 SJP$\in$3NF，同时 SJP$\in$BCNF。

BCNF 是在函数依赖的条件下对模式分解所能达到的最高分离程度。如果一个关系数据库中的所有关系模式都属于 BCNF，那么，在函数依赖范畴内，它已经实现了模式的彻底分解，达到了最高的规范化程度，消除了插入异常和删除异常。

4.3.5 多值依赖与第四范式

从数据库设计的角度看，函数依赖是最普通和最重要的一种约束。通过对数据函数依赖的讨论和分解，可以有效地消除模式中的冗余问题。函数依赖实质上反映的是多对一的联系，但现实中还会有一对多的联系，体现为多值依赖。一个关系模式，即使在函数依赖范畴内已经属于 BCNF，但若存在多值依赖，仍然会出现数据冗余过多、插入异常和删除异常等问题。下面给出一个实例。

例 4-5 关系模式 CTB(课程名，教师，参考书)用来存放课程、教师及参考书信息。一名教师可讲授多门课程，一门课程可由多名教师讲授，有多本参考书，一本参考书可用于多门课程。表 4-10 用非规范化的方式描述了这个关系。

表 4-10 非规范化关系 CTB

课 程 名	教 师	参 考 书
数据结构	张三 李四	C 语言 汇编语言
数据库原理	李四 王五	VB 程序设计
C 语言	郑六	PASSCAL 语言程序设计 计算机导论

把这张表变成一张规范化的二维表，如表 4-11 所示。

表 4-11 规范化关系 CTB

课 程 名	教 师	参 考 书
数据结构	张三	C 语言
数据结构	张三	汇编语言
数据结构	李四	C 语言
数据结构	李四	汇编语言
数据库原理	李四	VB 程序设计
数据库原理	王五	VB 程序设计
C 语言	郑六	PASSCAL 语言程序设计
C 语言	郑六	计算机导论

由语义可得，该关系模式没有函数依赖，具有唯一的候选码{课程名，教师，参考书}，即全码，因而 CTB∈BCNF。但仍然存在以下问题。

(1) 插入异常

当某一课程增加一名授课教师，因该课程有多本参考书，必须插入多条记录。这是插入异常的表现之二。

(2) 删除异常

当某门课程去掉一本参考书，因该课程授课教师有多名，故必须删除多条记录。这是删除异常的表现之二。

(3) 数据冗余过多

每门课程的参考书，由于有多名授课教师，故必须存储多次，造成大量的数据冗余。

(4) 更新异常

修改一名课程的参考书，因该课程涉及多名教师，故必须修改多条记录。

由此可见，该关系虽然已是 BCNF，但其数据的增、删、改很不方便，数据的冗余也十分明显。该关系模式产生问题的根源是，参考书独立于教师，它们都取决于课程名。该约束不能用函数依赖来表示，其具有一种称为"多值依赖"的数据依赖。

1. 多值依赖

定义 4.10 设 $R(U)$ 是属性集 U 上的一个关系模式，X、Y、Z 是 U 的子集，且 $Z=U-X-Y$。如果对 $R(U)$ 的任一关系 r，r 在 (X, Z) 上的每个值对应一组 Y 值，这组 Y 值仅仅决定于 X 值而与 Z 值无关，则称 Y 多值依赖于 X，或 X 多值决定 Y，记为 $X \rightarrow\rightarrow Y$。

多值依赖具有以下性质。

(1) 对称性。若 $X\to\to Y$，则 $X\to\to Z$，其中 $Z=U-X-Y$。

多值依赖的对称性可以用图 4-6 直观地表示出来。

图 4-6 表示了关系模式 CTB 中的多值对应关系。C 的某一个值 C_i 对应的全部 T 值记作 $\{T\}_{c_i}$（表示教此课程的全体教师），全部 B 值记作 $\{B\}_{c_i}$（表示此课程使用的所有参考书），则 $\{T\}_{c_i}$ 中的每个 T 值和 $\{B\}_{c_i}$ 中的每个 B 值对应，于是 $\{T\}_{c_i}$ 与 $\{B\}_{c_i}$ 之间正好形成一个完全二分图。$C\to\to T$，而 B 与 T 是完全对称的，必然有 $C\to\to B$。

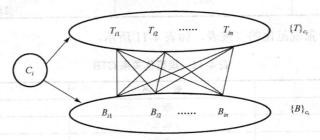

图 4-6 多值依赖示意图

(2) 传递性。若 $X\to\to Y$，$Y\to\to Z$，则 $X\to\to Z-Y$。

(3) 合并律。若 $X\to\to Y$，$X\to\to Z$，则 $X\to\to YZ$，$X\to\to Y\cap Z$。

(4) 增广律。若 $X\to\to Y$，且 $(V\subseteq W)$，则 $WX\to\to VY$。

(5) 分解律。若 $X\to\to Y$，$X\to\to Z$，则 $X\to\to Y-Z$，$X\to\to Z-Y$。

函数依赖可以看作多值依赖的特殊情况。即若 $X\to Y$，则 $X\to\to Y$。因为当 $X\to Y$ 时，对 X 的每个值 x，Y 有一个确定的值 y 与之对应，所以 $X\to\to Y$。

多值依赖和函数依赖有以下两个基本区别。

(1) 多值依赖的有效性与属性集的范围有关。

若 $X\to\to Y$ 在 U 上成立，则在 $W(XY\subseteq W\subseteq U)$ 上一定成立；反之则不然，即 $X\to\to Y$ 在 $W(W\subset U)$ 上成立，在 U 上并不一定成立。这是因为多值依赖的定义中不仅涉及属性组 X 和 Y，而且涉及 U 中其余属性 Z。

一般地，在 $R(U)$ 上若有 $X\to\to Y$ 在 $W(W\subset U)$ 上成立，则称 $X\to\to Y$ 为 $R(U)$ 的嵌入型多值依赖。

但是在关系模式 $R(U)$ 中函数依赖 $X\to Y$ 的有效性仅决定于 X、Y 这两个属性集的值。只要在 $R(U)$ 的任何一个关系 r 中，元组在 X 和 Y 上的值满足定义 4.1，则函数依赖 $X\to Y$ 在任何属性集 $W(XY\subseteq W\subseteq U)$ 上成立。

(2) 若函数依赖 $X\to Y$ 在 $R(U)$ 上成立，则对于任何 $Y'\subset Y$ 均有 $X\to Y'$ 成立。而多值依赖 $X\to\to Y$ 若在 $R(U)$ 上成立，则不能断言对于任何 $Y'\subset Y$，均有 $X\to\to Y'$ 成立。

2. 第四范式

定义 4.11 关系模式 $R\in 1\text{NF}$，如果对于 R 的每个非平凡的多值依赖 $X\to\to Y(Y\not\subseteq X)$，$X$ 都含有候选码，则称 R 属于第四范式，即 $R\in 4\text{NF}$。

4NF 就是限制关系模式的属性之间不允许有非平凡且非函数依赖的多值依赖。因为根据定义，对于每个非平凡的多值依赖 $X\to\to Y$，X 都含有码，于是就有 $X\to Y$，所以 4NF 所允许的非平凡的多值依赖实际上是函数依赖。

定理 4.3 若 $R(U) \in$ 4NF，则 $R(U) \in$ BCNF。

$R(U)$ 满足第四范式必满足 BCNF 范式，但满足 BCNF 范式不一定就是第四范式。

在例 4-5 中，关系模式 CTB(课程名，教师，参考书)唯一的候选码是{课程名，教师，参考书}，并且没有非主属性，当然就没有非主属性对候选码的部分函数依赖和传递函数依赖，所以关系 CTB 满足 BCNF 范式。但在多值依赖"课程名→→教师和课程名→→参考书"中的"课程名"不是码，所以关系 CTB 不属于 4NF。

一个关系模式已属于 BCNF，但不是 4NF，这样的关系模式仍然可能存在各种异常，需要继续规范化使关系模式满足 4NF。可以用投影分解的方法消除非平凡且非函数依赖的多值依赖。例如，将关系模式 CTB(课程名，教师，参考书)分解为：

$$\text{CT(课程名，教师)}$$
$$\text{CB(课程名，参考书)}$$

分解后的关系模式 CT 中虽然存在"课程名→→教师"，但这是平凡多值依赖，故 CT 属于 4NF。同理，CB 也属于 4NF。

BCNF 分解的一般方法是：若在关系模式 $R(XYZ)$ 中，$X \to\to Y|Z$，则 R 可分解为 $R_1(XY)$ 和 $R_2(XZ)$ 两个 4NF 关系模式。

函数依赖和多值依赖是两种最重要的数据依赖。如果只考虑函数依赖，则属于 BCNF 的关系模式规范化程度已经是最高的。如果只考虑多值依赖，则属于 4NF 的关系模式规范化程度是最高的。而实际上，数据依赖除了函数依赖和多值依赖之外，还有其他的数据依赖，如连接依赖。函数依赖是多值依赖的一种特殊情况，多值依赖又是连接依赖的一种特殊情况。如果消除了属于 4NF 的关系模式中存在的连接依赖，则可以进一步达到第五范式(5NF)的关系模式。

4.3.6 连接依赖与第五范式

1. 连接依赖

定义 4.12 关系模式 $R(U)$，$\{U_1, U_2, \cdots, U_n\}$ 是属性集合 U 的一个分割，而 $\{R_1, R_2, \cdots, R_n\}$ 是 R 的一个模式分解，其中 R_i 是对应于 U_i 的关系模式($i=1, 2, \cdots, n$)。如果对于 R 的每个关系 r，都有下式成立：

$$r = \pi_{R_1}(r) \bowtie \pi_{R_2}(r) \bowtie \cdots \bowtie \pi_{R_n}(r)$$

则称 R 满足连接依赖(join dependence)，记作 $\bowtie (R_1, R_2, \cdots, R_n)$。

如果连接依赖中每个 $R_i(i=1, 2, \cdots, n)$ 都不等于 R，则称此时的连接依赖是非平凡的连接依赖，否则称为平凡的连接依赖。

例 4-6 设有供应关系 SPJ(供应商编号，零件编号，工程编号)。令 SP=(供应商编号，零件编号)，PJ=(零件编号，工程编号)，JS=(工程编号，供应商编号)，则有连接依赖 $\bowtie$ (SP, PJ, JS)在 SPJ 上成立。

2. 第五范式

定义 4.13 如果关系模式 $R(U)$ 上任意一个非平凡的连接依赖 $\bowtie (R_1, R_2, \cdots, R_n)$ 都由 R 的某个候选码所蕴含，则称关系模式 $R(U)$ 属于第五范式，记为 $R(U) \in$ 5NF。

这里所说的由 R 的某个候选码所蕴含，是指 $\bowtie (R_1, R_2, \cdots, R_n)$ 可以由候选码推出。

在例 4-6 中，$\bowtie$ (SP，PJ，JS) 中的 SP、PJ 和 JS 都不等于 SPJ，是非平凡的连接依赖，但 $\bowtie$ (SP，PJ，JS) 并不被 SPJ 的唯一候选码{供应商编号，零件编号，工程编号}蕴含，因此不是 5NF。若将 SPJ 分解成 SP、PJ 和 JS 三个模式，此时分解是无损分解，并且每个模式都是 5NF，可以消除冗余及其操作异常现象。

4.3.7 关系模式的规范化步骤

在关系数据库中，关系模式的分量都是不可再分的数据项（即满足第一范式），这是关系模式的最基本要求。但是，规范化程度低的关系模式可能存在插入异常、删除异常、修改异常和数据冗余等问题，需要通过关系模式的规范化来解决，这就是规范化的目的。

规范化的基本思想是从关系模式中各个属性之间的依赖关系（函数依赖、多值依赖和连接依赖）出发，逐步消除数据依赖中不合适的部分，通过模式分解，使模式中的各个关系模式达到某种程度的"分离"，实现"一事一地"的模式设计原则。分解的目标是让一个关系描述一个概念、一个实体或实体间的一种联系。若多于一个概念就把它"分离"出去。因此，所谓规范化实质上是概念的单一化。

人们认识这个原则是经历了一个过程的，如图 4-7 所示。从认识非主属性的部分函数依赖的不足开始，2NF、3NF、BCNF、4NF、5NF 的提出是这个认识过程逐步深化的标志。从本质上来说，规范化的过程就是一个不断消除属性依赖关系中某些弊端的过程，实际上，就是从第一范式到第五范式的逐步递进的过程。

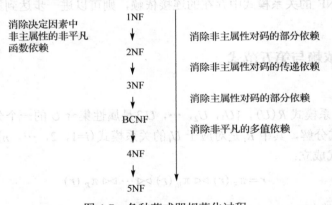

图 4-7　各种范式即规范化过程

一般地说，规范化程度过低的关系可能会存在插入异常、删除异常、修改异常和数据冗余等问题，需要对其进行规范化，转换为较高级别的范式。但这并不意味着规范化程度越高的关系模式就越好。如果模式分解过多，就会在数据查询过程中用到较多的连接运算，必然影响查询速度，增加运算代价。所以在设计数据库模式结构时，必须对现实世界的实际情况和用户应用需求做进一步分析，统一权衡利弊，确定一个合适的、能够反映现实世界的模式，而不能把规范化的规则绝对化。

例 4-7　关系模式 Client(客户编号，姓名，所在街道，城市，邮编)，有函数依赖：
F={客户编号→姓名，客户编号→所在街道，客户编号→姓名，客户编号→邮编，城市→邮编}

该关系模式存在传递函数依赖"客户编号→城市与城市→邮编",故不满足第三范式。按规范化理论,可将其分解为两个 BCNF 范式:

Client(客户编号,姓名,所在街道,城市)

post(城市,邮编)

但实际上这个分解一般没有必要。因为城市的邮编一般很少发生变化,城市与邮编一般作为一个整体考虑,该异常问题不会给这个模式带来严重影响。相反,分解后进行连接的代价要大得多。所以,该关系模式保持 2NF 是合适的。

关系模式的规范化过程是通过对关系模式的分解来实现的。把低一级的关系模式分解为若干个高一级的关系模式,这种分解不是唯一的。本章 4.4 节、4.5 节将进一步讨论分解后的关系模式与原关系模式的等价问题及分解算法。

4.4 数据依赖的公理系统

数据依赖的公理系统是模式分解算法的理论基础,下面首先讨论函数依赖的一个有效而完备的公理系统——Armstrong 公理系统。

定义 4.14 对于满足一组函数依赖 F 的关系模式 $R<U, F>$,其任何一个关系 r,若函数依赖 $X \rightarrow Y$ 都成立(即 r 中任意两元组 t, s,若 $t[X]=s[X]$,则 $t[Y]=s[Y]$)则称 F 逻辑蕴含 $X \rightarrow Y$。

如何求得给定关系模式的码?如何从一组函数依赖求得蕴含的函数依赖?例如,已知函数依赖集 F,要问 $X \rightarrow Y$ 是否为 F 所蕴含,这就需要一套推理规则,这组推理规则是 1974 年由 Armstrong 最先提出的。

Armstrong 公理系统 设 U 为属性集总体,F 是 U 上的一组函数依赖,于是有关系模式 $R<U, F>$。对 $R<U, F>$来说有以下的推理规则。

(1) A1 自反律(Reflexivity):若 $Y \subseteq X \subseteq U$,则 $X \rightarrow Y$ 为 F 所蕴含。

(2) A2 增广律(Augmentation):若 $X \rightarrow Y$ 为 F 所蕴含,且 $Z \subseteq U$,则 $XZ \rightarrow YZ$ 为 F 所蕴含。其中 XZ 代表 $X \cup Z$。

(3) A3 传递律(Transitivity):若 $X \rightarrow Y$ 及 $Y \rightarrow Z$ 为 F 所蕴含,则 $X \rightarrow Z$ 为 F 所蕴含。

注意:由自反律所得到的函数依赖均是平凡的函数依赖,自反律的使用并不依赖于 F。

定理 4.4 Armstrong 推理规则是正确的。

证 下面从定义出发证明推理规则的正确性。

(1) 设 $Y \subseteq X \subseteq U$,对 $R<U, F>$的任一关系 r 中的任意两个元组 t, s:若 $t[X]=s[X]$,由于 $Y \subseteq X$,有 $t[Y]=s[Y]$,所以 $X \rightarrow Y$ 成立,自反律得证。

(2) 设 $X \rightarrow Y$ 为 F 所蕴含,且 $Z \subseteq U$。设 $R<U, F>$的任一关系 r 中任意的两个元组 t, s:若 $t[XZ]=s[XZ]$,则有 $t[X]=s[X]$ 和 $t[Z]=s[Z]$;由 $X \rightarrow Y$,于是有 $t[Y]=s[Y]$,所以 $t[YZ]=s[YZ]$,所以 $XZ \rightarrow YZ$ 为 F 所蕴含,增广律得证。

(3) 设 $X \rightarrow Y$ 及 $Y \rightarrow Z$ 为 F 所蕴含。对 $R<U, F>$的任一关系 r 中的任意两个元组 t, s:若 $t[X]=s[X]$,由于 $X \rightarrow Y$,有 $t[Y]=s[Y]$;再由 $Y \rightarrow Z$,有 $t[Z]=s[Z]$,所以 $X \rightarrow Z$ 为 F 所蕴含,传递律得证。

根据 A1,A2,A3 这 3 条推理规则可以得到下面 3 条很有用的推理规则。

(1) 合并规则：由 $X \to Y$, $X \to Z$, 有 $X \to YZ$。
(2) 伪传递规则：由 $X \to Y$, $WY \to Z$, 有 $XW \to Z$。
(3) 分解规则：由 $X \to Y$ 及 $Z \subseteq Y$, 有 $X \to Z$。

根据合并规则和分解规则，很容易得出引理 4.1。

引理 4.1 $X \to A_1 A_2 \cdots A_k$ 成立的充分必要条件是 $X \to A_i$ 成立 ($i=1, 2, \cdots, k$)。

定义 4.15 在关系模式 $R<U, F>$ 中为 F 所逻辑蕴含的函数依赖的全体叫作 F 的闭包，记为 F^+。

人们把自反律、传递律和增广律称为 Armstrng 公理系统。Armstrong 公理系统是有效的、完备的。Armstrong 公理的有效性是指，由 F 出发根据 Armstrong 公理推导出来的每个函数依赖一定在 F^+ 中；完备性是指，F^+ 中的每个函数依赖，必定可以由 F 出发根据 Armstrong 公理推导出来。

要证明完备性，首先要解决如何判定一个函数依赖是否属于由 F 根据 Armstrong 公理推导出来的函数依赖的集合。当然，如果能求出这个集合，问题就解决了。但不幸的是，这是一个 NP 完全问题。比如从 $F=\{X \to A_1, \cdots, X \to A_n\}$ 出发，至少可以推导出 2^n 个不同的函数依赖。为此引入下面的概念。

定义 4.16 设 F 为属性集 U 上的一组函数依赖，$X \subseteq U$，$X_F^+ = \{A | X \to A$ 能由 F 根据 Armstrong 公理导出$\}$，X_F^+ 称为属性集 X 关于函数依赖集 F 的闭包。

由引理 4.1 容易得出引理 4.2。

引理 4.2 设 F 为属性集 U 上的一组函数依赖，$X, Y \subseteq U$，$X \to Y$ 能由 F 根据 Armstrong 公理导出的充分必要条件是 $Y \subseteq X_F^+$。

于是，判定 $X \to Y$ 是否能由 F 根据 Armstrong 公理导出的问题，就转换为求出 X_F^+，判定 Y 是否为 X_F^+ 的子集的问题。这个问题可以由算法 4.1 解决。

算法 4.1 求属性集 $X(X \subseteq U)$ 关于 U 上的函数依赖集 F 的闭包 X_F^+。

输入：A, F

输出：X_F^+

步骤：

(1) 令 $X^{(0)}=X$, $i=0$；
(2) 求 B，这里 $B=\{A | (\exists V)(\exists W)(V \to W \in F \land V \subseteq X^{(i)} \land A \in W)\}$；
(3) $X^{(i+1)}=B \cup X^{(i)}$；
(4) 判断 $X^{(i+1)}=X^{(i)}$ 是否成立；
(5) 若成立或 $X^{(i+1)}=U$，则 $X^{(i+1)}$ 就是 X_F^+，算法终止；
(6) 若不成立，则 $i=i+1$，返回第 (2) 步。

例 4-8 已知关系模式 $R<U, F>$，其中 $U=\{A, B, C, D, E\}$；$F=\{AB \to C, B \to D, C \to E, EC \to B, AC \to B\}$，求 $(AB)_F^+$。

解 由算法 4.1：

(1) 设 $X^{(0)}=AB$；
(2) 计算 $X^{(1)}$：逐一扫描 F 集合中各个函数依赖，找左部为 A，B 或 AB 的函数依赖，得到两个：$AB \to C$, $B \to D$，于是 $X^{(1)}=AB \cup CD=ABCD$。
(3) 因为 $X^{(0)} \neq X^{(1)}$，所以再找出左部为 $ABCD$ 子集的那些函数依赖，又得到 $C \to E$, $AC \to B$，于是 $X^{(2)}=X^{(1)} \cup BE=ABCDE$。

因为 $X^{(2)}$ 已等于全部属性集合，所以 $(AB)_F^+=ABCDE$。

对于算法 4.1，令 $a_i=|X^{(i)}|$，$\{a_i\}$ 形成一个步长大于 1 的严格递增的序列，序列的上界是 $|U|$，因此该算法经历最多 $|U|-|X|$ 次循环就会终止。

定理 4.5 Armstrong 公理系统是有效的、完备的。

Armstrong 公理系统的有效性可由定理 4.4 得到证明。完备性的证明从略。

Armstrong 公理的完备性及有效性说明了"导出"与"蕴含"是两个完全等价的概念。于是 F^+ 也可以说成是由 F 出发借助 Armstrong 公理导出的函数依赖的集合。

从蕴含(或导出)的概念出发，又引入了两个函数依赖集等价和最小依赖集的概念。

定义 4.17 如果 $G^+=F^+$，就说函数依赖集 F 覆盖 G（F 是 G 的覆盖，或 G 是 F 的覆盖），或 F 与 G 等价。

引理 4.3 $F^+=G^+$ 的充分必要条件是 $F\subseteq G^+$，和 $G\subseteq F^+$。

证 必要性显然，只证充分性。

(1) 若 $F\subseteq G^+$，则 $X_F^+\subseteq X_{G^+}^+$。

(2) 任取 $X\to Y\in F^+$，则有 $Y\subseteq X_F^+\subseteq X_{G^+}^+$。所以 $X\to Y\in (G^+)^+=G^+$。即 $F^+\subseteq G^+$。

(3) 同理可证 $G^+\subseteq F^+$，所以 $F^+=G^+$。

而要判定 $F\subseteq G^+$，只需逐一对 F 中的函数依赖 $X\to Y$，考察 Y 是否属于 $X_{G^+}^+$。因此，引理 4.3 给出了判断两个函数依赖集等价的可行算法。

定义 4.18 如果函数依赖集 F 满足下列条件，则称 F 为一个极小函数依赖集，也称为最小依赖集或最小覆盖。

(1) F 中任一函数依赖的右部仅含有一个属性。

(2) F 中不存在这样的函数依赖 $X\to A$，使得 F 与 $F-\{X\to A\}$ 等价。

(3) F 中不存在这样的函数依赖 $X\to A$，X 有真子集 Z 使得 $F-\{X\to A\}\cup\{Z\to A\}$ 与 F 等价。

例 4-9 考察关系模式 $S<U, F>$，其中：

$$U=\{学号，所在系，系主任，课程名，成绩\}$$

$$F=\{学号\to 所在系，所在系\to 系主任，(学号，课程名)\to 成绩\}$$

解： 设

$F'=\{学号\to 所在系，学号\to 系主任，所在系\to 系主任，(学号,课程名)\to$
成绩，(学号,课程名)$\to$ 所在系$\}$

根据定义 4.18 可以验证 F 是最小覆盖，而 F' 不是。因为 $F'-\{学号\to 系主任\}$ 与 F' 等价，$F'-\{(学号，所在系)\to 所在系\}$ 与 F' 等价。

定理 4.6 每个函数依赖集 F 均等价于一个极小函数依赖集 F_m，此 F_m 称为 F 的最小依赖集。

证 这是一个构造性的证明，分三步对 F 进行"极小化处理"，找出 F 的一个最小依赖集来。

(1) 逐一检查 F 中各函数依赖 FD_i：$X\to Y$，若 $Y=A_1A_2\cdots A_k$，$k\geq 2$，则用 $\{X\to A_j|j=1,2,\cdots,k\}$ 来取代 $X\to Y$。

(2) 逐一检查 F 中各函数依赖 FD_i：$X\to A$，令 $G=F-\{X\to A\}$，若 $A\in X_G^+$，则从 F 中去掉此函数依赖(因为 F 与 G 等价的充要条件是 $A\in X_G^+$)。

(3) 逐一取出 F 中各函数依赖 FD_i：$X\to A$，设 $X=B_1B_2\cdots B_m$，逐一考查 $B_i(i=1, 2,\cdots, m)$，

若 $A \in (X-B_i)_F^+$,则以 $X-B_i$ 取代 X(因为 F 与 $F-\{X \rightarrow A\} \cup \{Z \rightarrow A\}$ 等价的充要条件是 $A \in Z_F^+$,其中 $Z=(X-B_i)$)。

最后剩下的 F 就一定是极小依赖集,并且与原来的 F 等价。因为对 F 的每一次"改造"都保证了改造前后的两个函数依赖集等价。这个证明较容易,请读者自行补充。

应当指出,F 的最小依赖集 F_m 不一定是唯一的,它与对各函数依赖 FD_i 及 $X \rightarrow A$ 中 X 各属性的处置顺序有关。

例 4-10 $F=\{A \rightarrow B, B \rightarrow A, B \rightarrow C, A \rightarrow C, C \rightarrow A\}$ 的最小依赖集可以是:

$$F_{m1}=\{A \rightarrow B, B \rightarrow C, C \rightarrow A\}$$
$$F_{m2}=\{A \rightarrow B, B \rightarrow A, A \rightarrow C, C \rightarrow A\}$$

这里给出了 F 的两个最小依赖集 F_{m1},F_{m2},可见 F 的最小依赖集 F_m 不一定唯一。

若改造后的 F 与原来的 F 相同,说明 F 本身就是一个最小依赖集。因此,定理 4.6 的证明给出的极小化过程也可以看成是检验 F 是否为极小依赖集的一个算法。

设两个关系模式 $R_1<U, F>$ 和 $R_2<U, G>$,如果 F 与 G 等价,那么 R_1 的关系一定是 R_2 的关系。反过来,R_2 的关系也一定是 R_1 的关系。所以,在 $R<U, F>$ 中,用与 F 等价的依赖集 G 来取代 F 是允许的。

4.5 关系模式的分解

在解决关系模式异常问题的时候,通常是将一个关系模式分解为若干个关系模式。然而,在关系模式分解处理中会涉及一些新问题。例如,对一个给定的关系模式,可能存在多种分解方法,虽然分解后的模式都是某个级别的范式,但哪种分解结果更好,哪种分解结果真正表达了原来关系模式所表达的信息呢?这就是本节将要介绍的内容。

4.5.1 模式分解中存在的问题

设有关系模式 $R(U)$,取 U 的一个子集 $\{U_1 \cup U_2 \cup \cdots \cup U_k\}$,使得 $U=\{U_1 \cup U_2 \cup \cdots \cup U_k\}$,如果用一个关系模式的集合 $\rho=\{R_1(U_1), R_2(U_2), \cdots R_k(U_k)\}$ 代替 $R(U)$,就称 ρ 为 $R(U)$ 的一个分解,也称数据库模式。用 ρ 代替 $R(U)$ 的过程就称为关系模式的分解。

在 $R(U)$ 分解为 ρ 的过程中,需要考虑两个问题。

(1)分解前的模式 R 和分解后的 ρ 是否表示同样的数据,即 R 和 ρ 是否等价的问题。由此引入无损分解的概念。

(2)分解前的模式 R 和分解后的 ρ 是否保持相同的函数依赖,即在模式 R 上有函数依赖集体 F,在其上的每个模式 R_i 上有一个函数依赖集 F_i,则 $\{F_1, F_2, \cdots F_n\}$ 是否与 F 等价。由此引入保持函数依赖的概念。

如果上述两个问题不解决,分解前后的模式不一致,就会失去模式分解的意义。下面给出一个模式分解的实例。

例 4-11 设关系模式 SDL(学号,所在系,宿舍楼号),假设系名可以决定宿舍楼号,$F=\{$学号$\rightarrow$所在系,学号$\rightarrow$宿舍楼号,所在系$\rightarrow$宿舍楼号$\}$。

由于在 R 中存在传递函数依赖,不属于第三范式,会发生异常,需要进行模式分解。下面分析几个不同的分解出现的问题。如果分解后的模式是"可恢复的",则这样的分解称为具有"无损连接性"的特性。如果分解后的模式仍然保持函数依赖,则这样的分解称为具有"保持函数依赖"的特性。

(1) 将 SDL 分解为 $\rho_1=\{S(学号),D(所在系),L(宿舍楼号)\}$,虽然从范式的角度看关系 S,D,L 都是 4NF,但这样的分解显然是不可取的。因为它不仅不能保持 F,即从分解后的 ρ_1 无法得出"学号→所在系或所在系→宿舍楼号"这种函数依赖,也不能使 r 得到"恢复",这里所说的"不可恢复"是指无法通过对关系 r_1、r_2、r_3 的连接运算操作得到与 r 一致的记录,甚至无法回答最简单的查询要求,如某学生属于哪个系。

(2) 将 SDL 分解成 $\rho_2=\{SL(学号,宿舍楼号),DL(所在系,宿舍楼号)\}$ 后,可以证明,这样的分解是"不可恢复"的。

(3) 将 SDL 分解为 $\rho_3=\{SD(学号,所在系),SL(学号,宿舍楼号)\}$。可以证明,这样的分解是"可恢复的",但由于不保持"所在系→宿舍楼号",仍然存在插入和删除异常等问题。

(4) 将 SDL 分解为 $\rho_4=\{SD(学号,所在系),DL(所在系,宿舍楼号)\}$,可以证明这个分解既具有无损连接性,又具有保持函数依赖性,它解决了更新异常,又没有丢失原数据库的信息,是所希望得到的分解。

从上述实例分析中我们可以看到,一个关系模式的分解可以有几种不同的评判标准。

(1) 分解具有无损连接性,这种分解仍然存在插入和删除异常等问题。

(2) 分解具有保持函数依赖性,这种分解有时也存在插入和删除异常等问题。

(3) 分解既保持函数依赖,又具有无损连接性,这种分解是最好的分解。

4.5.2 无损连接

1. 无损连接概念

设 $\rho=\{R_1(U_1),R_2(U_2),\cdots R_k(U_k)\}$ 是 $R(U)$ 的一个分解,r 是 $R(U)$ 的一个关系。定义 $m_\rho(r)=\pi_{R_1}(r)\bowtie\pi_{R_2}(r)\bowtie\cdots\bowtie\pi_{R_k}(r)$,即 $m_\rho(r)$ 是 r 在 ρ 中各关系上投影的连接。

定义 4.19 $\rho=\{R_1(U_1),R_2(U_2),\cdots R_k(U_k)\}$ 是 $R(U)$ 的一个分解,若对 $R(U)$ 的任何一个关系 r 均有 $r=m_\rho(r)$ 成立,则称分解 ρ 具有无损连接性,简称 ρ 为无损分解(lossingless decomposition),否则就称为有损分解(lossy decomposition)。

例 4-12 例 4-11 中关系模式 SDL(学号,所在系,宿舍楼号)的一个关系为 r,如表 4-12 所示,将 SDL 分解成两个模式 SL(学号,宿舍楼号)和 DL(所在系,宿舍楼号)后,关系 r 相应分解为关系 r_1 和 r_2,它们是由 r 在相应的模式属性上的投影得到。

表 4-12 关系 r 及其投影

学 号	所 在 系	宿舍楼号
S01	D1	L1
S02	D1	L1
S03	D3	L3
S04	D4	L1

(a) 关系 r

学 号	宿舍楼号
S01	L1
S02	L1
S03	L3
S04	L1

(b) r_1

所在系	宿舍楼号
D1	L1
D3	L3
D4	L1

(c) r_2

现在利用 r_1 和 r_2 的自然连接运算 $m_\rho(r)$，运算后的结果如表 4-13 所示，与表 4-12 中关系 r 比较，可以发现 $r \subseteq m_\rho(r)$，所以将 SDL（学号，所在系，宿舍楼号）分解成 SL（学号，宿舍楼号）和 DL（所在系，宿舍楼号）不具有无损连接性。

表 4-13 关系 r_1 和 r_2 自然连接

学　号	所　在　系	宿舍楼号
S01	D1	L1
S01	D4	L1
S02	D1	L1
S02	D4	L1
S03	D3	L3
S04	D1	L1
S04	D4	L1

2．无损连接测试算法

如果一个关系模式的分解不是无损连接分解，那么分解后的关系通过自然连接运算无法恢复到分解前的关系。如何保证关系模式的分解具有无损连接性呢？这就要求在对模式进行分解时必须利用该模式属性之间函数依赖的性质，并通过适当的方法判别其分解是否为无损连接分解，以保证最终分解的无损连接性。为达到目的，人们提出了一种"追踪"过程。

算法 4.2 无损连接的测试。

输入：关系模式 $R(U)$，其中 $U=\{A_1, A_2, \cdots, A_n\}$，$R(U)$ 上成立函数依赖集 F 和 $R(U)$ 的一个分解 $\rho=\{R_1(U_1), R_2(U_2),\cdots, R_K(U_k)\}$，其中 $U=U_1 \cup U_2 \cup \cdots \cup U_k$。

输出：ρ 相对于 F 是否具有无损连接性的判断。

计算方法和步骤：

（1）构造一张 k 行 n 列的表格，每列对应一个属性 $A_j(j=1,2,\cdots,n)$，每行对应一个模式 $R_i(U_i)$ 的属性集合（$i=1,2,\cdots, k$）。如果 A_j 在 U_j 中，那么在表格的第 i 行第 j 列处填上符号 a_j，否则填上符号 b_{ij}。

（2）反复检查 F 的每个函数依赖，并修改表格中的元素，直到表格不能修改为止。其方法如下。

取 F 中的函数依赖 $X \rightarrow Y$，如果表格中有两行在 X 分量上相等，在 Y 分量上不相等，那么修改 Y 分量上的值，使这两行在 Y 分量上也相等，具体修改分两种情况。

● 如果 Y 的分量中有一个是 a_j，那么另一个也修改成 a_j。
● 如果 Y 的分量中没有 a_j，那么用下标 i 较小的那个 b_{ij} 替换另一个符号。

（3）若修改结束后的表格中有一行是全 a，即 $a_1, a_2, \cdots, a_n$，那么 ρ 相对于 F 是无损连接分解，否则，ρ 相对于 F 不是无损连接分解。

例 4-13 设关系模式 $R<U, F>$，其中，$U=\{A, B, C, D, E\}$，$F=\{A \rightarrow C, B \rightarrow C, C \rightarrow D, \{D, E\} \rightarrow C, \{C, E\} \rightarrow A\}$。$R<U, F>$ 的一个模式分解为：

$$\rho=\{R_1(A, D), R_2(A, B), R_3(B, E), R_4(C, D, E), R_5(A, E)\}$$

下面使用"追踪"法判断 ρ 是否为无损连接分解。

（1）构造初始表，如表 4-14(a) 所示。

(2) 反复检查 F 中的函数依赖，修改表格元素。
- 根据 $A \rightarrow C$，对表 4-14(a) 进行处理，由于第 1、2、5 行在分量(列)上的值为 a_1(相等)，在 C 分量(列)上的值不相等，所以将属性 C 列的第 1、2、5 行上 b_{13}、b_{23}、b_{53} 改为同一个符号 b_{13}，结果如表 4-14(b) 所示。
- 根据 $B \rightarrow C$，考察表 4-14(b)，由于第 2、3 行在 B 列上相等，在 C 列上不相等，所以将属性 C 列的第 2、3 行 b_{13}、b_{33} 改为同一个符号 b_{13}，结果如表 4-15(a) 所示。
- 根据 $C \rightarrow D$，如表 4-15(a) 所示，由于第 1、2、3、5 行在 C 列上的值为 b_{13}(相等)，在 D 列上的值不相等，根据算法修改原则，将 D 列的第 1、2、3、5 行上的 a_4、b_{24}、b_{34}、b_{54} 均改成 a_4，如表 4-15(b) 所示。
- 根据 $\{D, E\} \rightarrow C$，考察表 4-15(b)，由于 3、4、5 行在 D、E 列上的值为 (a_4, a_5)，即相等，而在 C 列上不相等，根据算法修改原则将 C 所在列的第 3、4、5 行上的元素改为 a_3，如表 4-16(a) 所示。
- 根据 $C \rightarrow D$，如表 4-15(a) 所示，由于第 1、2、3、5 行在 C 列上的值为 b_{13}(相等)，在 D 列上的值不相等，根据算法修改原则，将 D 列的第 1、2、3、5 行上的 a_4、b_{24}、b_{34}、b_{54} 均改成 a_4，如表 4-15(b) 所示。
- 根据 $\{D, E\} \rightarrow C$，考察表 4-15(b)，由于 3、4、5 行在 D、E 列上的值为 (a_4, a_5)，即相等，而在 C 列上不相等，根据算法修改原则将 C 所在列的第 3、4、5 行上的元素改为 a_3，如表 4-16(a) 所示。
- 根据 $\{C, E\} \rightarrow A$，考察表 4-16(a)，根据算法修改原则将 A 列的第 3、4、5 行的元素都改成 a_1，如表 4-16(b) 所示。

由于 F 中的所有函数依赖已经检查完毕，所以表 4-16(b) 为最后结果表。因为第 3 行已全是 a，因此关系模式 $R(U)$ 的分解 ρ 是无损连接分解。

表 4-14(a)　初始表

	A	B	C	D	E
$\{A, D\}$	a_1	b_{12}	b_{13}	a_4	b_{15}
$\{A, B\}$	a_1	a_2	b_{23}	b_{24}	b_{25}
$\{B, E\}$	b_{31}	a_2	b_{33}	b_{34}	a_5
$\{C, D, E\}$	b_{41}	b_{42}	a_3	a_4	a_5
$\{A, E\}$	a_1	b_{52}	b_{53}	b_{54}	a_5

表 4-14(b)　第 1 次修改结果

	A	B	C	D	E
$\{A, D\}$	a_1	b_{12}	b_{13}	a_4	b_{15}
$\{A, B\}$	a_1	a_2	b_{13}	b_{24}	b_{25}
$\{B, E\}$	b_{31}	a_2	b_{33}	b_{34}	a_5
$\{C, D, E\}$	b_{41}	b_{42}	a_3	a_4	a_5
$\{A, E\}$	a_1	b_{52}	b_{13}	b_{54}	a_5

表 4-15(a)　第 2 次修改结果

	A	B	C	D	E
$\{A, D\}$	a_1	b_{12}	b_{13}	a_4	b_{15}
$\{A, B\}$	a_1	a_2	b_{13}	b_{24}	b_{25}
$\{B, E\}$	b_{31}	a_2	b_{13}	b_{34}	a_5
$\{C, D, E\}$	b_{41}	b_{42}	a_3	a_4	a_5
$\{A, E\}$	a_1	b_{52}	b_{13}	b_{54}	a_5

表 4-15(b)　第 3 次修改结果

	A	B	C	D	E
$\{A, D\}$	a_1	b_{12}	b_{13}	a_4	b_{15}
$\{A, B\}$	a_1	a_2	b_{13}	a_4	b_{25}
$\{B, E\}$	b_{31}	a_2	b_{13}	a_4	a_5
$\{C, D, E\}$	b_{41}	b_{42}	a_3	a_4	a_5
$\{A, E\}$	a_1	b_{52}	b_{13}	a_4	a_5

表 4-16(a)　第 4 次修改结果

	A	B	C	D	E
{A, D}	a_1	b_{12}	b_{13}	a_4	b_{15}
{A, B}	a_1	a_2	b_{13}	a_4	b_{25}
{B, E}	b_{31}	a_2	a_3	a_4	a_5
{C, D, E}	b_{41}	b_{42}	a_3	a_4	a_5
{A, E}	a_1	b_{52}	a_3	a_4	a_5

表 4-16(b)　第 5 次修改结果

	A	B	C	D	E
{A, D}	a_1	b_{12}	b_{13}	a_4	b_{15}
{A, B}	a_1	a_2	b_{13}	a_4	b_{25}
{B, E}	a_1	a_2	a_3	a_4	a_5
{C, D, E}	a_1	b_{42}	a_3	a_4	a_5
{A, E}	a_1	b_{52}	a_3	a_4	a_5

当关系模式 R 分解为两个关系模式 R_1，R_2 时有下面的判定准则。

定理 4.7　$R<U, F>$ 的一个分解 $\rho=\{R_1(U_1), R_2(U_2)\}$ 具有无损连接性的充分必要条件是：$(U_1 \cap U_2) \to (U_1 - U_2) \in F^+$ 或 $(U_1 \cap U_2) \to (U_2 - U_1) \in F^+$。

定理的证明请读者自行完成。

4.5.3 保持函数依赖

1. 保持函数依赖的概念

设 F 是属性集 U 上的函数依赖集，Z 是 U 上的一个子集，F 在 Z 上的一个投影用 $\pi_{Z(F)}$ 表示，定义为 $\pi_{Z(F)}=\{X \to Y | (X \to Y) \in F^+,\ 并且\ XY \subseteq Z\}$。

定义 4.20　设有关系模式 $R(U)$ 的一个分解 $\rho=\{R_1(U_1), R_2(U_2) \cdots R_k(U_k)\}$，$F$ 是 $R(U)$ 上的函数依赖集，如果 $F^+ = (\bigcup_{i=1}^{n}\Pi_{U_i}(F))^+$，则称分解保持函数依赖集 F，简称 ρ 保持函数依赖。

保持函数依赖的分解实质是保持关系模式分解前后的函数依赖集不变，应使函数依赖集 F 被所有的 $\Pi_{U_i}(F)$ 所蕴涵，这就是保持函数依赖问题。

例 4-14　例 4-11 中的关系模式 SDL（学号，所在系，宿舍楼号），$F=\{$学号$\to$所在系，学号$\to$宿舍楼号，所在系$\to$宿舍楼号$\}$，将 SDL 分解成 $\rho=\{$SD（学号，所在系），SL（学号，宿舍楼号）$\}$，不难证明分解 ρ 是无损连接分解。但是，由关系 SD 的函数依赖"学号$\to$所在系"和关系 SL 的函数依赖"学号$\to$宿舍楼号"得不到关系 SDL 上成立的函数依赖"所在系$\to$宿舍楼号"，因此，分解 ρ 不能保持函数依赖 F，导致会发生插入异常、删除异常、更新异常和数据冗余。

2. 函数依赖测试算法

由以上定义可知，检验一个分解是否保持函数依赖，即检验函数依赖集 G 是否覆盖函数依赖集 F，也就是检验对于任意一个函数依赖 $X \to Y \in F^+$ 是否可由 G 根据 Armstrong 公理导出，即是否有 $Y \subseteq X_G^+$。

由以上分析可得检验一个分解是否保持函数依赖的算法 4.3。

算法 4.3　函数依赖测试。

输入：关系模式 $R(U)$，其中 $U=\{A_1, A_2, \cdots, A_n\}$，$R(U)$ 上成立的函数依赖集 F 和 $R(U)$ 的一个分解 $\rho=\{R_1(U_1), R_2(U_2), \cdots, R_k(U_k)\}$，其中 $U=U_1 \cup U_2 \cup \cdots \cup U_k$。

输出：ρ 是否保持函数依赖的判断结果。

计算方法和步骤：

(1) 令 $G = \bigcup_{i=1}^{n} \Pi_{U_i}(F))$，$F=F-G$，Result=True；

(2) 对于 F 中的第一个函数依赖 $X \to Y$，计算 X_G^+，并令 $F=F-\{X \to Y\}$；
(3) 若 $Y \not\subset X_G^+$，则令 Result=False，转 (4)。否则，若 $F \neq \Phi$，转 (2)，否则，转 (4)。
(4) 若 Result=True，则 ρ 保持函数依赖 F，否则 ρ 不保持函数依赖 F。

例 4-15 设有关系模式 $R(A, B, C, D)$，$F=\{A \to B, B \to C, C \to D, D \to A\}$，模式 R 的一个分解：$\rho = \{R_1(A, B), R_2(B, C), R_3(C, D)\}$，判断 ρ 是否保持 F。

解 由函数依赖集 F 和分解 ρ 可知：

$$F_1 = \pi_{\{A,B\}}(F) = \{A \to B, B \to A\}$$

$$F_2 = \pi_{\{B,C\}}(F) = \{B \to C, C \to B\}$$

$$F_3 = \pi_{\{C,D\}}(F) = \{C \to D, D \to C\}$$

根据算法：
(1) $G=\{A \to B, B \to A, B \to C, C \to B, C \to D, D \to C\}$，$F=F-G=\{D \to A\}$，Result=True；
(2) 对于函数依赖 $D \to A$，即令 $X=\{D\}$，$Y=\{A\}$，有 $X \to Y$，$F=F-\{X \to Y\}=F-\{D \to A\}=\Phi$，可计算得 $X_G^+=\{A, B, C, D\}$；
(3) 因为 $Y=\{A\} \subseteq X_G^+=\{A, B, C, D\}$，转 (4)。
(4) 由于 Result=Ture，所以关系模式 R 的分解 ρ 保持函数依赖 F。

综上所述，关于关系模式的分解有以下 3 个重要事实。
(1) 若要求分解保持函数依赖，那么模式分解总可以达到 3NF，但不一定能达到 BCNF。
(2) 若要求分解既保持函数依赖，又具有无损连接性，可以达到 3NF，但不一定能达到 BCNF。
(3) 若要求分解具有无损连接性，那一定可以达到 4NF。

4.6 小结

本章主要讨论关系模式的设计问题。不合理的关系模式可能造成插入异常、删除异常、更新异常和数据冗余等问题，本章围绕如何消除这些异常，介绍关系模式的规范化理论。主要需要掌握以下几个概念。

(1) 函数依赖。
(2) 码、主码、外码、主属性、非主属性。
(3) 第一范式 (1NF)：属性不可再分。
(4) 第二范式 (2NF)：消除非主属性对码的部分依赖。
(5) 第三范式 (3NF)：消除非主属性对码的传递依赖。
(6) BCNF 范式：消除主属性对码的部分依赖。
(7) 多值依赖与第四范式 (4NF)：消除非平凡的多值依赖。
(8) 连接依赖与第五范式 (5NF)。
(9) 无损连接。
(10) 保持函数依赖。

关系模式的规范化过程就是模式分解的过程，从低级别范式的模式分解为多个高级别范式的模式，分解过程中应该遵循无损连接性和保持函数依赖两个原则。需要注意的是，多值依赖是广义的函数依赖，连接依赖又是广义的多值依赖。函数依赖和多值依赖都是基于语义的，而连接依赖的本质特性只能在运算过程中显示。对于函数依赖，考虑 1NF、2NF、3NF 和 BCNF；对于多值依赖，考虑 4NF；对于连接依赖，考虑 5NF。

4.7 习题

1. 给出下列术语的定义。

函数依赖、部分函数依赖、完全函数依赖、传递依赖、候选码、主码、外码、全码、1NF、2NF、3NF、BCNF、多值依赖、4NF、连接依赖、5NF、无损连接、保持函数依赖。

2. 设关系模式 R(学号，课程号，成绩，教师姓名，教师地址)。规定：每个学生每学一门课只有一个成绩，每门课只有一个教师任教；每个教师只有一个地址且没有同姓名的教师。

(1) 试写出关系模式 R 的函数依赖集和候选码。

(2) 试将 R 分解成 2NF 的模式集，并说明理由。

(3) 试将 R 分解成 3NF 的模式集，并说明理由。

3. 指出下列关系模式是第几范式？说明理由。

(1) $R(X, Y, Z)$，$F=\{XY \to Z\}$。

(2) $R(X, Y, Z)$，$F=\{X \to Z, XZ \to Y\}$。

(3) $R(X, Y, Z)$，$F=\{X \to Z, Y \to X, X \to YZ\}$。

(4) $R(X, Y, Z)$，$F=\{X \to Y, X \to Z\}$。

(5) $R(X, Y, Z)$，$F=\{XY \to Z\}$。

(6) $R(W, X, Y, Z)$，$F=\{X \to Y, WX \to Y\}$。

4. 试由 Armstrong 公理系统推导出下面 3 条推理规则。

(1) 合并规则：若 $X \to Z$，$X \to Y$，则有 $X \to YZ$。

(2) 伪传递规则：由 $X \to Y$，$WY \to Z$，有 $XW \to Z$。

(3) 分解规则：$X \to Y$，$Z \subseteq Y$，有 $X \to Z$。

5. 试分析下列分解是否具有无损连接和保持函数依赖的特点。

(1) 设 $R(A, B, C)$，$F_1=\{A \to B\}$ 在 R 上成立，$\rho_1=\{R_1(A, B), R_2(A, C)\}$。

(2) 设 $R(A, B, C)$，$F_2=\{A \to C, B \to C\}$ 在 R 上成立，$\rho_2=\{R_1(A, B), R_2(A, C)\}$。

(3) 设 $R(A, B, C)$，$F_3=\{A \to B\}$ 在 R 上成立，$\rho_3=\{R_1(A, B), R_2(B, C)\}$。

(4) 设 $R(A, B, C)$，$F_4=\{A \to B, B \to C\}$ 在 R 上成立，$\rho_4=\{R_1(A, B), R_2(B, C)\}$。

第 5 章 数据库设计与管理

数据库是将数据按一定的数据模型建立起来，实现某种功能的有组织、可共享的数据集合。现代信息系统，不论大小，简单还是复杂，都采用数据库技术来保证数据的完整性、一致性和共享性。一个信息系统的各个部分能否紧密地结合在一起，以及如何结合，关键在于数据库。所以，只有对数据库进行合理的设计和管理，才能保证它所支持的信息系统的高效性。一个信息系统的成功或失败，在很大程度上取决于该系统数据库的设计与管理。

数据库设计与管理是数据库应用系统开发与建设的核心问题，是数据库在应用领域的主要研究课题。数据库的设计与管理是现代信息系统实现过程中的基础和主题。本章将全面介绍数据库设计的步骤和方法。

5.1 数据库设计概述

在数据库领域，通常把使用数据库的各类信息系统都称为数据库应用系统，如管理信息系统(MIS)、办公自动化系统(OAS)、决策支持系统(DSS)、电子商务系统等。

广义地讲，数据库设计是数据库及其应用系统的设计，即设计整个的数据库应用系统。狭义地讲，数据库设计是设计数据库的各级模式并建立数据库。

一般来说，数据库设计是指对于一个给定的应用环境，构造最优的数据库模式，建立数据库及其应用系统，使之能够有效地存储数据，满足用户的应用需求，包括信息管理要求和数据操作要求。信息管理要求是指在数据库中应该存储和管理哪些数据对象。数据操作要求是指对数据对象需要进行哪些操作，如查询、增加、删除、修改和统计等。

数据库设计是一项应用课题，数据库设计的质量将极大地影响应用系统的功能和性能。数据库设计的目标是为用户和各种应用系统提供一个信息基础设施和高效的运行环境，包括提高数据库的存取效率、数据库存储空间的利用率，以及数据库系统运行管理的效率。

5.1.1 数据库设计方法

要使数据库设计得更合理，就需要有效的指导原则，这个原则就称为数据库设计方法学。

早期数据库设计主要是运用单步逻辑设计，采用手工与经验相结合的方法。设计者根据各类用户的信息要求、处理要求及数据量，结合机构限制与 DBMS 的特点，经过分析、选择、综合与抽象之后建立抽象的数据模型，并用数据描述语言(DDL)写出模式。设计时往往将逻辑结构、物理结构、存储参数、存取性能一起考虑。设计的质量往往与设计人员的知识、经验与技巧有直接关系。

十几年来，人们经过不断的努力和探索，提出了各种数据库设计方法。这些方法结合了软件工程的思想和方法，从而形成了各种设计准则和规程，都属于规范设计方法，其中较有影响的有：新奥尔良(New Orleans)设计方法、基于 E-R 模型的设计方法、基于 3NF 的设计方法和面向对象(Object Definition Language，ODL)的设计方法等。

新奥尔良方法是比较常用的一种方法。该方法将数据库设计分为 4 个阶段，即需求分析阶段、概念结构设计阶段、逻辑结构设计阶段和物理结构设计阶段，如图 5-1 所示。

图 5-1　新奥尔良方法的数据库设计步骤

此外，S.B.Yao 等人在后来又提出将数据库设计分为 5 个阶段，I.R.Palmer 等人主张将数据库设计当成一步接一步的过程，并采用一些辅助手段实现每一过程。

基于 E-R 模型的方法主要用于逻辑设计，用 E-R 模型来设计数据库的概念模型。在逻辑设计过程中，先用 E-R 图定义一个称为组织模式的信息结构模型，这个组织模式是现实世界的"纯粹"反映，独立于任何一种数据模型或 DBMS。然后再将组织模式转换为各种不同的数据库管理系统所支持的模型。E-R 模型方法简单易用，又克服了单步逻辑设计方法的一些缺点，因此它也是比较流行的方法之一。但由于它主要用于逻辑设计，所以 E-R 模型方法往往成为其他设计方法的一种工具。

基于 3NF 的数据库设计方法是由 S.Atre 提出的结构化设计方法。在这种方法中，用基本关系模型来表达企业模型，从而可以在企业模式设计阶段将关系数据库设计理论作为指南。设计过程包括设计企业模式、设计数据库的逻辑模式、设计数据库的物理模式、对物理模式进行评价 4 个阶段。

ODL 方法是面向对象的数据库设计方法，该方法用面向对象的概念和术语来说明数据库结构。ODL 可以描述面向对象数据库的结构设计，可以将数据库直接转换为面向对象的数据库。

规范设计方法从本质上看仍然是手工设计，其基本思想是过程迭代和逐步求精。

计算机辅助数据库设计是数据库设计趋向自动化的一个重要步骤，数据库工作者一直在研究和开发数据库设计工具。经过多年的努力，数据库工具已经实用化和产品化。例如 Oracle 公司和 Sybase 公司推出的 Design2000 和 PowerDesigner 设计工具软件，可以自动地或辅助设计人员完成数据库设计过程中的很多任务，从而减轻了设计人员的工作强度。目前，全自动设计方法尚在研究当中。

5.1.2　数据库设计的一般步骤

数据库应用系统从开始规划、设计、实现、维护到最后被新的系统取代而停止使用的整个过程，称为数据库系统的生命周期，可分为两个阶段：一是数据库的分析和设计阶段；二是数据库的实现和运行阶段。按照规范化设计的方法，考虑数据库及其应用系统开发的全过程，可以将数据库设计分为 6 个阶段：需求分析、概念结构设计、逻辑结构设计、物理结构设计、数据库实施、数据库运行和维护，如图 5-2 所示。前 4 项属于第一阶段，后 2 项属于第二阶段。

在数据库设计过程中，需求分析和概念设计可以独立于任何数据库管理系统进行。逻辑设计和物理设计则与具体的数据库管理系统密切相关。

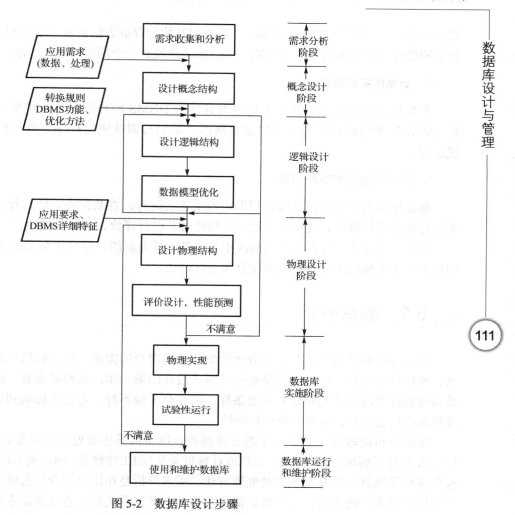

图 5-2 数据库设计步骤

1. **需求分析设计阶段**

在本阶段应认真细致地了解用户对数据的加工要求，确定系统的功能与边界。本阶段的最终结果是提供一个可作为设计基础的系统规格说明书。

2. **概念设计阶段**

概念结构设计是整个数据库设计的关键，它通过对用户需求的综合、归纳和抽象，形成一个独立于具体 DBMS 的概念模型。

3. **逻辑设计阶段**

本阶段在概念结构设计的基础之上，按照一定的规则，将概念模型转换为某个 DBMS 所支持的数据模型，并对其进行优化。

4. **物理设计阶段**

数据库物理设计是为逻辑数据模型选取一个最适合应用环境的物理结构（包括存储结构

和存取方法）。不同的 DBMS 产品，一般存储结构与存取方法会有一定差别，提供给设计人员使用的设计变量与参数也不尽相同，所以该阶段没有一个通用的设计方法。

5. 数据库实施阶段

在数据库实施阶段，设计人员运用具体的 DBMS 所提供的数据模型及其宿主语言，根据逻辑设计和物理设计的结果建立数据库，编制与调试应用程序，组织数据入库，并进行试运行。

6. 数据库运行和维护阶段

数据库应用系统经过试运行后即可投入正式运行。在数据库系统运行过程中必须对数据库运行情况进行监控、收集、登记，不断地对其进行评价、调整与修改。

设计一个完善的数据库应用系统不可能是一蹴而就的，它往往是上述 6 个阶段不断反复的过程。下面按照上述的 6 个阶段分别进行讨论。

5.2 需求分析

需求分析简单地说就是要充分地收集和了解用户的需求，即了解用户需要数据库做些什么，实现什么功能。需求分析是进行数据库设计的第一步，也是最重要、最困难的一步，是数据库后续阶段设计的基础和首要条件。需要分析做不好，将直接影响到后面的数据库设计及数据库的稳定性、可靠性和可扩展性。

需求分析阶段的主要任务是通过详细调查现实世界中要处理的对象（组织、部门、企业等），在充分了解现行系统（手工系统或计算机系统）的工作概况、确定新系统的功能的过程中，收集支持系统目标的基础数据及处理方法。需求分析是在用户调查的基础上，通过分析逐步明确用户对系统的需求，包括数据需求及与这些数据有关的业务处理需求等。调查的重点是"数据"和"处理"，通过调查、收集与分析，从用户处得到对数据库的信息要求、处理要求及安全性与完整性要求。

在需求分析中，可以采用自顶向下、逐步分解的分析方法。进行需求分析首先是通过调查确定用户的实际需求，与用户达成共识，然后分析与表达这些需求。需求分析大体可分为以下 4 个步骤。

1. 系统调查

系统调查是需求分析的基础，目的是为了调查现行系统的业务情况、信息流程、经营方式、处理要求及组织机构等，为当前系统建立模型。调查内容可以包括以下几个方面。

（1）组织机构情况。了解该组织的机构组成和职能，如由哪些部门组成，各部门的规模、职责、现状、地理分布、存在问题、是否适合计算机管理等，并制出组织结构图。

（2）各部门的业务活动状况。这是调查的重点，需要清楚各部门输入和处理的数据，加工处理数据的方法，对数据的格式要求等。在调查过程中应该尽量收集各种原始数据资料，如单据、报表、文档等。

(3) 了解外部要求。如响应时间要求，数据完全性、完整性要求等。

(4) 确定新系统的边界。对前面调查的结果进行初步分析，确定哪些功能由计算机完成或将来准备由计算机来完成，哪些活动由人工完成。由计算机完成的功能就是新系统应该实现的功能。

(5) 了解今后可能会出现的新要求。在设计数据库时，尽可能地留出接口，从而更好地满足今后用户提出的新要求。

在调查中，可以根据不同的问题和条件，使用不同的调查方法。常用的调查方法有跟班工作、开调查会、请专人介绍、询问、问卷调查及查阅记录等。做需求调查时，往往需要同时采用上述多种方法。但无论使用何种调查方法，都必须有用户的积极参与和配合。

2. 分析整理

对调查阶段所收集到的原始资料，还必须进行深入细致的综合、分析和整理，形成需求分析说明书，为下一阶段的工作打下基础。分析整理工作的目的是通过系统业务流程图和层次数据流图，将系统模型化。分析整理的主要工作如下。

(1) 业务流程分析。业务流程能够反映各业务部门的信息联系、输入输出和中间信息的关系，以及各处理环节之间的操作顺序。描述管理业务流程的图表一般有管理业务流程图和表格分配图两种。

(2) 绘制数据流图，编制数据字典。业务流程图反映数据流的能力不强，因此还需要同时绘制数据流图。数据流图描述了数据的处理和流向，但数据与信息的细节则无法描述，需要补充说明。这些补充信息构成了系统的数据字典。数据流图与数据字典将在第 7 章详细讨论。

(3) 处理要求分析。根据用户的处理要求及计算机系统实现的可能性，确定系统应由计算机处理的范围、内容和方式，并进一步确定事务处理的范围和内容。调查中可以用功能层次图来描述从系统目标到各项功能的层次关系，为以后的应用程序设计打下基础。

(4) 其他各种限制和要求分析。如响应时间、吞吐量、安全性、完整性、成本和经济效益、地理分布、与其他系统的兼容性和系统发展与向上的兼容性等。

3. 用户复查

当对用户需求进行分析与表达后，必须提交给用户进行检查，确认是否能满足用户的需求，是否能得到用户的认可。如果用户不满意，则需要对用户的需求进行再次分析，直至得到用户的认可。

4. 编写需求分析说明书

在调查与分析的基础上，依据一定的规范要求编写数据需求分析说明书是需求分析阶段所做工作的总结。编写需求分析说明书需要依据一定的规范，其中不仅有国家标准与部委标准，一些大型软件企业也有自己的标准。但不论何种标准，需求分析说明书大致包括以下内容：

(1) 需求调查原始资料；

(2) 数据边界、环境及数据内部关系；

(3) 数据数量分析;
(4) 数据流图;
(5) 数据字典;
(6) 数据性能分析。

根据不同的规范与标准,需求分析说明书在细节上可以有所不同,但总体上不外乎上述几点,其中数据流图和数据字典是最重要的两部分。

5.3 概念结构设计

将需求分析阶段所得到的用户需求抽象为信息结构的过程就是概念结构设计。它是整个数据库设计中的关键环节。

概念模型是现实世界到信息世界的第一层抽象,必须能真实、充分地反映现实世界,具有易于理解、易于更改等特点,并能独立于具体的数据模型。E-R图是概念模型设计的有力工具,本节将采用E-R图来描述概念结构设计方法。

5.3.1 概念结构设计概述

1. 概念结构设计的基本方法

E-R模型设计问题实质上是找出系统中实体型、属性及实体集之间的相互联系的问题,根据实际情况的不同,一般有4种方法。

(1) 自顶向下

首先定义全局概念结构的框架,然后逐步求精进行细化,如图5-3所示。

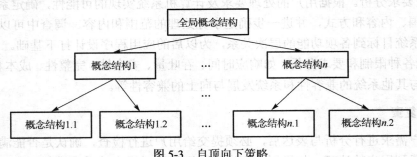

图5-3 自顶向下策略

(2) 自底向上

首先定义局部应用的概念结构,然后将它们集成起来,得到全局概念结构,如图5-4所示。

(3) 逐步扩张

首先定义最重要的核心概念结构,然后向外扩充,以滚雪球的方式逐步生成其他概念结构,直至全局概念结构,如图5-5所示。

(4) 混合策略

将自顶向下和自底向上方法相结合,用自顶向下策略设计一个全局概念结构的框架,以它为骨架集成自底向上策略中设计的各局部概念结构。

这 4 种方法中用得较多的是自底向上方法。即自顶向下地进行需求分析，然后再自底向上地设计概念结构，如图 5-6 所示。自底向上地设计概念结构通常分为两步：第一步是抽象数据并设计局部视图；第二步是集成局部视图，得到全局的概念结构，如图 5-7 所示。一般地，还需对全局 E-R 模式进行优化。

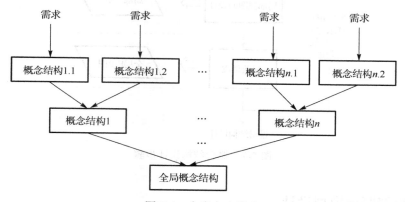

图 5-4 自底向上策略

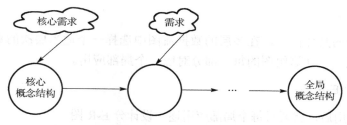

图 5-5 逐步扩张策略

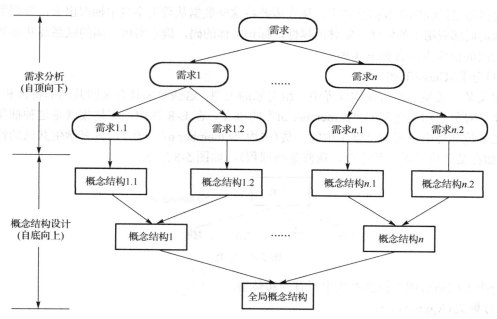

图 5-6 自顶向下分析需求与自底向上概念结构设计

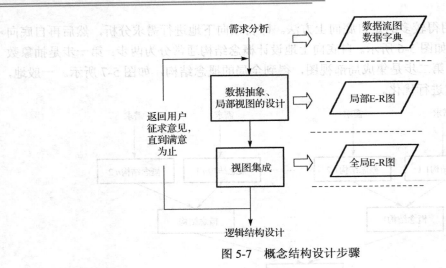

图 5-7 概念结构设计步骤

5.3.2 局部概念模型设计

1. 选择局部应用

根据某个系统的具体情况，在多层的数据流图中选择一个适当层次的数据流图，作为设计分 E-R 图的出发点，让这组图的每一部分对应一个局部应用。

2. 逐一设计分 E-R 图

选择好局部应用后，就要对每个局部应用逐一设计分 E-R 图。

在前面选好的某一层次的数据流图中，每个局部应用都对应了一组数据流图，局部应用涉及的数据都已经收集在数据字典中。现在需要将这些数据从数据字典中抽取出来，参照数据流图，确定局部应用中的实体、实体的属性、标识实体的码、确定实体之间的联系及其类型。

常用的抽象方法有如下 3 种。

(1) 分类（Classification）

定义某一类概念作为现实世界中一组对象的类型。这些对象具有某些共同的特性和行为。它抽象了对象值和型之间的"is member of"的语义。在 E-R 图中，实体集就是这种抽象。例如，在学校环境中，张梅是学生中的一员（张梅 is member of 学生），具有学生共同的特性和行为（如在某个班学习某种专业，选修某些课程），如图 5-8 所示。

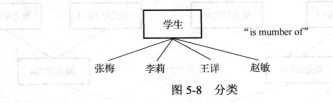

图 5-8 分类

分类方法适合用于找出系统中所有的实体型。

(2) 聚集（Aggregation）

定义某一类型的组成成分。它抽象了对象内部类型和成分之间"is part of"的语义。在

E-R 图中，若干属性的聚集组成了实体，就是这种抽象。如学生实体有学号、姓名、年龄、专业、班级等属性，这些属性就组成了学生这个对象的内部特征，如图 5-9 所示。

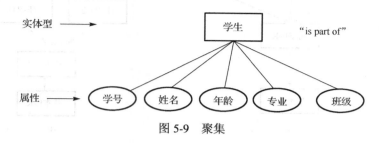

图 5-9 聚集

(3) 概括(Generalization)

定义类型之间的一种子集联系。它抽象了类型之间的"is subset of"的语义。例如，教师是一个实体型，助教、讲师、副教授、教授也是实体型，同时是教师的子集。那么，把教师称为超类(Superclass)，助教、讲师、副教授、教授称为子类(Subclass)。在 E-R 图中，用双竖边的矩形框表示子类，用直线加小圆圈表示"超类–子类"的联系，如图 5-10 所示。

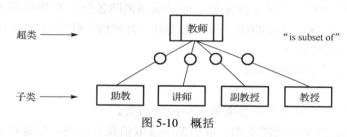

图 5-10 概括

概括有一个重要的性质——继承性。子类继承超类上定义的所有属性。这样，助教、讲师、副教授、教授继承了教师类型的属性，同时子类还可有自己特殊的属性。

在上述的抽象过程中，要注意实体与属性的区分。实体与属性是 E-R 模式设计的基本单位，但它们之间并没有严格的区分标准。一般而言，可遵循以下 3 个原则。

- 原子性原则：实体需要进一步描述，而属性则不需要描述性质。属性必须是不可分解的数据项。
- 依赖性原则：属性仅单向依赖于某个实体，并且此种是包含性依赖，不能与其他实体具有联系。
- 一致性原则：一个实体由若干个属性组成，这些属性之间有着内在的关联性与一致性。

5.3.3 全局概念模型设计

当局部视图设计好以后，则可以将它们综合成一个全局的 E-R 图，有两种方式：一是将所有的局部 E-R 图一次集成全局 E-R 图，如图 5-11(a)所示；二是首先逐步集成，用累加的方式一次集成两个分 E-R 图，如图 5-11(b)所示，可以降低复杂度。

无论采用哪种方式，每次集成局部 E-R 图时都需要两个步骤。

(1) 合并。解决各分 E-R 图之间的冲突，将各分 E-R 图合并起来生成初步 E-R 图。
(2) 修改和重构。消除不必要的冗余，生成基本 E-R 图。

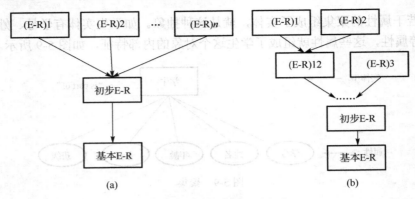

图 5-11 视图集成的两种方式

1. 合并分 E-R 图，生成初步 E-R 图

因为各个局部应用所面临的问题不同，而且通常是由不同的设计人员进行局部设计，所以各个分 E-R 图中必然会存在许多不一致的地方，我们将这种情况称为冲突。在合并的过程中，不能将各分 E-R 图作一个简单的累加，而是应该消除各分 E-R 图中的不一致，最终得出一个为全系统用户所理解和接受的统一的概念模型。合理地消除各分 E-R 图的冲突是合并分 E-R 图的主要工作与关键所在。

冲突主要表现在以下 3 个方面。

(1) 属性冲突

属性冲突包括属性域冲突和属性取值单位冲突两类。

- 属性域冲突。即属性值的类型、取值范围或取值集合不同，如课程号，不同的部门可能采用不同的编码方式，有的用整数型，有的用字符型。又如年龄，有的采用出生日期表示学生的年龄，有的用整数表示学生的年龄。
- 属性取值单位冲突。即属性值的计量单位不同，如学生的体重，有的以公斤为单位，有的以市斤为单位。

(2) 命名冲突

命名冲突包括异名同义和同名异义两类。

- 异名同义。即同一实体或属性在不同的局部 E-R 图中名字不同。
- 同名异义。即名字相同的实体或属性在不同的局部视图中所指对象不同。

命名冲突可能发生在实体、联系一级上，也可能发生在属性一级上，其中属性的命名冲突更为常见。处理命名冲突与属性冲突，一般通过讨论、协商等行政手段加以解决。

(3) 结构冲突

结构冲突包括以下 3 种类型。

- 同一对象在不同的局部 E-R 图中分别被作为实体和属性。例如，"所在系"在某一局部应用中被当作实体，而在另一局部应用中则被当作属性。这类问题的解决方法通常是把属性变换为实体或把实体变换为属性，使同一对象具有相同的抽象。
- 同一实体在不同局部 E-R 图中所包含的属性个数和属性排列次序不同。这是由于不同的局部应用关心的是该实体的不同侧面。这类问题的解决方法是使该实体的属性取各分 E-R 图中属性的并集，再适当调整属性的次序。

- 实体集之间的联系在不同局部中为不同的类型,如实体 $E1$ 与 $E2$ 在一个分 E-R 图中是多对多联系,在另一个分 E-R 图中是一对多联系;又如在一个分 E-R 图中 $E1$ 与 $E2$ 发生联系,而在另一个分 E-R 图中 $E1$、$E2$、$E3$ 三者之间有联系。这类问题的解决方法是根据应用的语义对实体联系的类型进行综合或调整。

例如,图 5-12 中零件与产品之间存在多对多的"构成"联系,产品、零件与供应商三者之间还存在多对多的"供应"联系,这两个联系不能相互包含,在合并两个分 E-R 图时应将其综合起来。

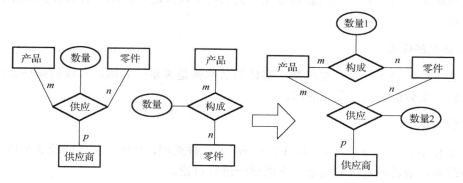

图 5-12 合并两个分 E-R 图

2. 消除不必要的冗余,设计基本 E-R 图

将局部 E-R 图合并为全局 E-R 图后,还可能存在冗余的数据和冗余的联系。冗余的数据是指可由基本数据导出的数据;冗余的联系是指可由其他联系导出的联系。冗余数据和冗余联系容易破坏数据库的完整性,给数据库的维护增加困难,应当予以消除。

消除冗余主要采用分析的方法,即根据数据流图和数据字典中数据项之间的逻辑关系来消除冗余。

在优化过程中,不是所有的冗余数据与冗余联系都必须消除,有时为了提高系统效率,不得不以冗余数据或冗余联系作为代价。因此,在设计数据概念结构时,设计者应根据用户需求在存储空间、访问效率和维护代价之间进行权衡,确定哪些冗余信息必须消除,哪些冗余信息允许存在。若保留了一些冗余数据,则应该把数据字典中数据关联的说明作为完整性约束条件详细地描述出来。

5.4 逻辑结构设计

概念模型是独立于任何 DBMS 数据模型的信息结构。逻辑结构设计的任务就是将概念设计阶段完成的全局 E-R 模型转换为与选用的 DBMS 所支持的数据模型相符合的逻辑结构。

设计逻辑结构时一般包括 3 个步骤:
(1)将概念结构转换为一般的关系、网状、层次模型;
(2)将转换来的关系、网状、层次模型向特定 DBMS 支持下的数据模型转换;
(3)对数据模型进行优化。

由于目前流行的商品化 DBMS 产品都是关系数据库管理系统 RDBMS，所以这里只介绍 E-R 图向关系数据模型转换的原则与方法。

5.4.1 E-R 模型到关系模型的转换

E-R 模型由实体型、实体的属性与实体间的联系构成，而关系模型是一组关系模型的集合，所以将 E-R 模型转换为关系模型实际上就是要将实体型、实体的属性和实体间的联系转换成相应的关系模型。由于 E-R 图的表达方式与关系模型较接近，因此 E-R 模型向关系模型的转换比较直接。

1. 实体型的转换

一个实体型转换为一个关系模型，实体的名称就是关系的名称，实体的属性就是关系的属性(字段)，实体的码就是关系的码。

2. 联系的转换

由于实体型之间的联系有 1：1、1：n、m：n 三种类型，且同一实体间或 3 个以上的实体之间也有联系，故转换情况较复杂，下面逐一进行讨论。

(1) 1：1 联系的转换

一个 1：1 的联系可以转换为一个独立的关系模型，也可以与任意一端对应的关系模型合并。若转换为一个独立的关系模型，则与该联系相关的两个实体的码和联系本身的属性均转换为关系的属性。每个实体的码均是该关系的候选码。若与某一端实体对应的关系模型合并，则需要在该关系模型的属性中加入另一端关系模型的码和联系本身的属性。

如图 5-13 所示，是某大学管理中的实体"学院"与"院长"之间的联系。

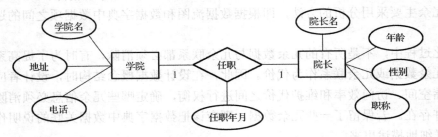

图 5-13 1：1 的联系的局部 E-R 图

说明：本小节中所给出的关系模型中，带下划线的属性为主码，用斜体字书写的属性为外码。

方案一：

学院(<u>学院名</u>, *院长名*, 地址, 电话, 任职年月)
院长(<u>院长名</u>, 年龄, 性别, 职称)

方案二：

学院(<u>学院名</u>, 地址, 电话)
院长(<u>院长名</u>, *学院名*, 年龄, 性别, 职称, 任职年月)

方案三：

学院(<u>学院名</u>, 地址, 电话)

院长(<u>院长名</u>，年龄，性别，职称，任职年月)
任职(<i><u>学院名</u></i>，<i>院长名</i>，<i>任职年月</i>)

方案三将联系单独转换为一个关系，当查询学院、院长两个实体相关的详细数据时，需做三元连接，而用前两种关系模型只需做二元连接，因此应尽可能选择前两种方案。

(2) 不同实体间 1∶n 联系的转换

一个 1∶n 的联系可以转换为一个单独的关系模型，也可以与多端对应的关系模型合并。如果转换为独立关系模型，则与该联系相连的各实体的码及联系本身的属性均转换为关系的属性；如果采用与多端关系模型合并的方法，将"1"端的关键字与联系本身的属性放入多端。

如图 5-14 所示，系与教师是一对多的联系。

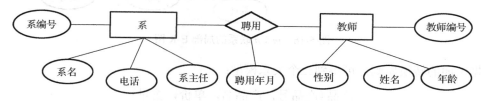

图 5-14 不同实体间的 1∶n 的联系的局部 E-R 图

方案一：

系(<u>系编号</u>，系名，电话，系主任)
教师(<u>教师编号</u>，姓名，年龄，性别，<i>系编号</i>，聘用年月)

方案二：

系(<u>系编号</u>，系名，电话，系主任)
教师(<u>教师编号</u>，姓名，年龄，性别，聘用年月)
聘用(<i><u>系编号</u></i>，<i>教师编号</i>，聘用年月)

方案二在查询有关两个实体的数据时，需做三元连接，因此应尽可能选择方案一。

(3) 同一实体内的 1∶n 联系的转换

同一实体内的一对多联系，可在这个实体所对应的关系中多设置一个属性，用来表示与该个体相联系的上级个体的关键字。

如图 5-15 所示，职工表示一个实体，在这个实体中，有的职工是另一些职工的领导。可转换为如下关系模型：

职工(<u>编号</u>，姓名，年龄，职称，<i>领导的编号</i>)

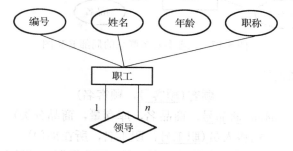

图 5-15 同一实体内的 1∶n 联系的局部 E-R 图

(4) 两个实体间 $m:n$ 联系的转换

一个 $m:n$ 的联系转换为一个关系模型,与该联系相连的各实体的码及联系本身的属性均转换为关系的属性,而关系的码是各实体的码的组合。

如图 5-16 所示,产品与零件是多对多的联系。

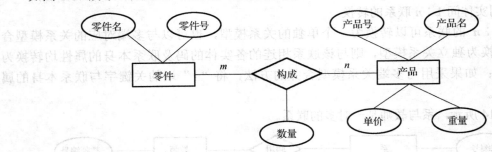

图 5-16　$m:n$ 联系的局部 E-R 图

根据上面的转换原则,可得到三个关系模型:

产品(*产品号*,产品名,单价,重量)
零件(*零件号*,零件名)
构成(*产品号*,*零件号*,数量)

(5) 两个以上实体多对多联系的转换

两个以上实体多对多的多元联系可转换为一个关系模型,与该多元联系相连的各实体的码及联系本身的属性均转换为关系的属性,而关系的码为各实体码的组合。

如图 5-17 所示,顾客、商品与销售人员三者有多对多的多元联系"订购"。

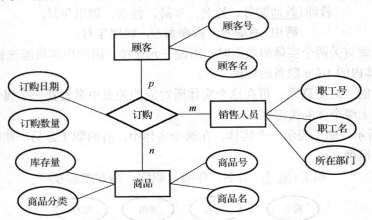

图 5-17　三者多对多联系的局部 E-R 图

可转换为如下关系模型:

顾客(*顾客号*,顾客名)
商品(*商品号*,商品名,库存量,商品分类)
销售人员(*职工号*,职工名,所在部门)
订购(*顾客号*,*商品号*,*职工号*,订购日期,订购数量)

5.4.2 关系模型的优化

由 E-R 图向逻辑模型的转换规则可以看出,数据库的逻辑结构设计的结果不是唯一的,为了完善逻辑设计的结果,使数据库应用系统的性能尽可能得到提高,还应根据实际需求对数据模型进行适当的修改和调整,即关系模型的优化。关系数据模型的优化通常以规范化理论为指导,步骤如下。

(1) 确定数据依赖。按需求分析阶段所得到的语义,对每个关系模型,分析并写出关系内各属性之间的数据依赖及不同关系模型属性之间的数据依赖。

(2) 对于各个关系模型之间的数据依赖进行极小化处理,消除冗余的联系。

(3) 按照数据依赖的理论对关系模型逐一进行分析,考察是否存在部分函数依赖、传递函数依赖、多值依赖等,确定各关系模型分别属于第几范式。

(4) 实施规范化分解。确定了关系模型需要规范的级别后,利用第 4 章介绍的规范化方法,将关系模型分解为相应级别的范式,注意保持函数依赖和无损连接性。

(5) 为提高系统运行效率和节约存储空间,可遵循如下原则。

- 尽量减少连接运算。在数据库的各种运算中,连接运算的代价是最高的。参与连接运算的关系越多,开销越大,系统效率越低。在可能的情况下,应尽量减少连接操作。但这样会使得规范化程度降低,以数据冗余的代价换取了效率。常用的方法有增加冗余属性、增加派生属性和重建关系等。
- 对关系进行垂直或水平分解。这种分解与规范化分解不同,它不依据函数依赖,而依据系统的时空效率,以减少参加运算的关系大小和数据量为目的。垂直分解是把关系模型属性按使用的频度,分解为若干个子集合,从而形成若干个子关系模型;水平分解是将关系实例的记录分为若干子集合,定义每个子集为一个子关系。

5.4.3 设计用户外模式

将概念模型转换为全局逻辑模型后,还应该根据局部应用需求,结合具体 DBMS 的特点,设计用户的外模式。

目前关系数据库管理系统一般都提供了视图概念,可以利用这一功能设计更符合局部用户需要的用户外模式。

5.5 物理结构设计

数据库的物理结构设计就是为数据库文件选择一个合适的存储结构与存取方法,是为一个给定的逻辑模型选择一个最适合应用要求的物理结构的过程。需要注意的是,关系数据库管理系统提供了较高的数据物理独立性,每个 RDBMS 软件都提供了多种存储结构和存取方法,数据库设计人员的任务主要不是"设计"而是"选择"物理结构。

关系数据库物理结构设计的内容包括:
(1) 为关系模型选择存取方法;
(2) 设计关系、索引等数据库文件的物理存储结构;
(3) 评价物理结构。

5.5.1 选择存取方法

数据库系统是多用户共享的系统，对同一个关系要建立多条存取路径才能满足多用户的多种应用要求。物理设计的任务之一就是要确定选择哪些存取方法。

存取方法是快速存取数据库中数据的技术。数据库管理系统一般都提供多种存取方法。常用的存取方法有 3 类：第一类是索引方法，目前主要是 B+树索引方法；二类是聚簇方法；第三类是哈希(Hash)方法。其中 B+树索引方法是数据库中经典的存取方法，使用最为普遍。

1. 索引存取方法

索引分为 3 种，分别是主索引、候选索引和普通索引。索引存取方法实际上就是根据应用要求确定对关系的哪些字段建立索引、哪些字段建立组合索引、哪些索引要设计为唯一索引等。索引方法很多，常用的有 B+树索引、基于函数的索引、反向索引和位映射等。

索引方法可以提高查询速度，但也会降低数据的更新速度。所以，索引不能随意地建立，需要权衡建立索引后对系统造成的影响是否在可以承受的范围内。

(1) 如果一个(或一组)字段经常在查询条件中出现，则考虑在这个(或这组)字段上建立索引(或组合索引)。

(2) 如果一个字段经常作为最大值和最小值等聚集函数的参数，则考虑在这个字段上建立索引。

(3) 如果一个(或一组)字段经常需要作为连接条件在连接操作中出现，则可考虑在这个(或这组)字段上建立索引。比如在关系模型中的码上建立主索引或候选索引。

2. 聚簇存取方法

为了提高某个字段(或字段组)的查询速度，把这个或这些字段(称为聚簇码)上具有相同值的记录集中存放在连续的物理块上，这种方法称为聚簇。

聚簇方法可以大大提高按聚簇码进行查询的效率。例如，要查询信息系的所有学生名单，设该系有 500 名学生。在极端情况下，这 500 名学生记录在 500 个不同的物理块上。尽管对学生关系已按所在系建立索引，由索引很快找到了信息系学生的记录标识，避免了全表扫描，然而再由记录标识去访问数据块时就要存取 500 个物理块，执行 500 次 I/O 操作。如果将同一系的学生记录集中存放，则 500 名学生记录集中存放在几十个连续的物理块上，从而显著减少了访问磁盘的次数。

聚簇方法不仅适用于单个关系，也适用于经常进行连接操作的多个关系。即把多个连接关系的记录按连接属性值聚集存放，聚簇中的连接属性称为聚簇码。这相当于把多个关系按"预连接"的形式存放，从而大大提高连接操作的效率。

一个数据库可以建立多个聚簇，一个关系只能加入一个聚簇。

虽然聚簇提高了查询的效率，但维护聚簇的开销是相当大的。对于已有关系建立聚簇，将导致关系中记录移动其物理存储位置，并使此关系上原有的索引无效，必须重建。当一个记录的聚簇码值改变时，该记录的存储位置也要做相应移动，聚簇码值要相对稳定，以减少修改聚簇码值所引起的维护开销。因此，只有在以下特定的情形下才建议建立聚簇：

(1) 对经常在一起进行连接操作的关系可以建立聚簇；

(2) 若一个关系在某些属性列上的值的重复率很高，则可在这些属性列上建立聚簇；

(3) 如果一个关系的一组字段经常出现在相等比较条件中，则该单个关系可建立聚簇。

当对一个关系的某些字段的访问或连接是主要的应用，而对其他的字段的访问是次要的时，可以考虑在主要访问的字段上建立聚簇。尤其当 SQL 语句中包含有与聚簇码有关的 ORDER BY、GROUP BY、UNIQUE 和 DISTINCT 等子句时，使用聚簇特别有利，可以省去对结果的排序操作。

3. Hash 存取方法

Hash 方法是用 Hash 函数存储和存取关系记录的方法。具体地讲，是指定某个关系上的一个(组)字段 A 作为 Hash 码，对该 Hash 码定义一个函数(称为 Hash 函数)，记录的存储地址由 Hash(a) 来决定，a 是该记录在字段 A 上的值。

有些 DBMS 提供了 Hash 存取方法。如果一个关系的字段主要出现在等连接条件中或相等比较的选择条件中，而且满足下列两个条件之一，则可选择 Hash 方法。

(1) 一个关系的大小可以预知，而且不变。

(2) 关系的大小动态改变，而且数据库管理系统提供动态 Hash 存取方法。

5.5.2 确定存储结构

确定数据库物理结构主要是指确定数据的存放位置和存储结构，包括确定关系、索引、聚簇、日志、备份等的存储安排和存储结构，以及确定系统配置等。

确定数据的存放位置和存储结构要综合考虑存取时间、存储空间利用率和维护代价 3 方面的因素。这 3 个方面常常相互矛盾，因此在实际应用中，需要进行全方位的权衡，选择一个折衷的方案。

1. 确定数据的存放位置和存储结构

在确定数据的存放位置和存储结构时，应遵循以下原则。

(1) 减少访问磁盘的冲突，提高 I/O 设备的并行性。将事务访问的数据分布在不同的磁盘组上，则 I/O 可并发执行，从而提高数据库的访问速度，同时避免由于多个事务访问同一磁盘时经常出现的冲突所引起的系统等待等问题。

(2) 将访问频率过高的数据分散存放于各个磁盘上以均衡 I/O 的负担，并均衡各个盘组的负担。

(3) 可以将一些特定的，而且是经常要使用的系统数据存放到某个固定的盘组，以保证对其快速准确的访问。如数据字典和数据目录等，由于对它们的访问频率很高，对它们的访问速度直接影响到整个系统的效率，所以可以将它们存放到某一固定的盘组上。

为了提高系统性能，应该根据实际应用情况将数据库中数据的易变部分和稳定部分、常存取部分和存取频率较低部分分开存放。如关系和该关系的索引可以放在不同的磁盘上，在查询时，由于两个磁盘的并行操作，提高了物理 I/O 读写的效率；日志文件与数据库的备份文件由于只在故障恢复时才使用，而且数据量大，可以存放在磁带上；日志文件与数据库对象(表、索引)可以放在不同的磁盘上以改进系统的性能。

2. 确定系统配置

DBMS 产品一般都提供了一些系统配置变量和存储分配参数,用于设计人员和 DBA 对数据库进行物理优化,但在进行物理设计时,需要重新对这些变量赋值,以改善系统的性能。

系统配置变量很多,例如,同时使用数据库的用户数,同时打开的数据库对象数,内存分配参数,缓冲区分配参数(使用的缓冲区长度、个数),存储分配参数,物理块的大小,物理块装填因子,时间片大小,数据库的大小,锁的数目等。这些参数值影响存取时间和存储空间的分配,在物理设计时就要根据应用环境确定这些参数,使系统性能最佳。

5.5.3 物理结构设计的评价

数据库的物理设计过程中需要对时间效率、空间效率、维护代价和各种用户要求进行权衡,设计出多个方案,数据库设计人员必须对这些方案进行详细的分析、评价,然后从中选择出一个较优的方案作为数据库的物理结构。如果用户对该物理结构不满意,则需要修改设计。评价物理结构设计完全依赖于所选用的 DBMS。

5.6 数据库的管理

完成了数据库的结构设计后,就进入了数据库的实施阶段和运行与维护阶段,该阶段称为数据库的管理。数据库管理一般包含以下内容:

(1) 数据库的建立;
(2) 数据库的调试;
(3) 数据库的重组;
(4) 数据库的安全性控制与完整性控制;
(5) 数据库的故障恢复;
(6) 数据库的监控;
(7) 数据库的重组与重构。

5.6.1 数据库的实施阶段

数据库的实施就是根据逻辑设计与物理设计的结果,利用 DBMS 工具和 SQL 语句在计算机上建立实际的数据库结构,整理并装载数据,进行调试与试运行。

1. 数据库的建立

数据库的建立的一般包括两个步骤。

(1) 数据模式的建立

数据库设计人员利用 DBMS 提供的数据定义语言(DDL),定义数据库名、表及相应字段,定义主码、索引、集簇、完整性约束、用户访问权限,申请空间资源,定义分区,定义视图。

(2) 数据的加载

一般来说,数据库的数据量都很大,且来源各异,常出现数据重复、数据组织方式、格式和结构与新设计的数据库系统有相当大的差距。因此,数据组织、转换和入库的工作相当费时费力。为了保证装入数据库的数据都是正确无误的，必须在输入前进行数据的检验工作。同时在数据的装入过程中，应该使用不同的检验方法来对数据进行检验，确认正确后方可入库。数据的输入应分批分期进行，先输入小批量数据供调试使用，待调试合格后，再输入大批量的数据。

2. 应用程序的编写与调试

数据库应用程序的设计应和数据库设计同步进行。数据库应用程序设计实质上是应用软件的设计，可使用软件工程的方法进行，包括系统设计、编码、调试等工作。软件的功能应能全面满足用户的信息处理需求。在调试应用程序时，由于数据库入库工作尚未完成，可先使用模拟数据。

3. 数据库的试运行

当应用程序调试完成，部分数据入库后，就可以进入数据库的试运行阶段。其主要任务如下。

(1) 功能测试

实际运行应用程序，逐一执行对数据库的各种操作，测试应用程序功能是否满足用户需求。如果不满足，对应用程序部分进行修改、调整，直到达到设计要求为止。

(2) 性能测试

测试系统的性能指标，分析其是否符合设计目标。在对数据库进行物理设计时已初步确定了系统的物理参数值，但一般情况下，其与实际系统运行总有一定的差距。因此，在试运行阶段需实际测量和评价系统性能指标。如果测试的结果与设计目标不符，则要返回物理设计阶段，重新调整物理结构，修改系统参数，有时甚至要返回到逻辑设计阶段，修改逻辑结构。

需要注意的是，在试运行阶段应首先调试运行 DBMS 的恢复功能，做好数据库的转储和恢复工作。一旦故障发生，则能使数据库尽快恢复，尽量减少对数据库的破坏。

5.6.2 数据库的运行和维护

数据库试运行合格后，数据库开发工作就基本完成了，即可进入正式运行阶段。但是，由于应用环境在不断变化，数据库运行过程物理存储也会不断变化，对数据库设计进行评价、调整、修改等维护工作是一个长期而细致的任务。

在数据库运行阶段，对数据库经常性的维护工作由 DBA 完成，主要包括以下几个方面。

1. 数据库的数据转储和故障恢复

数据库的转储和恢复是系统正式运行后最重要的维护工作之一。DBA 应针对不同的应用要求制订严格详细的数据转储计划，定期对数据库和日志文件进行备份，以保证在突发情况下能及时进行数据库的恢复工作，尽可能减少对数据库的破坏。

2. 数据库安全性、完整性控制

数据库的安全性与完整性控制也是数据库运行时期的重要工作。根据用户的实际需求授予不同的操作权限，根据应用环境的改变修改数据对象的安全级别，经常修改口令或保密手

段,采取有效措施防止病毒入侵,出现病毒后及时查杀,以及建立数据管理和使用的规章制度等,都是DBA维护数据库安全的工作内容,以保证数据不受非法盗用与破坏。同样,数据库的完整性约束条件也会变化,也需要DBA不断修正,以满足用户要求。

3. 数据库监控

对数据库性能进行监控、分析与改进是DBA的重要职责。在数据库的运行过程中,数据库可能会发生错误、故障,产生数据库死锁及对数据库的误操作等问题,DBA可以利用系统性能监控、分析工具,得到系统运行过程中一系列性能参数的值,为数据库的改进、重组、重构等提供重要参考资料。

4. 数据库的重组与重构

数据库在运行一段时间后,由于不断地对数据进行修改、删除、插入等操作,会使数据库的物理存储情况变差。例如,有些记录之间出现空间残片,插入记录不一定按逻辑相连而用指针链接,从而使I/O占有时间增加,致使数据库的存取效率降低,系统的性能逐步下降。这时DBA需要重新整理数据库的存储空间,这项工作叫作数据库重组。

DBMS一般都提供数据库重组的应用程序。在重组过程中,通过按原设计要求重新安排存储位置、回收垃圾、减少指针链等,可提高数据库的存取效率和存储空间的利用率,提高系统性能。数据库的重组,改变的是数据库的物理存储结构,而不是逻辑结构和数据库的数据内容。

随着系统的运行,数据库应用环境会发生变化,用户在管理需求或处理上有了变化,这就要求改变数据库的逻辑结构,这项工作叫作数据库重构。例如,在表中增加或删除某些数据项,改变数据项的类型,增加或删除某个表,改变数据库的容量,增加或删除某些索引等。

数据库的重构可能涉及数据内容、逻辑结构与物理结构的改变,因此可能出现许多问题,一般应由DBA、数据库设计人员及最终用户共同参与,并做好数据库的备份工作。

5.7 小结

本章主要讨论数据库设计的全过程,包括需求分析、概念结构设计、逻辑结构设计、物理结构设计、数据库实施、数据库运行和维护6个阶段。

需求分析是数据库设计过程中的第一步,也是最基本、最困难的一步。是采取需求调查,编制组织机构图、业务流程图、数据流图、数据字典等方法来描述和分析用户需求。

概念结构设计是数据库设计的关键技术,是在用户需求描述与分析基础上对现实世界的抽象和模拟。目前,应用最广泛的概念结构设计方法是E-R模型。概念结构设计的基本步骤是先设计出局部概念模型,再将它们整合为全局概念模型,最后将全局概念模型提交评审和进行优化。

逻辑结构设计是在概念结构设计的基础上,将概念结构转换为与所选用的、具体的DBMS支持的数据模型相符合的逻辑结构,其中包括数据库模式和外模式,最后还要对数据模型进行优化。

物理结构设计是从逻辑结构设计出发,设计一个可实现的、有效的物理数据库结构。常用的存取方法有索引方法、聚簇方法、Hash方法。其中B+树索引方法是数据库中经典的存取方法。

数据库的实施过程，包括数据载入、应用程序调试、数据库试运行等步骤，该阶段的主要目标是实现对系统功能和性能的全面测试。

数据库运行和维护阶段的主要工作有数据库安全性与完整性控制、数据库的转储与恢复、数据库性能监控分析与改进、数据库的重组与重构等。

5.8 习题

1. 数据库设计分为哪几个设计阶段？
2. 数据字典的内容和作用是什么？
3. 简述概念结构的设计步骤。
4. 简述E-R模式合并过程中冲突的种类与消除方法。
5. 什么是数据库的逻辑结构设计？试叙述其设计步骤。
6. 简述E-R图转换为关系模型的规则。
7. 简述什么是视图集成？视图集成的方法是什么？
8. 简述数据库物理设计的内容和步骤。
9. 什么是数据库的重组？为什么要进行数据库的重组？
10. 图书馆借阅管理有如下需求，请设计该数据库的E-R模型和关系模型。

(1) 各种书均由书号唯一标识，希望能查询书库中现有书籍的种类、数量、存放位置。

(2) 能查询书籍的借还情况信息，包括借书人单位、电话、姓名、借书证号、借书日期、还书日期。规定每人最多能借10本书，借书证号是读者的唯一标识。

(3) 通过查询出版社名称、电话、邮编、通讯地址等信息能向出版社订购有关书籍。假设一个出版社可出版多种图书，同一书名的书仅由一个出版社出版，出版社名称具有唯一性。

第 6 章　大数据与分布式数据库

6.1　大数据概述

大数据(Big Data)是继互联网、云计算技术后世界上又一热议的信息技术，近几年来发展十分迅速。大数据技术的出现，给人们的生活带来了极大的便利，人们将生活中的事物数据化之后，就可以采用数据的格式对其进行存储、分析，从而获得更大的价值。

6.1.1　大数据概念

随着云计算、大数据和物联网的快速发展，大数据时代应运而生。大数据时代可以认为是从第三次信息化浪潮即 2010 年前后拉开大幕。根据 IBM 前首席执行官路易斯·郭士纳的观点，IT 领域每隔 15 年就会迎来一次重大变革，从表 6-1 中可以清楚地了解到三次信息化浪潮的阶段划分，2025 年的变革又将是什么？值得期待。

表 6-1　三次信息化浪潮

信息化浪潮	发生时间	标　　志	解决问题	代表企业
第一次浪潮	1980 年前后	个人计算机	信息处理	Intel、AMD、IBM、苹果、微软、联想、戴尔、惠普等
第二次浪潮	1995 年前后	互联网	信息传输	雅虎、谷歌、阿里巴巴、百度、腾讯等
第三次浪潮	2010 年前后	物联网、云计算和大数据	信息爆炸	将涌现一批新的市场标杆企业

大数据自身的发展历程，总体上看可以划分为三个重要阶段：萌芽期、成熟期和大规模应用期，如表 6-2 所示。

表 6-2　大数据发展的三个阶段

阶　　段	时　　间	内　　容
萌芽期	20 世纪 90 年代至 21 世纪	随着数据挖掘理论和数据库技术的逐步成熟，一批商业智能工具和知识管理技术开始被应用，如数据仓库、专家系统和知识管理系统等
成熟期	21 世纪前 10 年	Web 2.0 应用迅猛发展，非结构化数据大量产生，传统处理方法难以应对，带动了大数据技术的快速突破，大数据解决方案逐步走向成熟，形成了并行计算与分布式系统两大核心技术，谷歌的 GFS 和 MapReduce 等大数据技术受到追捧，Hadoop 平台开始大行其道
大规模应用期	2010 年以后	大数据应用渗透各行各业，数据驱动决策，信息社会智能化程度大幅提高

对于大数据的概念，业界学者众说纷纭。大数据研究机构 Gartner 给出了这样的定义："大数据是需要新处理模式才能具有更强的决策力、洞察发现力和流程优化能力的海量、高增长率和多样化的信息资产。"在维克托·迈尔·舍恩伯格及肯尼斯·库克耶编写的《大数据时代》中，大数据是指"不用随机分析法(抽样调查)这样的捷径，而采用所有数据进行分析处

理。"大数据又指"无法用现有的软件工具提取、存储、搜索、共享、分析和处理的海量的、复杂的数据集合。"

大数据的概念虽不容易理解,但业界普遍认可大数据的"4V"说法。大数据的"4V"是指大数据的 4 个特点,包括:数据体量巨大(Volume)、处理速度快(Velocity)、数据类型繁多(Variety)、价值密度低(Value)。

大数据技术的战略意义不在于掌握庞大的数据信息,而在于对这些含有意义的数据进行专业化处理。换言之,如果把大数据比作一种产业,那么这种产业实现盈利的关键,在于提高对数据的"加工能力",通过"加工"实现数据的"增值"。

从技术上看,大数据与云计算的关系就像一枚硬币的正反面一样密不可分。大数据必然无法用单台计算机进行处理,必须采用分布式架构。它的特色在于对海量数据进行分布式数据挖掘,它必须依托云计算的分布式处理、分布式数据库和云存储、虚拟化等技术。

随着云时代的来临,大数据也得到了越来越多的关注。"著云台"的分析师团队认为,大数据通常用来形容一个公司创造的大量非结构化数据和半结构化数据,这些数据在下载到关系数据库用于分析时会花费过多时间和金钱。大数据分析常和云计算联系到一起,因为实时的大数据分析需要像 MapReduce 一样的框架来向数十、数百或甚至数千台计算机分配工作。

大数据需要特殊的技术,以有效地处理大量的容忍经过时间内的数据。适用于大数据的技术,包括大规模并行处理(MPP)数据库、数据挖掘电网、分布式文件系统、分布式数据库、云计算平台、互联网和可扩展的存储系统等。

6.1.2 大数据特征和技术特点

1. 大数据特征

通常用"4V"来概括大数据的特征。

(1) 数据体量巨大(Volume)。截至目前,人类生产的所有印刷材料的数据量是 200PB(1PB=1024TB),而历史上全人类说过的所有的话的数据量大约是 5EB(1EB=1024PB)。当前,典型个人计算机硬盘的容量为 TB 量级,而一些大企业的数据量已经接近 EB 量级。

(2) 处理速度快(Velocity)。这是大数据区分于传统数据挖掘的最显著特征。根据 IDC 的"数字宇宙"的报告,预计到 2020 年,全球数据使用量将达到 35.2ZB(1ZB=1024EB)。在如此海量的数据面前,处理数据的效率就是企业的生命。

(3) 数据类型繁多(Variety)。这种类型的多样性也让数据被分为结构化数据和非结构化数据。相对于以往便于存储的以文本为主的结构化数据,非结构化数据越来越多,包括网络日志、音频、视频、图片、地理位置信息等,这些多类型的数据对数据的处理能力提出了更高要求。

(4) 价值密度低(Value)。价值密度的高低与数据总量的大小成反比。以视频为例,一个时长 1 小时的视频,在连续不间断的监控中,有用数据可能仅有一两秒。如何通过强大的机器算法更迅速地完成数据的价值"提纯",成为目前大数据背景下亟待解决的难题。

2. 大数据技术的特点分析

(1) 开源软件得到广泛的应用

近几年来,大数据技术的应用范围越来越广泛。在信息化的时代,各个领域都趋向于智能化、科技化。大数据技术研发出来的分布式处理的软件框架 Hadoop、用来进行挖掘和可视化的软件环境、非关系型数据库 Hbase、MongoDb 和 CounchDB 等开源软件,在各行各业具有十分重要的意义。这些软件的研发与大数据技术的发展是分不开的。

(2) 需要不断引进人工智能技术

大数据技术主要是从巨大的数据中获取有用的数据,进而进行数据的分析和处理。尤其是在信息爆炸的时代,人们被无数的信息覆盖,大数据技术的发展显得十分迫切。实现对大数据的智能处理,提高数据处理水平,需要不断引进人工智能技术,大数据的管理、分析、可视化等都与人密切相关。如今,机器学习、数据挖掘、自然语言理解、模式识别等人工智能技术,已经完全渗透到了大数据的各个程序中,成为了其重要组成部分。

(3) 非结构化的数据处理技术越来越受重视

大数据技术包含多种多样的数据处理技术。非结构化的处理数据与传统的文本信息存在很大的不同,主要是指图片、文档、视频等数据形式。随着云计算技术的发展,各方面对这类数据处理技术的需求越来越广泛。非结构化数据采集技术、NoSQL 数据库等技术发展得越来越快。

(4) 分布式处理架构成为大数据处理的主要模式

大数据要处理的数据成千上万,数据的处理方法也需要不断地与时俱进。传统的数据处理方法很难满足巨大的数据需求。随着人们的不断探索,在大数据技术的各个处理环节,分布式处理方式已经成为了主要的数据处理方法,这也是时代发展的必然。除了分布式处理方式,分布式文件系统、大规模并行处理数据库、分布式编程环境等技术都得到了广泛的应用。

6.1.3 大数据发展

随着大数据应用的日益普及,大数据技术发展得如火如荼,在各个领域都得到了广泛应用,而且就其目前的发展情况来看,大数据技术具有十分良好的发展前景。目前大数据公司主要分为 3 类,分别是技术型、创新型、数据型,不论是哪一种类型的大数据公司,都是现代社会不可或缺的。人们熟悉的技术型大数据公司通常是 IT 公司,这些公司十分看重数据的处理模块。创新型的大数据公司需要一些非常有想象力的人,对于相同的数据,他们需要有不同的见解或理解,并发现其中的不同。而数据型的大数据公司,人们比较了解,如新浪、百度、网易、搜狐、淘宝等,或者是一些零售的连锁企业、市政公司、金融服务公司等,这些公司也是与人们的日常生活密切相关的,它们自身拥有较多的数据,也正是因为涵盖的数据较多,因而容易导致有价值的信息被忽略。在这 3 种不同的大数据公司中,技术型的大数据公司未来的发展将会使得技术趋向于多元化,出现越来越多的技术。下面就大数据的发展趋势进行讨论。

(1) 数据分析将成为大数据技术的核心

数据分析在数据处理过程中占据十分重要的位置,随着时代的发展,数据分析也会逐渐成为大数据技术的核心。大数据的价值体现在对大规模数据集合的智能处理方面,进而在大规模的数据中获取有用的信息。要想逐步实现这个功能,就必须对数据进行分析和挖掘。而数据的采集、存储、和管理都是数据分析步骤的基础,通过数据分析得到的结果,将应用于大数据相关的各个领域。未来大数据技术的进一步发展,与数据分析技术是密切相关的。

(2) 将广泛采用实时性的数据处理方式

在当下人们的生活中，人们获取信息的速度较快。为了更好地满足人们的需求，大数据处理系统的处理方式也需要不断地与时俱进。目前大数据处理系统主要采用批量化的处理方式，这种数据处理方式有一定的局限性，主要是用于数据报告的频率不需要达到分钟级别的场合，而对于要求比较高的场合，这种数据处理方式就达不到要求。传统的数据仓库系统、链路挖掘等应用对数据处理的时间往往以小时或者天为单位，这与大数据自身的发展不相适应。大数据突出强调数据的实时性，因而对数据处理也要体现出实时性。例如，在线个性化推荐、股票交易处理、实时路况信息等数据，处理时间要求在分钟甚至秒级，要求极高。在一些大数据的应用场合，人们需要及时对获取的信息进行处理并进行适当的舍弃，否则很容易造成空间不足。在未来的发展过程中，实时性的数据处理方式将会成为主流，不断推动大数据技术的发展和进步。

(3) 基于云的数据分析平台将更加完善

近几年来，云计算技术发展得越来越快，与此相应的应用范围也越来越宽。云计算的发展为大数据技术的发展提供了一定的数据处理平台和技术支持。云计算为大数据提供了分布式的计算方法，可以弹性扩展相对便宜的存储空间和计算资源，这些都是大数据技术发展中十分重要的组成部分。此外，云计算具有十分丰富的 IT 资源、分布较为广泛，为大数据技术的发展提供了技术支持。随着云计算技术的不断发展和完善、发展平台的日趋成熟，大数据技术自身将会得到快速提升，数据处理水平也会得到显著提高。

(4) 开源软件的发展将会成为推动大数据技术发展的新动力

开源软件是在大数据技术发展的过程中不断研发出来的。这些开源软件对各个领域的发展和人们的日常生活具有十分重要的作用。开源软件的发展可以适当地促进商业软件的发展，以此作为推动力，从而更好地服务于应用程序、开发工具、应用服务等各个不同的领域。虽然如今商业化的软件发展也十分迅速，但是二者之间并不会产生矛盾，可以优势互补，从而共同进步。开源软件在发展的过程中，将为大数据技术的发展贡献力量。

6.2 大数据应用

6.2.1 大数据应用的领域

随着大数据的应用越来越广泛，应用的行业门槛也越来越低，大数据应用在生活中就可以帮助我们获取到有用的价值。许多组织或者个人都会受到大数据剖析的影响，但是大数据是怎样帮助人们挖掘出有价值的信息呢？下面梳理了 9 个价值度较高的大数据应用领域，这些都是大数据在剖析应用上的关键领域。

(1) 理解客户、满足客户服务需求

目前，这是最广为人知的大数据的应用领域，重点是怎样应用大数据更好地了解客户及他们的喜好和行为。为了更加全面地了解客户，企业喜欢收集用户社交方面的数据、浏览器的日志、剖析出的文本和传感器数据等。通常情况下，它们将创建数据模型进行预测。例如，美国的著名零售商 Target 就是通过大数据剖析，获得有价值的信息，精准预测到客户在什么时间想要小孩。另外，通过大数据的剖析，电信公司可以更好地预测出流失的客户，沃尔玛则能更加精准地预测哪个产品会大卖，汽车保险行业会了解客户的需求和驾驶水平，政府也能了解到选民的偏好等。

(2) 业务流程优化

大数据能够帮助业务流程的优化，其中大数据应用最广泛的就是供应链及配送路线的优化。在这两个方面，可以利用地理定位和无线电频率的识别追踪货物和送货车，利用实时交通路线数据制订更加优化的路线。另外，人力资源业务可也通过大数据的剖析来进行改良，包括人才招聘的优化等。

(3) 改善人们的生活

大数据不只是应用于企业和政府，同样也适用于生活中的每个人。例如，人们可以利用穿戴装备(如智能手表或者智能手环)生成的最新数据，凭借自己的热量消耗及睡眠模式来进行健康追踪；人们还可以利用大数据剖析来寻找自己的爱情，大多数的交友网站就是使用大数据剖析工具帮助需要的人匹配合适的对象。

(4) 提高医疗和研发

大数据剖析应用的计算能力，在几分钟内就可以解码整个 DNA，而且可以制订出最新的治疗方案，同时可以更好地理解和预测疾病。就像人们戴上智能手表等设备可以形成的数据一样，大数据同样可以帮助病人对病情进行更好的治疗。大数据技术现在已经应用于医院，用于监视早产婴儿和患病婴儿的情况，通过记录和剖析婴儿的心跳，医生可以针对婴儿的身体可能会出现的不适症状作出预测，以帮助医生更好地救助婴儿。

(5) 提高体育成绩

目前，许多运动员在训练时应用了大数据剖析技术。例如，用于网球鼻塞的 IBM SlamTracker 工具，追踪足球或棒球比赛中球员表现的视频剖析技术，获得比赛数据及改良措施的运动器材中的传感器技术(如篮球或高尔夫球)，以及追踪比赛环境外活动的智能技术等。

(6) 优化机器和设备性能

大数据剖析可以让设备应用更加智能化和自主化。例如，大数据工具被谷歌公司用来研发谷歌自动驾驶汽车；大数据工具还被用于智能手机的优化等。

(7) 改善安全和执法

大数据已经广泛应用到安全执法的过程中。例如，美国国家安全局利用大数据进行恐怖主义打击，甚至监控人们的日常生活；企业应用大数据技术防御网络攻击；警察应用大数据工具捕捉罪犯；信用卡公司应用大数据工具拦截敲诈性买卖等。

(8) 改善我们的城市

大数据能够改善我们日常生活的城市。例如，基于城市的实时交通信息、利用社交网络和天气数据来优化最新的交通情况等，现在许多城市都在建立大数据剖析的试点。

(9) 金融买卖

大数据在金融行业应用广泛，高频买卖(HFT)是大数据应用较多的领域。大数据算法还应用于买卖决议，现在许多股权的买卖都是基于大数据算法进行的，这些算法越来越多地考虑社交媒体和网站新闻，并决定在未来几秒内是买进还是卖出。

随着大数据应用越来越普及，今后将有许多新的大数据应用领域，以及新的大数据应用[①]出现。

6.2.2 大数据应用于行业

1. 大数据应用于行业分析

大数据应用正渗透各个行业，国际知名的咨询公司麦肯锡认为[②]，企业的发展战略制定流程可以分为 7 步（如图 6-1 所示），包括设定战略目标、定义经营单元、进行行业分析、产生战略选择、测试动态影响并选择、设计细节并实施和监控结果。可见，进行行业分析是企业制定战略相关决策的重要环节。在互联网和大数据时代，行业分析的方法可以结合大数据进行创新和突破。

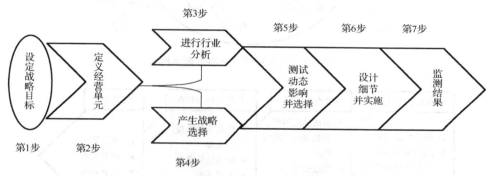

图 6-1 企业发展战略制定的流程

企业的发展会受多种力量影响（如图 6-2 所示），在进行行业分析时，需要分析这些力量的影响，这些影响都将作为战略决策的重要依据。企业所处的最外层环境受 4 种力量影响，包括政府政策（Politics）、经济环境（Economics）、社会（Society）和科技（Technology），构成宏观环境分析的 PEST 模型；企业还受产业的 5 种力量影响，包括同行竞争者、潜在进入者、替代品、供应商和顾客（用户），构成产业分析的波特五力模型。下面介绍如何通过大数据的手段对影响企业发展的各种力量进行监测，以辅助战略分析师及相关的决策者。

大数据应用于行业研究采用基于大数据的网络信息抓取和挖掘方法（如图 6-3 所示）。此方法分为 4 个步骤，包括智能数据采集、数据预处理、数据分析与挖掘及数据呈现。第一步，在智能数据采集方面，利用网络爬虫技术对相关网站进行信息抓取，形成半结构化及非结构化的信息。网络信息抓取的时候，一开始指定的抓取对象非常重要，如对于行业政策，指定抓取相关的政府官方网站、行业协会网站会使得抓取的效果更好。第二步，对抓取的信息进行数据预处理，包括页面信息解析、数据清洗和内容提取，对重复文章信息进行去重，并进行文本分词、特征提取及关键词提取，以从噪音数据中分离出有用的信息，减少数据的维数。第三步，对预处理后的数据进行数据分析和挖掘，实现有用信息的提炼和发现，包括使用文本分类和聚类方法发现热点事件，结合信息的规模度和离散度等维度来发现敏感信息，通过

---

① 详见 http://www.68dl.com/research/2014/0906/782.html。
② 详见"中国大数据产业观察网"。

算法和人工手段对指定的关键词进行专题侦测，通过数据的走势来判断信息的趋势等。第四步，数据呈现，即通过主题的方式和图表的方式来展示数据，或者通过计算机对信息进行更高层次的提炼，形成信息简报。

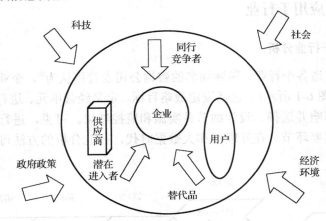

图 6-2　企业发展所处的生态环境

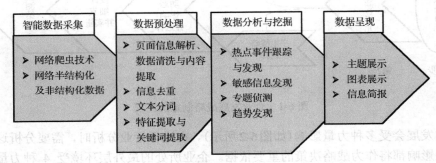

图 6-3　基于大数据的网络信息抓取与挖掘

2. 大数据应用于宏观环境分析

可以利用基于大数据的网络信息抓取与挖掘方法监测对行业产生影响的相关因素。在行业分析中最经典的宏观环境分析模型为 PEST 模型，PEST 即政策、经济环境、社会和科技。以互联网企业为例，影响互联网行业的相关政策因素包括互联网信息内容管理、网站备案管理、网络安全交易环境、电子商务平台服务规范、知识产权维护和个人信息保护等；影响互联网行业的经济环境包括国内宏观经济运行情况的相关数据、国内金融运行情况的相关数据及国际宏观经济运行的相关数据等；影响互联网行业的社会因素包括社会环境的包括人口规模、年龄结构、种族结构、收入分布、消费结构和水平、人口流动性等，其中人口规模直接影响着一个国家或地区市场的容量，年龄结构则决定互联网服务的发展方向及推广方式；影响互联网行业的技术因素包括网络技术、云计算技术、安全技术、软件技术、数据库技术、动画视频多媒体技术等。近年来，互联网新技术加快创新发展，不断催生新的产品，以移动互联网、云计算、大数据等为代表的互联网技术及应用，带动了相关互联网的创新发展。

对于互联网行业，可以从特定类型的网站抓取相关政府政策、经济环境、社会和科技信息，可以抓取相关政府机构网站，如国务院网站、工信部网站、文化部网站、商务部网站、新闻出版总署网站、国家工商总局网站，相关协会网站如中国互联网协会、相关研究机构网站（如第三方互联网研究机构网站艾瑞网）及国家统计局等网站。对抓取后的内容进行主题分类，分为政策主题、经济主题、社会主题和科技主题，以便分析师或相关决策者参考。

3．大数据应用于市场分析

行业市场分析一般从行业市场规模、市场成长速度预测、产业集中度、该市场的细分市场分析及行业发展趋势等角度来分析。以互联网行业为例，互联网行业比较关注市场的用户规模和营业收入规模及未来的增长速度。产业集中度是用于衡量产业竞争性和垄断性的最常用指标，产业集中度也叫市场集中度，是指市场上的某种行业内少数企业的生产量、销售量等方面对某一行业的支配程度，它一般是用这几家企业的某一指标（大多数情况下用销售额指标）占该行业总量的百分比来表示，该比例越高，市场的垄断程度越高。

对于行业市场分析中相关的行业市场规模、增速速度预测、产业集中度的分析、细分市场的分析及行业发展趋势等方向，可以通过基于大数据的网络信息抓取与挖掘方法在网络上抓取相关的信息。可以通过爬虫技术抓取财经类网站如金融界、证券公司网站、第三方市场研究公司网站、投资机构网站等抓取相关市场分析的有用信息，以辅助分析师进行行业市场分析。

4．大数据应用于竞争分析

企业需要分析竞争者的优势与劣势及竞争对手在各方面的动态，做到知己知彼，才能有针对性地制定正确的市场竞争战略。竞争对手分析的内容包括以下几个方面。

(1) 产品构成和新产品情况。包括竞争企业的产品构成、产品的新功能和新产品的研发情况等。

(2) 产品的价格变动情况，价格策略。

(3) 营销和促销行为。竞争对手的广告和促销行为的监测信息可以用来分析竞争对手的战术层面的情况。及时了解这些情况，有利于企业进行及时的反击。

(4) 研发能力和专利申请情况。了解竞争企业内部在产品研究、技术和基础研究及专利等方面的情况，有利于企业在研发方向制定相应的竞争策略。

(5) 组织结构和人力资源变动情况。组织结构和人力资源的变动较为容易透漏竞争企业的一些战略行动，例如，如果竞争对手招聘一位全新产品的总负责人，侧面反映该企业在这个新产品上有所规划和行动。

(6) 生产与经营情况。包括竞争企业的生产规模与生产成本水平、设施与设备的技术先进性与灵活性，生产能力的扩展，原材料的来源与成本等。

以上竞争对手情况可以通过大数据手段来辅助抓取和挖掘。产品构成及新产品相关的情况，可以通过抓取竞争对手的网站、微博、产品发布的一些常见网站和网络渠道来获得；产品的价格及促销行为情况，可以通过抓取产品的官方网站、电商网站等来获得；研发能力和专利情况也可以通过抓取企业官方网站、相关的技术网站和论坛、专利查询网站等渠道来获取；组织结构和人力资源变动情况可以通过抓取其企业官方网站、主流的招聘网站或高端人才的猎头类网站等；生产和经营情况网上的资料偏少，如果是上市企业，可以通过财经类的网站、上市公司财报等渠道获取。相对于宏观环境分析、行业市场分析，大数据在企业竞争分析所起到的作用更为关键，对企业的用处也更为直接。企业需要高度重视这个方向，以通过大数据的手段获得更加及时和有效的竞争情报。

5. 大数据用于发现快速成长的企业

业务发展速度较快或者用户量增长速度较快的企业，往往在产品或服务创新或微创新等方面有所建树，因此值得关注。利用大数据，可以辅助发现业务增长或用户量增长较快的企业，其监测的维度包括：

(1) 用户或者客户的增长速度较快的企业或者产品；
(2) 用户在社区或者微博上正面口碑量增长较快的企业或者产品；
(3) 网站的访问量增长速度较快的企业或者产品；
(4) 股价增长速度较快的企业。

以移动互联网企业为例，可以利用大数据手段来抓取应用下载市场的下载量，计算下载量的增长速度或应用下载的排名变化情况；可以利用大数据手段来抓取微博上正面口碑增长速度较快的应用；或运用电信运营商的流量数据来掌握应用使用规模的增长情况。

总之，通过大数据的手段，可以更好地辅助行业研究，监测企业所处的行业环境、竞争对手的动态，以及发现成长较快的企业。对于行业环境和竞争对手监测，更多的是运用基于大数据的网络信息抓取和挖掘方法，利用网络爬虫技术抓取和分析相关的网络信息，在这个过程中，除了要重视爬虫技术、自然语言处理技术以外，还要重视抓取网站对象的选取，选取合适的抓取对象会事半功倍。对于发现成长快的企业，运营商的流量数据是比较好的信息来源，当然也可以通过其他渠道，如应用下载市场来获取。以上通过大数据手段所获取的信息，还需要结合分析师进行进一步的分析，以提取有用的决策信息。在行业研究中，大数据不能取代分析师，但可以更好地辅助分析师进行更为全面和及时有效的信息获取，节省分析师在信息获取上的时间，让分析师能聚焦于信息分析和提出企业发展的建议上。

6.3 NoSQL 数据库

NoSQL（Not Only SQL），泛指非关系数据库。随着互联网 Web 2.0 网站的兴起，传统的关系数据库在面对 Web 2.0 网站，特别是超大规模和高并发的 SNS 类型时，已经显得力不从心，暴露了很多难以克服的问题。NoSQL 由于其本身的特点得到了非常迅速的发展，其产生是为了解决大规模数据集合及多重数据种类带来的挑战，尤其是大数据应用的难题。

6.3.1 NoSQL 简介

NoSQL 是一种不同于关系数据库的数据库管理系统设计方式，是对非关系数据库的一类统称，它所采用的数据模型并非传统关系数据库的关系模型，而是类似键/值、列族、文档等非关系模型。

NoSQL 数据库没有固定的表结构，通常也不存在连接操作，不严格遵守 ACID 约束。因此，与关系数据库相比，NoSQL 数据库具有灵活的水平可扩展性，可以支持海量的数据存储。NoSQL 数据库支持 MapReduce 风格的编程，可以较好地应用于大数据时代的各种数据管理中。MapReduce 是一种并行编程模型，用于大规模数据集（大于 1TB）的并行运算，它将复杂的、运行于大规模集群上的并行计算过程高度抽象到两个函数：Map 和 Reduce。MapReduce 极大地方便了分布式编程工作,编程人员在不会分布式并行编程情况下,也可以很容易将自己的程序运行在分布式系统上,完成海量数据集的计算。

NoSQL 数据库出现,一方面弥补了关系数据库在当前商业应用中存在的各种缺陷,另一方面也撼动了关系数据库的传统垄断地位。当应用场合需要简单的数据模型、灵活的 IT 系统、较高的数据库性能和较低的数据库一致性时,NoSQL 数据库是一个很好的选择。NoSQL 数据库具有灵活的可扩展性、灵活的数据模型和与云计算紧密融合等特点。

关系数据库经过几十年的发展,各种优化工作已十分深入,NoSQL 系统一般都吸收了关系数据库的技术。在系统设计的角度,NoSQL 数据库有以下 4 个特点。

1. 索引支持

关系数据库创立之初没有想到目前的互联网应用对可扩展性会提出如此高的要求,因此,设计时主要考虑的是简化用户的工作,SQL 语言的产生促成数据库接口的标准化,从而形成了 Oracle 这样的数据库公司并带动了上下游产业链的发展。关系数据库需要单机存储引擎支持索引,如 MySQL 的 InnoDB 存储引擎需要支持索引。而 NoSQL 系统的单机存储引擎是纯粹的,只需要支持基于主码的随机读取和范围查询。NoSQL 系统在系统层面提供对索引的支持。例如,有一个用户表,主码为 user_id,每个用户有很多字段,包括用户名、照片 ID (photo_id),照片 URL,在 NoSQL 系统中如果需要对 photo_id 建立索引,可以维护一张分布式表,表的主码为形成的二元组。关系数据库由于需要在单机存储引擎层面支持索引,大大降低了系统的可扩展性,使得单机存储引擎的设计变得很复杂。

2. 并发事物处理

关系数据库有一整套的关于事务并发处理的理论,比如锁的粒度是表级、页级还是行级,多版本并发控制机制 MVCC,事务的隔离级别,死锁检测,回滚等。然而,互联网应用大多数的特点都是多读少写,如读和写的比例是 10∶1,并且很少有复杂事务需求。因此,一般可以采用更为简单的 copy-on-write 技术(单线程写,多线程读,写的时候执行 copy-on-write,写不影响读服务)。NoSQL 系统简化了系统的设计,减少了很多操作的额外开销(overhead),提高了系统性能。

3. 数据结构

关系数据库存储引擎的数据结构是通用的动态更新的 B+树。然而,在 NoSQL 系统中,比如 BigTable 采用"SSTable + MemTable"的数据结构,数据先写入到内存的 MemTable 中,达到一定大小或者超过一定时间才会 dump(写)到磁盘生成 SSTable 文件,SSTable 是只读的。如果说关系数据库存储引擎的数据结构是一颗动态的 B+树,那么 SSTable 就是一个排好序的有序数组。很明显,实现一个有序数组比实现一个动态的 B+树(且包含复杂的并发控制机制)要简单高效得多。

4. Join 操作

关系数据库需要在存储引擎层面支持 join 操作,而 NoSQL 系统一般根据应用来决定 join 实现的方式。例如,有两张表:用户表和商品表,每个用户下可能有若干个商品,用户表的主码为 user_id,用户和商品的关联字段存放在用户表中,商品表的主码为 item_id,商品字段包括商品名、商品 URL 等。假设应用需要查询一个用户的所有商品并显示商品的详细信息，普通的做法是先从用户表查找指定用户的所有 item_id，然后对每个 item_id 去商品表查询详细信息，即执行一次数据库 join 操作，这必然带来了很多的磁盘随机读，并且由于 join 带来的随机读的局部性不好，缓存的效果往往也是有限的。在 NoSQL 系统中，我们往往可以将用户表和商品表集成到一张宽表中，这样虽然冗余存储了商品的详细信息，却换来了查询的高效。

关系数据库的性能瓶颈往往不在 SQL 语句的解析上，而是在于需要支持完备的 SQL 特性。互联网公司面临的问题是应用对性能和可扩展性要求很高，并且 DBA 和开发工程师水平也比较高，可以通过牺牲一些接口友好性来换取更好的性能。NoSQL 系统的一些设计，比如通过宽表实现 join 操作，互联网公司的 DBA 和开发工程师之前也做过，NoSQL 系统只是加强了这种约束。

设计和使用 NoSQL 系统的时候也可以适当转化一下思维。

(1) 更大的数据量。很多人在使用 MySQL 的过程中遇到记录条数超过一定值，比如 2000 万的时候，数据库性能开始下降，这个值的得出往往需要经过大量的测试。然而，大多数的 NoSQL 系统可扩展性都比较好，能够支持更大的数据量，因此也可以采用一些空间换时间的做法，比如通过宽表的方式实现 join。

(2) 性能预估。关系数据库由于复杂的并发控制、insert buffer 及类似 page cache 的读写优化机制，性能估算相对较难，很多时候需要凭借经验或者经过测试才能得出系统的性能。NoSQL 系统由于存储引擎的实现，并发控制机制等相对简单，可以通过硬件的性能指标在系统设计之初大致预估系统的性能，性能预估的可操作性相对更强。

6.3.2 NoSQL 数据库分类

NoSQL 数据库可分为 4 类，它们之间的比较见表 6-3。

1. 键值(Key-Value)存储数据库

这类数据库主要使用哈希表，哈希表中有一个特定的键和一个指针指向特定的数据。Key-Value 模型对于 IT 系统来说的优势在于简单、易部署。但是，如果DBA只对部分值进行查询或更新的时候，Key-Value 模型就显得效率低下。键值存储数据库例如：Tokyo Cabinet/Tyrant、Redis、Voldemort、Oracle BDB 等。

2. 列存储数据库

这类数据库通常面向分布式存储的海量数据。键仍然存在，但是它们的特点是指向了多个列，这些列由列族来安排。列存储数据库例如：Cassandra、HBase、Riak 等。

3. 文档型数据库

文档型数据库的灵感来自于 Lotus Notes 办公软件，而且它同第一种键值存储相类似。该类型的数据模型是版本化的文档，其中，半结构化的文档以特定的格式存储，比如 JSON。文档型数据库可以看作键值数据库的升级版，允许嵌套键值，比键值数据库的查询效率更高。文档型数据库例如：CouchDB、MongoDb、国内的 SequoiaDB(已经开源)等。

4. 图形(Graph)数据库

图形结构的数据库同其他行列及刚性结构的数据库不同，它使用灵活的图形模型，并且能够扩展到多个服务器上。NoSQL 数据库没有标准的查询语言，因此进行数据库查询时需要制定数据模型。许多 NoSQL 数据库都有 REST 式的数据接口或者查询 API。图形数据库例如：Neo4j、InfoGrid、Infinite Graph 等。

表 6-3 NoSQL 数据库分类比较

分类	举例	典型应用场景	数据模型	优点
键值存储数据库	Tokyo Cabinet/Tyrant，Redis，Voldemort，Oracle BDB	内容缓存，主要用于处理大量数据的高访问负载，也用于一些日志系统等	Key 指向 Value 的键值对，通常用 Hash 表来实现	查找速度快
列存储数据库	Cassandra，HBase，Riak	分布式的文件系统	列族式存储，将同一列数据存在一起	查找速度快，可扩展性强，更容易进行分布式扩展
文档型数据库	CouchDB，MongoDb	Web应用（与Key-Value 类似，Value 是结构化的，不同的是数据库能够了解 Value 的内容）	Key-Value 对应的键值对，Value 为结构化数据	数据结构要求不严格，表结构可变，不需要像关系型数据库一样需要预先定义表结构
图形数据库	Neo4J，InfoGrid，Infinite Graph	社交网络，推荐系统等，专注于构建关系图谱	图结构	利用图结构相关算法，比如最短路径寻址，N 度关系查找等

6.3.3 NoSQL 与关系数据库的比较

NoSQL 和关系数据库的简单比较如表 6-4 所示。对比指标包括数据库原理、数据规模、数据模型、查询效率、一致性、数据完整性、扩展性、可用性、标准化、技术支持和可维护性等方面。从表中可以看出，关系数据库的突出优势在于，以完善的关系代数理论为基础，有严格的标准，支持事务 ACID 特性，借助索引机制可以实现高效的查询，技术成熟，有专业公司的技术支持；其劣势在于可扩展性差，无法较好地支持海量数据存储，数据模型过于死板，无法较好地支持 Web 2.0 应用，事物机制影响了系统整理性能等。NoSQL 数据库的优势在于，可以支持超大规模数据存储，灵活的数据模型可以很好地支持 Web 2.0 应用，具有强大的横向扩展能力等；其劣势在于，缺乏数学理论基础，复杂查询性能不高，大多数都不能实现事物强一致性，很难实现数据完整性，技术尚不成熟，缺乏专业团队的技术支持，维护较困难等。

表 6-4 NoSQL 与关系数据库的比较

比较标准	关系数据库	NoSQL	备注
数据库原理	完成支持	部分支持	关系数据库有代数理论作为基础
数据规模	大	超大	关系数据库很难实现横向扩展，纵向扩展的空间也比较有限，性能会随着数据规模的增大而减低 NoSQL 可以很容易通过增加更多设备来支持更大规模的数据
数据库规模	固定	灵活	关系数据库需要定义数据库模式，严格遵守数据定义和相关约束条件 NoSQL 不存在数据库模式，可以自由、灵活地定义并存储各种不同类型的数据

续表

比较标准	关系数据库	NoSQL	备注
查询效率	快	可以实现高效的简单查询,但不具备高度结构化查询的特征,复杂查询的性能不尽人意	关系数据库借助索引机制可实现快速查询(包括记录查询和范围查询) 很多 NoSQL 数据库没有面向复杂查询的索引,虽然 NoSQL 可以使用 MapReduce 来加速查询,但在复杂查询方面的性能仍然不如关系数据库
一致性	强一致性	弱一致性	关系数据库严格遵守事务 ACID 模型,可以保证事务强一致性 很多 NoSQL 数据库放松了对事务 ACID 特性的要求
数据完整性	容易实现	很难实现	任何一个关系数据库都可以很容易地实现数据完整性,如通过主码或者非空约束来实现实体完整性,通过主码和外码来实现参照完整性,通过约束或者触发器来实现用户自定义完整性,但是 NoSQL 数据库却无法实现
扩展性	一般	好	关系数据库很难实现横向扩展,纵向扩展的空间也比较有限 NoSQL 在设计之初,就充分考虑了横向扩展的需要,可以很容易通过添加廉价设备实现扩展
可用性	好	很好	关系数据库在任何时候都以保持一致性为优先目标,其次才是优化系统性能,随着数据规模的增大,关系数据库为了保证严格的一致性,只能提供相对较弱的可用性 大多数 NoSQL 都能提供较高的可用性
标准化	是	否	关系数据库已经标准化(SQL) NoSQL 还没有行业标准,不同的 NoSQL 数据库都有自己的查询语言,很难规范应用程序接口
技术支持	高	低	关系数据库经过几十年的发展,已经非常成熟,Oracle 等大型厂商都可以提供很好的技术支持 NoSQL 数据库在技术支持方面仍然处于起步阶段,还不成熟,缺乏有力支持
可维护性	复杂	复杂	关系数据库需要专门的数据库管理员(DBA)维护 NoSQL 数据库虽然没有关系数据库复杂,也难以维护

6.4 小结

本章简单介绍了大数据与 NoSQL 的基本概念、发展及趋势等。通过对大数据的特征和技术特点、大数据的行业应用等方面的梳理,从逻辑层面上加深了读者对大数据的了解。通过对 NoSQL 数据库的分类、NoSQL 与关系数据库的比较等的介绍,梳理了关系数据库与 NoSQL 之间联系与不同。

6.5 习题

1. 试述大数据的发展历程。
2. 试述大数据的 4 个基本特征。
3. 举例说明大数据的应用。
4. 试述 NoSQL 数据库的分类。
5. 比较 NoSQL 与关系数据库。

下篇

技术应用篇

第 7 章 SQLite 在 Android APP 开发中的应用

7.1 SQLite 概述

7.1.1 SQLite 简介

自几十年前出现商业应用程序以来，数据库就成为了软件应用程序的主要组成部分。数据库管理系统非常关键，因此它也逐渐变得非常庞大，占用了相当多的系统资源，增加了管理的复杂性。随着软件应用程序的逐渐模块化，目前也需要一种比大型、复杂的传统数据库管理系统更合适的新型数据库来适应软件开发。嵌入式数据库就是这样一种新型数据库。它直接在应用程序进程中运行，提供了零配置运行模式，且占用非常少的系统资源。

SQLite 是一个开源的嵌入式关系数据库，它最初在 2000 年由 D. Richard Hipp 发布。它没有独立运行的进程，它的代码嵌入到使用它的应用程序中，因此它们共用相同的进程空间。从外部看，SQLite 所服务的应用程序是一个整体。应用程序只需做自己的事，管理自己的数据，无须详细了解 SQLite 是怎样工作的。但在程序内部，SQLite 却是完整的、自包含的数据库引擎。

嵌入式数据库把服务器搭载在程序内部的一大好处就是在程序内部无须网络配置，也无须管理。因为客户端和服务器在同一进程空间运行，SQLite 的数据库权限只依赖于文件系统，没有用户账户的概念，而且 SQLite 有数据库级锁定，没有网络服务器。所以它可以减少网络调用产生的相关消耗，同时简化应用程序的数据管理，使程序更容易部署。开发人员需要做的仅仅是把它正确地编译到程序中。

7.1.2 SQLite 的特点

SQLite 尽管非常小，但是具有很多特点和功能。它支持 ANSI SQL92 标准的大子集（包括事务、视图、检查约束、外码、关联子查询和组合查询等），以及其他很多关系数据库的特性（如触发器、索引、自动增长字段等）。SQLite 还有很多特点，主要如下。

(1) 零配置

SQLite 在设计之初就明确不需要 DBA，配置和管理非常容易，而且运行也非常轻便，只需较少的内存即可。

(2) 可移植

SQLite 在设计时就特别注意移植性，它可以编译运行在 Windows、Linux、Mac OS X 等系统中，也可以应用于很多嵌入式平台如 QNX、VxWorks、Windows Phone、iOS 及 Android 上。它可以无缝地工作在 32 位和 64 位系统中，并能适应大字节序和小字节序。SQLite 的可移植性不仅表现在软件上，还表现在其数据库文件上。SQLite 的数据库文件在其所支持的所有操作系统、硬件体系结构和字节顺序上都是兼容的二进制文件，由此可实现跨平台使用数据库文件。也就是说，用户可以在 Linux 工作站上创建一个 SQLite 数据库，然后在 Windows 或 Mac 机器上，甚至是 iPhone 和 Android 设备上，无须任何转换即可使用该数据库文件。

(3) 紧凑性

SQLite 的设计是轻量级的，只包含了一个头文件、一个库，以及关系数据库的服务器(不需要外部数据库)。

(4) 简单性

作为程序库，SQLite 的 API 是最简单、最易用的 API 之一。它既有很好的文档，又非常直观。另外，开源社区提供了很多的帮助文档，创建了很多语言和程序库来支持 SQLite 的扩展，具体包括 C/C++、Python、Ruby、Java、PHP、C#、Qt、Lisp、Lua 等。

(5) 灵活性

作为嵌入式数据库，SQLite 具有强大而灵活的关系数据库前端，简单而紧凑的 B 树后端。有了这两者，不用配置大型数据库服务器，也无须担心网络或者连接问题，没有平台限制，无须付许可证费或版税，只需把 SQL 放入应用程序中即可获得 SQL 支持。

(6) 开源性

SQLite 的所有代码都是开源的，且没有许可证，这意味着它的任何一部分都没有附加版权要求。因此，以任何形式使用 SQLite 的代码都不会有法律方面的限制，它可以应用于任何目的(商业或非商业的)，无须支付任何费用，没有任何限制。

(7) 可靠性

SQLite 核心源代码包含了大约 7 万行标准 ANSI C 代码，代码模块清晰、注释完整，经过了完整和严密的测试，这些代码容易理解、方便定制与获取。此外，SQLite 代码也提供了一个全功能的 API，通过添加用户自定义的函数、聚集、排列规则等，可以定制和扩展 SQLite。

(8) 易用性

SQLite 还具备了一些独特的功能，包括动态类型、冲突解决和可以将多个数据库"附着"到一个连接上。这些功能很大程度上提高了其易用性。

7.1.3 SQLite 的局限性

在某些方面，SQLite 比其他数据库更加高效，比如单表查询，简单的 SELECT、INSERT 和 UPDATE 语句。因为 SQLite 在处理一个事务或者一个查询计划时的开销较小，而且没有网络连接或者认证及权限协商的开销。

但是在某些方面它比不上其他数据库。随着查询内容复杂化及数据量增大，查询时间使得网络调用或事务处理开销相形见绌，SQLite 的运行速度就会变慢，而大型数据库开始发挥作用。SQLite 没有精密的优化器或者查询计划器，没有保存详细的表统计信息。它的局限性主要表现在以下两方面。

(1) 并发访问的锁机制

SQLite 的锁机制是粗粒度的，在并发（包括多进程和多线程）读写方面可能会不太理想。尤其是当数据库被写操作独占时，可能会导致其他读写操作阻塞或出错。

(2) 网络文件系统

需要访问其他机器上的 SQLite 数据库文件时，有时需要把数据库文件放置到网络共享目录上。当 SQLite 文件放置于网络文件系统中时，在并发读写的情况下可能会出问题（比如数据损坏），原因是某些 NFS 的文件锁在实现上有缺陷。

此外，SQLite 还有未实现的某些特性，比如完美的触发器支持、完整的修改表结构支持、右外连接和全外连接、可更新的视图、窗口功能及授权和撤销等。

所以，SQLite 是为了中小规模的应用程序设计的一个嵌入式数据库。

7.1.4 SQLite 基本语句

标准 SQLite 语句类似于 SQL 语句，包括 CREATE、SELECT、INSERT、UPDATE、DELETE 和 DROP。这些语句基于它们的操作性质可分为以下几种，详细介绍请参考 7.2.3 节内容。

(1) 数据定义语言（DDL）
- CREATE：创建一个新表，一个新视图，或者数据库中的其他对象。
- ALTER：修改数据库中的某个已有的数据库对象，比如一个表。
- DROP：删除整个表，或者表的视图，或者数据库中的其他对象。

(2) 数据操纵语言（DML）
- INSERT：创建一条记录。
- UPDATE：修改记录。
- DELETE：删除记录。

(3) 数据查询语言（DQL）
- SELECT：从一个或多个表中检索某些记录。

7.2 SQLite 的使用

7.2.1 SQLite 安装

SQLite 的一个重要的特性是零配置，这意味着其不需要复杂的安装或管理。本节将介绍 SQLite 在主要的操作系统（Windows、Linux 和 Mac OS X）上的安装设置及在 Android 系统中的安装设置。

(1) Windows 系统

第一步：访问 SQLite 下载页面（http://www.sqlite.org/download.html），从 Windows 区中根据自己操作系统的位数下载预编译的二进制文件，包括 sqlite-tools-win32-*.zip 和 sqlite-dll-win*-*.zip 两个压缩文件。在撰写本节时，其最新版本如图 7-1 所示。

第二步：创建文件夹 D:\sqlite3，并在此文件夹中解压上一步下载的两个压缩文件，解压后得到 sqlite3.def、sqlite3.dll 和 sqlite3.exe 三个可执行文件，如图 7-2 所示。

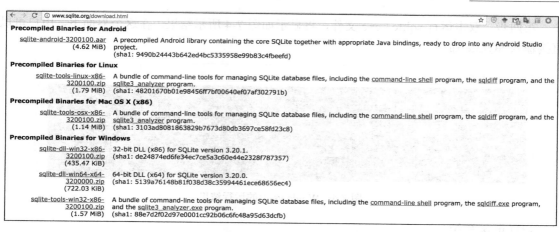

图 7-1 Windows 系统下 SQLite 的最新版本下载

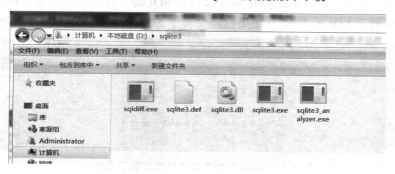

图 7-2 解压后的文件

第三步：添加 D:\sqlite3 到 PATH 环境变量，如图 7-3 所示。

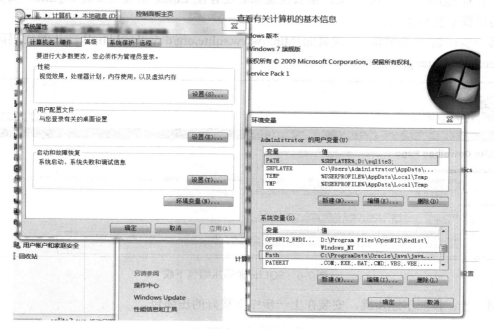

图 7-3 增加环境变量

第四步：双击运行 **sqlite3.exe** 文件，将显示如图 7-4 所示结果。在这个界面下，用户可以直接输入 SQLite 命令。

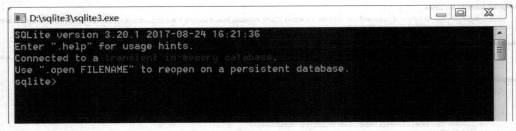

图 7-4　Windows 上的运行结果

(2) Linux 系统

目前，几乎所有版本的 Linux 操作系统都自带 SQLite。只要在终端运行命令"sqlite3"来检查是否已经安装了 SQLite 即可。如果已经安装了 SQLite，将显示如图 7-5 所示的结果。

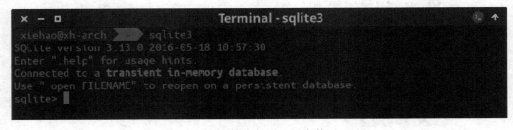

图 7-5　Linux 下检查是否已经安装了 SQLite

不同版本的 Linux 可能自带的 SQLite 版本不同，表现为在图 7-5 中显示的版本信息不同。如果没有看到类似于上面的结果，那么就意味着没有在 Linux 系统上安装 SQLite，需要按照下面的步骤安装 SQLite。

第一步：访问 SQLite 下载页面（http://www.sqlite.org/download.html），从源代码区下载 sqlite-autoconf-*.tar.gz，如图 7-6 所示。

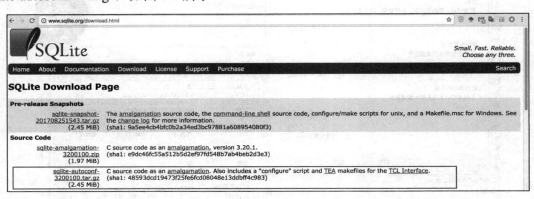

图 7-6　SQLite 源码压缩包下载

第二步：按照下述步骤，安装在上一步中下载好的压缩包。

```
$tar xvfz sqlite-autoconf-3200100.tar.gz
```

```
$cd sqlite-autoconf-3071502
$./configure --prefix=/usr/local
$make
$make install
```

第三步：使用命令$sqlite3 检查安装是否成功。

(3) Mac OS X 系统

最新版本的 Mac OS X 上会预安装 SQLite。只要在终端运行命令 sqlite3 来检查是否已经安装了 SQLite 即可。如果已经安装了 SQLite，将显示如图 7-7 所示结果。

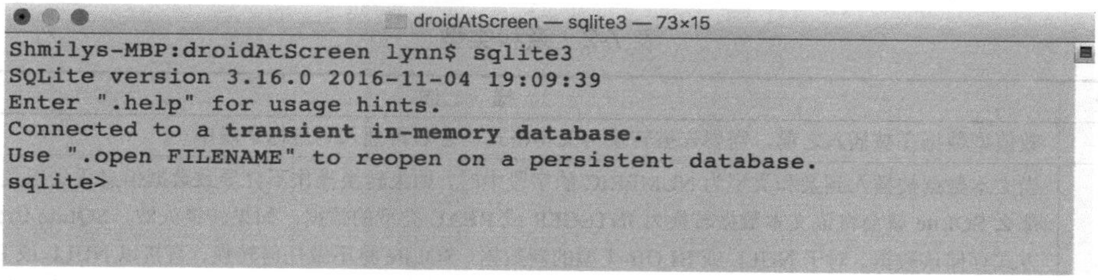

图 7-7　Mac 下检查是否已经安装了 SQLite

不同版本的 Mac OS X 可能自带的 SQLite 版本不同，表现为在图 7-7 中显示的版本信息不同。如果没有看到类似于上面的结果，那么就意味着没有在 Mac OS X 系统上安装 SQLite。在 Mac OS X 上安装 SQLite 的过程和在 Linux 上安装 SQLite 的过程完全一致，这里不再赘述。

(4) Android 系统

Android 系统中集成了 SQLite 相关包，因此可以直接在 Android 开发中调用 SQLite 的相关 API，具体内容将在 7.3 节进行详细介绍。

7.2.2　SQLite 数据类型

一般数据采用的是固定的静态数据类型，而 SQLite 采用的是动态数据类型，会根据存入的值自动判断使用。换言之，在 SQLite 中值的数据类型与值本身是相关的，而不是与它的容器相关。

SQLite 数据库中的存储类型如表 7-1 所示。

表 7-1　SQLite 数据库中的存储类型

存 储 类 型	描　　述
NULL	值是一个 NULL 值
INTEGER	值是一个带符号的整数，根据值的大小存储在 1、2、3、4、6 或 8 字节中
REAL	值是一个浮点值，存储为 8 字节的 IEEE 浮点数字
TEXT	值是一个文本字符串，使用数据库编码(UTF-8、UTF-16BE 或 UTF-16LE)存储
BLOB	值是一个 BLOB 数据，完全根据它的输入存储

值得注意的是，存储类型比数据类型更笼统。以 INTEGER 存储类型为例，它包括 6 种不同的长度不等的整数类型，这在磁盘上是不同的。但是只要 INTEGER 值从磁盘读取到内存进行处理，它们就被转换为更为一般的数据类型(8 字节的有符号整型)。因此，在一般情况下，"存储类型"与"数据类型"没什么差别，这两个术语可以互换使用。

SQLite 数据库中的任何列，除了整型主码列，都可用于存储任何存储类型的值。SQL 语句中的任何值，无论它们是嵌入到 SQL 语句中的字面量还是绑定到预编译 SQL 语句中的参数，都有一个隐含的存储类型。为了最大限度地提高 SQLite 和其他数据库引擎之间的兼容性，SQLite 支持列的"类型亲和性"概念。列的"类型亲和性"是指数据存储于该列的推荐类型。重要的是类型是推荐的，而不是必须的，也就是说，SQLite 允许忽略数据类型。一个列的首选存储类型被称为它的"亲和类型"。任何列可以存储任何类型的数据，但是当数据插入时，该字段的数据将会优先采用亲和类型作为该值的存储方式。SQLite 目前的版本支持 5 种亲和类型，如表 7-2 所示。

表 7-2 亲和类型

亲和类型	描 述
TEXT	数值型数据在被插入之前，需要先被转换为文本格式，之后再插入到目标字段中
NUMERIC	当文本数据被插入到亲和类型为 NUMERIC 的字段中时，如果转换操作不会导致数据信息丢失以及完全可逆，那么 SQLite 就会将该文本数据转换为 INTEGER 或 REAL 类型的数据，如果转换失败，SQLite 仍会以 TEXT 方式存储该数据。对于 NULL 或 BLOB 类型的新数据，SQLite 将不做任何转换，直接以 NULL 或 BLOB 的方式存储该数据。需要额外说明的是，对于浮点格式的常量文本，如"30000.0"，如果该值可以转换为 INTEGER 同时又不会丢失数值信息，那么 SQLite 就会将其转换为 INTEGER 的存储方式
INTEGER	对于亲和类型为 INTEGER 的字段，其规则等同于 NUMERIC，唯一差别是在执行 CAST 表达式时
REAL	其规则基本等同于 NUMERIC，唯一的差别是不会将"30000.0"这样的文本数据转换为 INTEGER 的存储方式
NONE	不做任何的转换，直接以该数据所属的数据类型进行存储

表 7-3 列出了当创建 SQLite3 表时可使用的各种数据类型的名称，同时也显示了其相应的亲和类型。

表 7-3 创建 SQLite3 表时可使用的各种数据类型

数 据 类 型	亲 和 类 型
INT INTEGER TINYINT SMALLINT MEDIUMINT BIGINT UNSIGNED BIG INT INT2 INT8	INTEGER
CHARACTER(20) VARCHAR(255) VARYING CHARACTER(255) NCHAR(55) NATIVE CHARACTER(70) NVARCHAR(100) TEXT CLOB	TEXT
BLOB no datatype specified	NONE
REAL DOUBLE DOUBLE PRECISION FLOAT	REAL

数 据 类 型	亲 和 类 型
NUMERIC	
DECIMAL(10,5)	
BOOLEAN	NUMERIC
DATE	
DATETIME	

在下述两种情况下，数据库引擎会在执行查询时在数值存储类型（INTEGER 和 REAL）和 TEXT 之间进行转换。

(1) 布尔类型

SQLite 并没有单独的布尔存储类型，而是将布尔值 False 或 True 对应存储为整数 0 或 1。

(2) 日期和时间类型

SQLite 没有特定的存储类型来存储日期和时间。SQLite 中内置的日期和时间函数能够将日期和时间存为 TEXT、REAL 或 INTEGER 值，如表 7-4 所示。

表 7-4 存储日期和时间

存 储 类	日 期 格 式
TEXT	格式为"YYYY-MM-DD HH:MM:SS.SSS"的日期
REAL	从公元前 4714 年 11 月 24 日格林尼治时间的正午开始算起的天数
INTEGER	从 1970-01-01 00:00:00 UTC算起的秒数

用户可以选择表 7-4 中格式的任一种来存储日期和时间，并且可以使用内置的日期和时间函数在这些格式间自由转换。

正如上文所述，对于 SQLite 来说，对字段不指定类型是完全有效的，如：

```
CREATE TABLE ex3(a, b, c);
```

即使 SQLite 允许忽略数据类型，但是仍然建议在设计 CREATE TABLE 语句中指定数据类型。因为指明数据类型，对于开发人员之间进行交流或者未来可能的数据库引擎更换是非常有用的。

7.2.3 SQLite 语法

本节列出 SQLite 重要的基本语句。通过本节内容，可以了解 SQLite 的快速入门，同时也可以和第 3 章介绍的 SQL 语法进行对比学习。

(1) 创建 SQLite 数据库

SQLite 中用来创建新的 SQLite 数据库的方法，是进入 Windows 的终端，即在命令提示符 cmd 窗口中，切换到 sqlite3 命令所在的文件夹下，然后调用 sqlite3 命令。在创建数据库时，不需要任何特殊的权限。基本用法如下：

```
D:\sqlite3>sqlite3 DatabaseName.db
```

通常情况下，数据库名称在 SQLite 内应该是唯一的。而删除数据库文件时，在确认数据库文件可以删除之后，只需要把.db 文件删除即可。

(2) 重要的基本语句

所有的 SQLite 语句可以以任何关键字开始，如 SELECT、INSERT、UPDATE、DELETE、ALTER、DROP 等，所有的语句以分号结束。

- **ANALYZE 语句**

    ```
    ANALYZE;
    or
    ANALYZE database_name;
    or
    ANALYZE database_name.table_name;
    ```

- **ATTACH DATABASE 语句**

    ```
    ATTACH DATABASE 'DatabaseName' As 'Alias-Name';
    ```

- **DETACH DATABASE 语句**

    ```
    DETACH DATABASE 'Alias-Name';
    ```

- **CREATE TABLE 语句**

    ```
    CREATE TABLE table_name(
       column1 datatype,
       column2 datatype,
       column3 datatype,
       ……
       columnN datatype,
       PRIMARY KEY( one or more columns )
    );
    ```

- **DROP TABLE 语句**

    ```
    DROP TABLE database_name.table_name;
    ```

- **ALTER TABLE 语句**

    ```
    ALTER TABLE table_name ADD COLUMN column_def...;
    ```

- **ALTER TABLE 语句 (Rename)**

    ```
    ALTER TABLE table_name RENAME TO new_table_name;
    ```

- **CREATE VIEW 语句**

    ```
    CREATE VIEW database_name.view_name AS
    SELECT statement...;
    ```

- **DROP VIEW 语句**

    ```
    DROP VIEW view_name;
    ```

- **SELECT 语句**

    ```
    SELECT column1, column2...columnN
    FROM   table_name;
    ```

- WHERE 子句

    ```
    SELECT  column1, column2...columnN
    FROM    table_name
    WHERE   CONDITION;
    ```

- DISTINCT 子句

    ```
    SELECT DISTINCT column1, column2...columnN
    FROM    table_name;
    ```

- COUNT 子句

    ```
    SELECT  COUNT(column_name)
    FROM    table_name
    WHERE   CONDITION;
    ```

- AND/OR 子句

    ```
    SELECT  column1, column2...columnN
    FROM    table_name
    WHERE   CONDITION-1 {AND|OR} CONDITION-2;
    ```

- BETWEEN 子句

    ```
    SELECT  column1, column2...columnN
    FROM    table_name
    WHERE   column_name BETWEEN val-1 AND val-2;
    ```

- IN 子句

    ```
    SELECT  column1, column2...columnN
    FROM    table_name
    WHERE   column_name IN (val-1, val-2,...val-N);
    ```

- NOT IN 子句

    ```
    SELECT  column1, column2...columnN
    FROM    table_name
    WHERE   column_name NOT IN (val-1, val-2,...val-N);
    ```

- Like 子句

    ```
    SELECT  column1, column2...columnN
    FROM    table_name
    WHERE   column_name LIKE { PATTERN };
    ```

- GROUP BY 子句

    ```
    SELECT  SUM(column_name)
    FROM    table_name
    WHERE   CONDITION
    GROUP BY column_name;
    ```

- HAVING 子句

```
SELECT SUM(column_name)
FROM    table_name
WHERE   CONDITION
GROUP BY column_name
HAVING (arithematic function condition);
```

- **ORDER BY 子句**

```
SELECT column1, column2...columnN
FROM    table_name
WHERE   CONDITION
ORDER BY column_name {ASC|DESC};
```

- **EXISTS 子句**

```
SELECT column1, column2...columnN
FROM    table_name
WHERE   column_name EXISTS (SELECT * FROM   table_name );
WHERE   column_name GLOB { PATTERN };
```

- **INSERT INTO 语句**

```
INSERT INTO table_name( column1, column2...columnN)
VALUES ( value1, value2...valueN);
```

- **UPDATE 语句**

```
UPDATE table_name
SET column1 = value1, column2 = value2...columnN=valueN
[ WHERE  CONDITION ];
```

- **DELETE 语句**

```
DELETE FROM table_name
WHERE  {CONDITION};
```

- **CREATE INDEX 语句**

```
CREATE INDEX index_name
ON table_name ( column_name COLLATE NOCASE );
```

- **CREATE UNIQUE INDEX 语句**

```
CREATE UNIQUE INDEX index_name
ON table_name ( column1, column2,...columnN);
```

- **DROP INDEX 语句**

```
DROP INDEX database_name.index_name;
```

- **CREATE TRIGGER 语句**

```
CREATE TRIGGER database_name.trigger_name
BEFORE INSERT ON table_name FOR EACH ROW
BEGIN
```

```
    stmt1;
    stmt2;
    ……
END;
```

- DROP TRIGGER 语句

  ```
  DROP TRIGGER trigger_name
  ```

- BEGIN TRANSACTION 语句

  ```
  BEGIN;
  or
  BEGIN EXCLUSIVE TRANSACTION;
  ```

- COMMIT TRANSACTION 语句

  ```
  COMMIT;
  ```

- ROLLBACK 语句

  ```
  ROLLBACK;
  or
  ROLLBACK TO SAVEPOINT savepoint_name;
  ```

（3）注释

SQLite 中的注释可以以两个连续的"-"字符（ASCII 0x2d）开始，并扩展至下一个换行符（ASCII 0x0a）或直到输入结束，以先到者为准。

```
sqlite>.help -- This is a single line comment
```

也可以使用 C 风格的注释，以"/*"开始，并扩展至下一个"*/"字符对或直到输入结束，以先到者为准。SQLite 的注释可以跨越多行。

（4）大小写敏感性

值得注意的是，SQLite 的语法几乎是不区分大小写的，但也有一些命令是大小写敏感的，比如 GLOB 和 glob 在 SQLite 的语句中有不同的含义。

7.2.4 SQLite 命令

7.2.3 节介绍了 SQLite 相关的很多语句，但是如何操作这些语句呢？下面介绍执行 SQLite 语句的方法和相关命令。

SQLite 有很多可视化管理工具，这些可视化图形工具通过图形界面，支持所有的 SQLite 特征。通过这些工具，用户可以在 SQLite 服务器上执行各种类型的操作。较为优秀的工具有 SQLiteStudio（http://sqlitestudio.one.pl/）、SQLiteExpert（http://www.sqliteexpert.com/）、Navicat for SQLite（https://www.navicat.com/）等，有兴趣的读者可以自行了解它们的具体情况。

在 7.2.1 节中，我们详细介绍了 SQLite 的安装，并且在图 7-4、图 7-5 和图 7-7 中分别描述了 SQLite 在不同操作系统下的运行结果。下面给出运行两种不同的 sqlite3 命令产生的效果。

第一种情况，直接运行sqlite3，不带任何参数。这时用户所有数据操作的结果都将保存到临时数据库中。SQLite 建议用户用".open FILENAME"命令来打开一个数据库文件进行永久性存储。

```
D:\sqlite3>sqlite3
SQLite version 3.16.0 2016-11-04 19:09:39
Enter ".help" for usage hints.
Connected to a transient in-memory database.
Use ".open FILENAME" to reopen on a persistent database.
sqlite>
```

第二种情况，运行 sqlite3 时带上表明数据库文件名字的参数。这时，SQLite 将会首先检查指定的数据库是否存在，下面的案例指定数据库文件名为 userInfoTables.db，如果不存在就创建新数据库并进入（如果直接退出，数据库文件不会创建）。如果已经存在该数据库文件，则将直接进入该数据库进行数据操作。

```
D:\sqlite3>sqlite3 userInfoTables.db
SQLite version 3.16.0 2016-11-04 19:09:39
Enter ".help" for usage hints.
sqlite>
```

当 SQLite 运行成功后，无论是哪个操作系统平台，都会出现"sqlite>"这样的提示符，在其后面，用户即可输入 SQLite 命令操作。例如，如果用户需要获取可用命令的清单，可以在提示符"sqlite>"后面输入".help"。

```
sqlite>.help
```

常用的重要 SQLite 命令如表 7-5 所示，更为详细的介绍请参考 SQLite 官网的说明文档或相关资料。值得注意的是，以"."开头的 SQLite 命令是大小写敏感的，但是数据库中的表名大小写并不敏感，另外，应确保"sqlite>"提示符与命令之间没有空格，否则将无法正常工作。

表 7-5 常用的 SQLite 命令

命 令	描 述
.databases	列出附加数据库的名称和文件
.exit	退出 SQLite 提示符
.quit	退出 SQLite 提示符
.help	显示消息
.import FILE TABLE	导入来自 FILE 文件的数据到 TABLE 表中
.output FILENAME	发送输出到 FILENAME 文件
.output stdout	发送输出到屏幕
.print STRING...	逐字地输出 STRING 字符串
.read FILENAME	执行 FILENAME 文件中的 SQL
.schema ?TABLE?	显示 CREATE 语句。如果指定了 TABLE 表，则只显示匹配 LIKE 模式的 TABLE 表
.show	显示各种设置的当前值
.tables ?PATTERN?	列出匹配 LIKE 模式的表的名称
.header(s) ON|OFF	开启或关闭头部显示

命令	描述
.mode MODE	设置输出模式，MODE 可以是下列之一： ● csv 逗号分隔的值 ● column 左对齐的列 ● html HTML 的 \<table\> 代码 ● insert TABLE 表的 SQL 插入(insert)语句 ● line 每行一个值 ● list 由 .separator 字符串分隔的值 ● tabs 由 Tab 分隔的值 ● tcl TCL 列表元素

结合上述命令，用户在提示符"sqlite>"后面输入 SQL 语句，即可实现数据操作。数据操作的 SQL 语句可以结合 7.2.3 节的内容及第 3 章关于 SQL 语句的相关内容进行了解。例如，下面的代码将对表 userInfoTable 中的所有数据进行格式化显示。

```
sqlite>.header on
sqlite>.mode column
sqlite> SELECT * FROM userInfoTable;
```

查询的结果如图 7-8 所示。 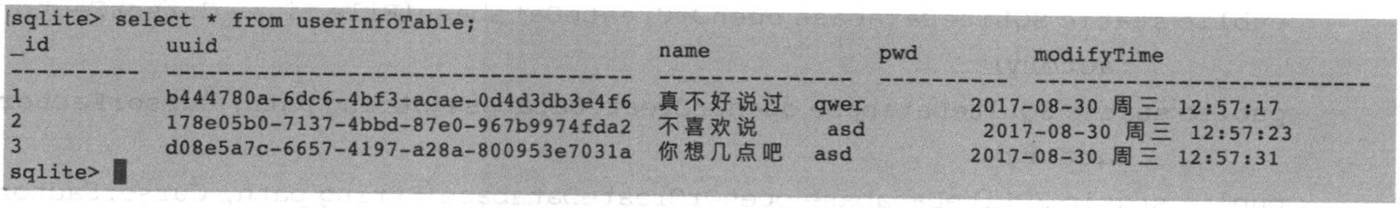

```
sqlite> select * from userInfoTable;
_id         uuid                                    name          pwd         modifyTime
----------  --------------------------------------  ------------  ----------  --------------------------
1           b444780a-6dc6-4bf3-acae-0d4d3db3e4f6    真不好说过     qwer        2017-08-30 周三 12:57:17
2           178e05b0-7137-4bbd-87e0-967b9974fda2    不喜欢说       asd         2017-08-30 周三 12:57:23
3           d08e5a7c-6657-4197-a28a-800953e7031a    你想几点吧     asd         2017-08-30 周三 12:57:31
sqlite>
```

图 7-8 SQLite 上的运行实例

下节将介绍在开发 Android 应用时相关的 SQLite 数据库文件，读者可以先把该 SQLite 数据库文件导出到本地计算机上，然后进行查看，详细的导出操作可参考 7.4 节中的具体内容。而导出到本地计算机上后，查看数据库文件的过程可参考本节内容进行操作。

7.3 Android SQLite 类和接口

Android SDK 中已经包含了 SQLite 的相关库，因此在 Android 系统中用户可以直接进行开发。但是如何将 Android 应用和 SQLite 结合起来，是本节需要讨论的内容。

Android 设备上的应用都有一个沙盒目录。将文件保存在沙盒中，可阻止其他应用甚至是设备用户的访问和窥探（设备被 root 后，用户可以随意访问各种目录和文件）。应用沙盒目录是/data/data/[your package name]的子目录，例如，本章应用 SQLiteDemo 的沙盒目录是/data/data/cn.edu.zjicm.sqlitedemo。在该应用中我们创建的数据库文件就存放在该沙盒目录下，并且显示为/data/data/cn.edu.zjicm.sqlitedemo/databases/userDBSchema.db。

下面将进一步探讨 Android 系统中与 SQLite 的相关类和接口，而这些类和接口封装了 SQLite 底层的 C API 接口。在充分了解这些基本内容之后，才能在 Android APP 开发中进行应用。

7.3.1 SQLiteDataBase 类

SQLiteDataBase 类在概念上非常容易理解，它与 SQLite C API 的底层数据库对象相似，换句话说它代表了一个数据库(底层就是一个数据库文件)。一旦应用程序获得了代表指定数据库的 SQLiteDataBase 对象，接下来就可以通过这个对象来管理和操作数据库了。

SQLiteDataBase 类包含了几十种方法，每个都有自己的用途。这些方法大部分都是用来完成一个简单的数据库任务，比如表的选择、插入、更新和删除。下文将重点介绍其中的一些重要方法，更为详细的介绍请大家参看 Android 官方文档内容。

1. 打开和关闭 SQLiteDataBase

SQLiteDataBase 提供了多种静态方法用于打开数据库文件，用法如下。

```
//openDatabase 方法打开 path 文件对应的数据库。
public static SQLiteDatabase openDatabase(String path, CursorFactory
        factory, int flags)
public static SQLiteDatabase openDatabase(String path, CursorFactory
        factory, int flags,DatabaseErrorHandler errorHandler)
//openOrCreateDatabase 如果不存在则先创建再打开数据库，如果存在则直接打开。
public static SQLiteDatabase openOrCreateDatabase(File file, CursorFactory
        factory)
public static SQLiteDatabase openOrCreateDatabase(String path, CursorFactory
        factory)
public static SQLiteDatabase openOrCreateDatabase(String path, CursorFactory
        factory,DatabaseErrorHandler errorHandler)
```

其中，openDatabase()函数是最常用的方法，返回 SQLiteDatabase 对象。参数 path 指定了 SQLite 数据库文件存放的位置，path 和关联的 factory 一起作为数据库的 CursorFactory。最后一个参数 flags 表明了打开数据库的方式，可在以下这 4 个选项中进行选择：

- OPEN_READWRITE：以读/写方式打开数据库；
- OPEN_READONLY：以只读方式打开数据库；
- CREATE_IF_NECESSARY：如果数据库不存在，先创建数据库；
- NO_LOCALIZED_COLLATORS：打开数据库，不支持 SQLite 本地化校对。

openOrCreateDatabase()函数是对 openDataBase()函数的重载，没有了 flags 参数，将用 CREATE_IF_NECESSARY 的方式打开数据库文件。第一个 openOrCreateDatabase()函数打开或创建(如果文件不存在)file 文件所代表的 SQLite 数据库，第二和第三个 openOrCreateDatabase()函数打开或创建(如果文件不存在)path 指定存放路径的 SQLite 数据库文件。

而当用户需要关闭数据库的时候，则需要调用以下函数。

```
void close()
```

这个函数不仅看上去很简单，用起来也很简单。但是需要注意的是，调用 close()函数之后，数据库就将被关闭，这之后任何在 SQLiteDataBase 对象上的查询都是不允许的。

2. 使用 SQLiteDataBase 类执行查询操作

Android 提供了多种函数在 SQLite 数据库中运行各种类型的查询，这些函数既包含了 SQL 语句函数，比如单一表格的插入、更新等，也包括执行 DML 和 DDL 的函数，用法如下。

```
//核心函数 execSQL
void    execSQL(String sql)
void    execSQL(String sql, Object[] bindArgs)

//核心函数 query
Cursor  query(boolean distinct, String table, String[] columns, String
              selection, String[] selectionArgs, String groupBy, String having,
              String orderBy, String limit)
Cursor  query(String table, String[] columns, String selection, String[]
              selectionArgs, String groupBy, String having, String orderBy, String limit)
Cursor  query(boolean distinct, String table, String[] columns, String
              selection, String[] selectionArgs, String groupBy, String having,
              String orderBy, String limit, CancellationSignal cancellationSignal)
Cursor  query(String table, String[] columns, String selection, String[]
              selectionArgs, String groupBy, String having, String orderBy)
Cursor  queryWithFactory(SQLiteDatabase.CursorFactory cursorFactory,
              boolean distinct, String table, String[] columns, String selection,
              String[] selectionArgs, String groupBy, String having, String
              orderBy, String limit, CancellationSignal cancellationSignal)
Cursor  queryWithFactory(SQLiteDatabase.CursorFactory cursorFactory,
              boolean distinct, String table, String[] columns, String selection,
              String[] selectionArgs, String groupBy, String having, String
              orderBy, String limit)

//核心函数 rawQuery
Cursor  rawQuery(String sql, String[] selectionArgs, CancellationSignal
              cancellationSignal)
Cursor  rawQuery(String sql, String[] selectionArgs)
Cursor  rawQueryWithFactory(SQLiteDatabase.CursorFactory cursorFactory,
              String sql, String[] selectionArgs, String editTable,
              CancellationSignal cancellationSignal)
Cursor  rawQueryWithFactory(SQLiteDatabase.CursorFactory cursorFactory,
              String sql, String[] selectionArgs, String editTable)
```

正如注释所示，尽管函数很多，但是真正的核心函数只有三个：execSQL()、query()、rawQuery()。

execSQL() 函数有一个参数 sql，这个参数是一个 SQL 语句。第二个 execSQL() 函数还带有一个参数 bindArgs，它可接收一个数组，数组中的每个成员捆绑了一个查询。execSQL() 函数的返回类型是 void，因此它主要被用于执行没有返回值的 SQL 语句，比如可以执行 INSERT、DELETE、UPDATE 和 CREATE/ALTER TABLE 之类的有更改行为的 SQL 语句等。

利用 query() 函数和 queryWithFactory() 函数，用户可在数据库中执行一些轻量级的单表查询语句，得到的返回值是 Cursor 对象。观察它们的参数可以发现，变量包括 table、columns、selection、selectionArgs、groupBy、having、orderBy 等。这些变量将 SQL 语句中的参数传递给相关 SQL 函数，而省略了 SQL 语句本身的关键字。

Cursor 是结果集游标，用于对结果集进行访问。Cursor 类中有几个较为常用的函数：

(1) moveToNext () 函数，可以将游标从当前行移动到下一行，如果已经移过了结果集的最后一行，返回结果为 False，否则为 True；

(2) moveToPrevious () 函数，用于将游标从当前行移动到上一行，如果已经移过了结果集的第一行，返回值为 False，否则为 True；

(3) moveToFirst () 函数，用于将游标移动到结果集的第一行，如果结果集为空，返回值为 False，否则为 True；

(4) moveToLast () 函数，用于将游标移动到结果集的最后一行，如果结果集为空，返回值为 False，否则为 True。

rawQuery () 和 rawQueryWithFactory () 这一组函数，它们的参数就是 SQL 查询语句，返回值是 Cursor 对象。这一组函数中都有一个能接收字符串的数组 selectionArgs 作为参数，通过这个参数，可将捆绑的 SQL 语句(即参数 sql)中的问号(?)，用这个数组中的值按照一一对应的位置进行取代(也就是说，参数 sql 中的第一个问号将被参数 selectionArgs 数组中的第一个元素所取代)。

query () 函数对比 rawQuery () 函数的好处在于，当用户用 rawQuery () 写入 SQL 语句的时候，有可能写错了或写漏了单词，而 query () 函数相对来讲出错的机率就比较小。这两者调用的都是同一个方法 rawQueryWithFactory () 函数。

如果为了防止 SQL 注入，推荐使用 query () 函数，由于该函数的参数每一段都是分开的。但是如果为了更好地跨平台，推荐使用 rawQuery () 函数，对原始 SQL 语句直接操作，在代码和处理效率上都有不小地提高，但是要做好 SQL 语句的异常处理。

这些函数更为详细的介绍，请参考 Android 官方文档。需要注意的是，query () 函数和 rawQuery () 函数有一个可选的参数 CursorFactory，这个参数是调用 SQLiteOpenHelper () 的返回值。关于 SQLiteOpenHelper，将在下一节中进行详细介绍。

3. 使用 SQLiteDataBase 类的便捷操作

SQLiteDatabase 专门提供了 insert ()、delete ()、update () 等快捷操作函数。这些函数实际上是设计给那些不太了解 SQL 语法的人使用的，对于熟悉 SQL 语法的程序员而言，直接使用 execSQL () 和 rawQuery () 函数执行 SQL 语句就能完成数据的添加、删除、更新、查询等操作。下面介绍 insert ()、delete ()、update () 函数。

(1) (long) insert (String table, String nullColumnHack, ContentValues values)

该函数用于添加数据，其内部实际上通过构造 INSERT 语句完成数据的添加。

该函数的第一个参数 table 指明了需要插入的表名，第二个参数 nullColumnHack 是空列的字段名称，需要添加的各个字段的数据使用第三个参数 ContentValues 进行存放。返回值是新插入行的行号，或者-1(发生错误)。

不管第三个参数 values 是否包含数据，执行 insert () 方法必然会添加一条记录，如果第三个参数为空，会添加一条除主码之外其他字段值为 NULL 的记录。此时，就需要在 insert () 方法的第二个参数中，指定空值字段的名称，用于满足这条 INSERT 语句的语法。INSERT 语句必须指定一个字段名，如：

```
INSERT INTO PERSON(NAME) VALUES(NULL);
```

若不指定字段名，INSERT 语句就成了：

```
INSERT INTO PERSON() VALUES();
```

这显然不满足标准 SQL 的语法。对于字段名，建议使用主码之外的字段。如果第三个参数 values 不为 NULL 并且元素的个数大于 0，可以把第二个参数设置为 NULL。

(2) (int) update (String table, ContentValues values, String whereClause, String[] whereArgs)

该函数用于更新数据，其内部实际上通过构造 UPDATE 语句完成数据的更新。该函数的 4 个参数分别为：table，需要进行更新的表名；values，新数据的各个字段数据；whereClause，where 子句的内容；whereArgs，where 子句中问号（?）对应的变量值。返回值为受影响的行数，如果没有返回 0。

(3) (int) delete (String table, String whereClause, String[] whereArgs)

该函数用于删除数据，其内部实际上通过构造 delete 语句完成数据的删除。该函数的 3 个参数分别为：table，需要进行删除操作的表名；whereClause，where 子句的内容；whereArgs，where 子句中？对应的变量值。返回值为受影响的行数，如果没有返回 0。

4. 使用 SQLiteDataBase 类管理事务

SQLiteDataBase 类中有很多方法是与事务相关的，启动、结束、管理等。其中主要包括了 4 类：beginTransaction()、endTransaction()、inTransaction() 和 setTransactionSuccessful()。

beginTransaction() 函数启动一个事务，endTransaction() 函数结束当前事务。决定事务是否提交或回滚，取决于事务是否被标注了"clean"。当应用需要提交事务，必须在程序执行到 endTransaction() 函数之前使用 setTransactionSuccessful() 函数。如果不存在事务或者事务已经是成功状态，那么 setTransactionSuccessful() 函数就会抛出异常。如果不调用 setTransactionSuccessful() 函数，默认会回滚事务。而 inTransaction() 函数用于测试是否存在活动事务，如果有，则返回 True。

7.3.2 SQLiteOpenHelper 类

SQLiteOpenHelper 是 Android 系统中一个非常重要的辅助类，用来管理数据库的建立和版本管理。这个类是抽象类，用户可进一步扩展。通常，用户在使用这个类时，会建立一个类继承它，并实现用户认为在创建、打开或使用数据库时的重要任务和行为，比如 onCreate() 和 onUpgrade() 方法。

SQLiteOpenHelper 的主要构造函数很简单，具体如下。

```
SQLiteOpenHelper(Context context, String name, SQLiteDatabase.CursorFactory
            factory, int version)
```

这个函数中的参数 context 定义了应用程序运行的环境，包含了应用程序所需的共享资源；参数 name 定义了数据库名字；参数 factory 包含了游标对象，用于存储查询数据库后的结果集；参数 version 指定了应用程序所用的数据库版本。

如果当前数据库版本和参数 version 指定的版本不一样，onUpgrade 方法就会被触发。除了 onUpgrade 方法之外，SQLiteOpenHelper 类中的其他重要的方法如下。

(1) onCreate(SQLiteDatabase db)：当数据库被首次创建时执行该方法，一般将创建表等初始化操作在该方法中执行。

(2) onUpgrade(SQLiteDatabase db, int oldVersion, int newVersion)：当打开数据库时传入的版本号与当前的版本号不同时会调用该方法。

(3) onOpen(SQLiteDatabase db)：当数据库被打开时调用。

(4) getReadableDatabase()：以只读的方式创建或打开 SQLiteOpenHelper 对象中指定的数据库。

(5) getWritableDatabase()：以读写的方式创建或打开 SQLiteOpenHelper 对象中指定的数据库。

(6) close()：关闭 SQLiteOpenHelper 对象中指定的数据库。

SQLiteOpenHelper 类的基本用法是：当需要创建或打开一个数据库并获得数据库对象时，首先根据指定的文件名创建一个辅助对象，然后调用该对象的 getWritableDatabase() 或 getReadableDatabase() 函数获得 SQLiteDatabase 对象。在下一节中，我们将在 Android 应用的搭建过程中，详细介绍 SQLiteOpenHelper 类的相关用法。

7.4 搭建 Android SQLite 应用

首先，应搭建好 Android 应用程序的开发环境，并掌握 Android 开发的基本知识。本节将介绍如何搭建基于 SQLite 的 Android 应用程序，其基本需求如下。

(1) 搭建一个简单的 Android 应用程序，用于用户信息的简单管理。

(2) 基本功能包括：显示所有用户信息、添加新用户、修改用户信息、删除用户记录及搜索用户。

明确了应用程序的简单需求之后，下面将使用上一节中介绍的相关知识创建 APP。需要注意的是，文中涉及的一些与 SQLite 无关的 Android 开发知识，请读者自行学习。

创建 APP 的过程，包含以下步骤。

(1) 在 Android Studio 中创建一个新的 Android 项目工程。

(2) 定义 UI 界面。

(3) 定义 Schema。

(4) 创建数据库相关内容。

(5) 运行并测试。

7.4.1 创建新项目工程

在开发具体 APP 之前，读者应先根据自己的机器系统下载并安装好 APP 开发的软件系统 Android Studio。本项目源代码是在 Android Studio 2.3.3 环境中编译运行成功的。源代码可在本书配套的教学资源包中下载。

启动 Android Studio，选择 "File→New→New Project"，在弹出的新建 Android 工程的一系列对话框中，根据自己的需要进行填写和选择，并以 "Empty Activity" 作为默认的 APP 模板完成新项目的创建，如图 7-9 所示，项目名称为 SqliteDataDemo。

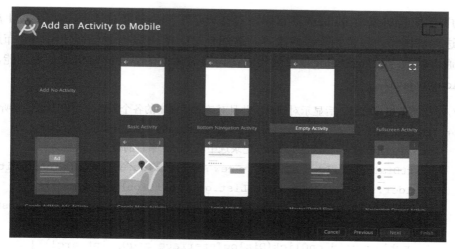

图 7-9 以 Empty Activity 模板创建新工程

具体的创建过程,请读者自行学习 Android 相关资料。

7.4.2 定义 UI 界面

UI 是 APP 展示给用户的界面,是最直观的交互呈现。结合 APP 的需求,这里设计了 3 个 xml 文件展示基本的 UI 界面,源代码可在本书配套的教学资源包中下载。

(1) activity_main.xml

这个页面展示的是 APP 的交互主页面,包含了展示数据、添加数据、搜索数据等功能,如图 7-10 所示,左侧为设计效果,右侧为最终的运行效果。

图 7-10 activity_main.xml 的设计效果(左图)和运行效果(右图)

当用户单击 listview 中的 item 条目时，设计显示了一个功能对话框，如图 7-11 所示，由用户进行进一步操作，包含删除、修改等。这部分 UI，在开发时并没有使用 xml 布局文件，而是直接通过函数 setUserDialog()中的代码在构造对话框的界面同时实现了其功能，代码如下(MainActivity.java)。

```java
//单击某条用户信息之后显示对话框，并且对该对话框中的各个按钮添加单击事件监听
protected void setUserDialog(int position) {
    final int p = position;//记录选中的item条目的位置
    AlertDialog.Builder builder = new AlertDialog.Builder(MainActivity.this);
    builder.setTitle(mUserDataList.get(position).getName());
    builder.setPositiveButton("修改", new DialogInterface.OnClickListener() {
        @Override
        public void onClick(DialogInterface arg0, int arg1) {
            //把选中的item条目展示在修改对话框中
            showChangeDialog(p);
        }
    });
    builder.setNegativeButton("取消", new DialogInterface.OnClickListener() {
        @Override
        public void onClick(DialogInterface arg0, int arg1) {
            //不做任何操作
        }
    });
    builder.setNeutralButton("删除", new DialogInterface.OnClickListener() {
        @Override
        public void onClick(DialogInterface arg0, int arg1) {
            //把选中的item条目在数据库中删除，然后更新数据列表内容
            mUserDataBaseOperate.deleteUserByName(mUserDataList.get(p)
                .getName());
            mUserDataList = mUserDataBaseOperate.queryAllUsers();
            mAdapter.notifyDataSetChanged();
        }
    });
    builder.create().show();
}
```

(2) modifyuser.xml

当用户单击图 7-11 所示对话框中的"修改"按钮时，需要用户输入详细的数据信息进行更新，运行的效果如图 7-12 所示。

这部分 UI，在本项目中是通过 modifyuser.xml 这个文件来实现的，它的设计代码比较简单，代码如下(modifyuser.xml)。

图 7-11 单击 item 时弹出的功能选择对话框　　图 7-12 单击"修改"按钮实现的 UI 界面

```xml
<?xml version="1.0" encoding="utf-8"?>
<LinearLayout xmlns:android="http://schemas.android.com/apk/res/android"
    android:layout_width="match_parent"
    android:layout_height="match_parent"
    android:background="@color/white"
    android:orientation="vertical" >

    <View
       android:layout_width="match_parent"
       android:layout_height="1dp"
       android:background="#EEEEEE" >
    </View>

    <RelativeLayout
       android:layout_width="match_parent"
       android:layout_height="55dp" >
       <!-- 文本输入框：新用户名 -->
     <EditText
           android:id="@+id/et_username_update"
           android:layout_width="match_parent"
           android:layout_height="match_parent"
           android:layout_alignParentLeft="true"
           android:layout_marginBottom="10dp"
           android:layout_marginLeft="20dp"
```

```xml
            android:layout_marginRight="20dp"
            android:layout_marginTop="10dp"
            android:background="@drawable/edittext_shape"
            android:gravity="start|center_vertical"
            android:hint="@string/username"
            android:textColorHint="@color/hint_text_color"
            android:imeOptions="actionDone"
            android:paddingLeft="20dp"
            android:maxLines="1"
            android:textColor="@android:color/black"
            android:textSize="16sp" />
    </RelativeLayout>

    <View
        android:layout_width="match_parent"
        android:layout_height="1dp"
        android:background="#EEEEEE" >
    </View>

    <RelativeLayout
        android:layout_width="match_parent"
        android:layout_height="55dp" >

        <!-- 文本输入框：新密码 -->
        <EditText
            android:id="@+id/et_userpwd_update"
            android:inputType="textPassword"
            android:layout_width="match_parent"
            android:layout_height="match_parent"
            android:layout_alignParentLeft="true"
            android:layout_marginBottom="10dp"
            android:layout_marginLeft="20dp"
            android:layout_marginRight="20dp"
            android:layout_marginTop="10dp"
            android:background="@drawable/edittext_shape"
            android:gravity="start|center_vertical"
            android:hint="@string/userpwd"
            android:textColorHint="@color/hint_text_color"
            android:imeOptions="actionDone"
            android:paddingLeft="20dp"
            android:maxLines="1"
            android:textColor="@android:color/black"
            android:textSize="16sp" />
    </RelativeLayout>

</LinearLayout>
```

而这个布局文件，将在函数 showChangeDialog()中通过调用 inflate()方法来实现，代码如下(MainActivity.java)。

```java
//对话框，用户修改用户信息
protected void showChangeDialog(final int posi) {
    final int position = posi;//选中的item位置
    final String username = mUserDataList.get(position).getName();
                                            //选中item中的用户名
    AlertDialog.Builder builder = new AlertDialog.Builder(this);
    View view = LayoutInflater.from(this).inflate(R.layout.modifyuser, null);
    final EditText nameEt = (EditText)view.findViewById(R.id.et_username
            _update);                       //修改后的用户名
    final EditText pwdEt = (EditText)view.findViewById(R.id.et_userpwd
            _update);                       //修改后的密码
    builder.setView(view);
    builder.setTitle(username);
    builder.setPositiveButton(R.string.ok, new DialogInterface.OnClickListener() {
        @Override
        public void onClick(DialogInterface dialog, int which) {
            //单击确认"修改"按钮事件
            if(pwdEt.getText().toString().length()>0 && nameEt.getText()
                    .toString().length()>0){
                //确保新用户名和新密码不为空，然后进行实例化
                UserBean user = new UserBean(mUserDataList.get(posi).getId());
                user.setName(nameEt.getText().toString());
                user.setPwd(pwdEt.getText().toString());
                mUserDataBaseOperate.updateUser(user);
                                //根据原来的用户名进行定位，然后更新数据
                mUserDataList = mUserDataBaseOperate.queryAllUsers();
                mAdapter.notifyDataSetChanged();
            }
        }
    });
    builder.setNegativeButton(R.string.cancel, new DialogInterface.OnClickListener() {
        @Override
        public void onClick(DialogInterface dialog, int which) {
            dialog.cancel();
        }
    });
    builder.create().show();
}
```

(3) sqlite_listitem.xml

这个布局文件展示了在listview中每个item的展示效果，实际运行效果如图7-13所示。

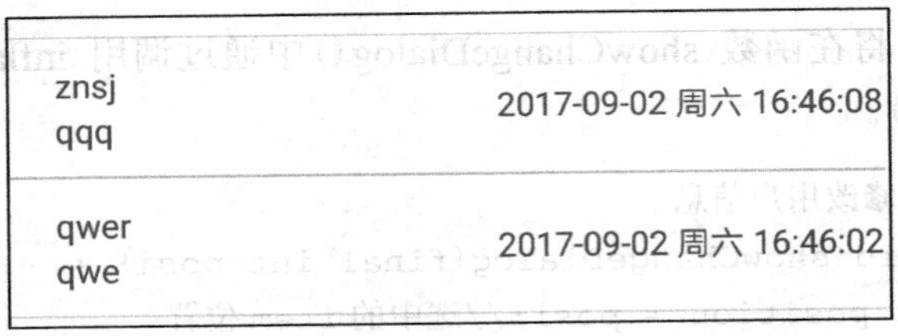

| znsj
qqq | 2017-09-02 周六 16:46:08 |
| qwer
qwe | 2017-09-02 周六 16:46:02 |

图 7-13　listview 中的每个 item 布局效果

具体的实现过程也比较简单，代码如下(sqlite_listitem.xml)。

```xml
<?xml version="1.0" encoding="utf-8"?>
<LinearLayout xmlns:android="http://schemas.android.com/apk/res/android"
    android:layout_width="wrap_content"
    android:layout_height="match_parent"
    android:orientation="horizontal" >

    <LinearLayout
        android:layout_width="0dp"
        android:layout_height="wrap_content"
        android:layout_weight="1"
        android:layout_marginLeft="20dp"
        android:layout_marginRight="20dp"
        android:layout_marginTop="10dp"
        android:layout_marginBottom="10dp"
        android:orientation="vertical">

        <!-- 文本显示用户名 -->
        <TextView
            android:id="@+id/tv_userName"
            android:layout_width="wrap_content"
            android:layout_height="0dp"
            android:layout_weight="1"/>

        <!-- 文本显示密码 -->
        <TextView
            android:id="@+id/tv_pwd"
            android:layout_width="wrap_content"
            android:layout_height="0dp"
            android:layout_weight="1"/>
    </LinearLayout>

    <!-- 文本显示创建或者最近一次更新时间 -->
    <TextView
        android:id="@+id/tv_modifyTime"
        android:layout_width="0dp"
        android:layout_height="match_parent"
        android:layout_gravity="center_vertical"
        android:gravity="center"
```

```
            android:layout_weight="1"/>
    </LinearLayout>
```

这个布局文件,是在 listview 定义的时候进行调用的。而在本项目中通过 BaseAdapter 的扩展类 MyAdapter 及辅助类 ViewHolder 对 listview 的界面和交互事件进行了定义,代码如下 (MainActivity.java)。

```java
        public class MyAdapter extends BaseAdapter {
            LayoutInflater inflater;

            public MyAdapter(Context context) {
                this.inflater = LayoutInflater.from(context);
            }

            @Override
            public int getCount() {//获得item数量
                if (null == mUserDataList) {
                    return 0;
                }
                return mUserDataList.size();
            }

            @Override
            public Object getItem(int position) {
                return position;
            }

            @Override
            public long getItemId(int position) {
                return position;
            }

            @Override
            public View getView(int position, View convertView, ViewGroup parent) {
                //对每个item进行布局展示
                final ViewHolder holder;
                final int mPosition = position;
                if (convertView == null) {
                    holder = new ViewHolder();
                    convertView = inflater.inflate(R.layout.sqlite_listitem, null);
                    holder.userName = (TextView) convertView
                            .findViewById(R.id.tv_userName);
                    holder.userPwd = (TextView) convertView
                            .findViewById(R.id.tv_pwd);
                    holder.userModifyTime = (TextView) convertView
                            .findViewById(R.id.tv_modifyTime);
                    convertView.setTag(holder);
                } else {
```

```
                holder = (ViewHolder) convertView.getTag();
            }
            holder.userName.setText(mUserDataList.get(position)
                    .getName());
            holder.userPwd.setText(mUserDataList.get(position)
                    .getPwd());
            holder.userModifyTime.setText(mUserDataList.get(position)
                    .getModifyTime()+"");
            return convertView;
        }
    }

    class ViewHolder {
        TextView userName,userPwd,userModifyTime;
    }
```

结合上述 3 个布局文件，还需要进一步完善与布局相关的功能，这部分代码需要在工程项目创建时生成的 MainActivity.java 中完成，完整代码可在本书配套的教学资源包中找到。

7.4.3 定义 schema

创建数据库前，首先要清楚存储什么样的数据。本节中，APP 要保存的是一条条用户创建账号时的基本信息的记录，为此我们定义了如表 7-6 所示的数据表。

表 7-6 保存基本信息的数据表

_id	uuid	name	pwd	modifyTime
1	e54226f5-6f1d-4d20-97fe-4daf7af7ea4f	aaa	111	2017-09-03 周日 07:29:49
2	8e9c0ac1-0ec9-4825-8733-7011ca25bb10	bbb	222	2017-09-03 周日 07:29:54
3	f4da35db-e5ba-4ffd-baf5-17984f0d5258	ccc	333	2017-09-03 周日 07:30:00
4	0e641ce5-178e-49e6-9f8d-9de4b02ad253	abc	123	2017-09-03 周日 07:30:06

定义 schema 的方式众多，如何选择往往因人而异。但是都应遵守的编程准则是：多花时间思考复用代码的编写和调用，避免在应用中到处使用重复代码。

基于上述准则，本节直接在代码中定义了描述表名和数据字段的数据库 schema。

首先，在包名下创建 db 文件夹，后续所有与数据库操作相关的文件都将放入这个专门的包中，从而实现数据库操作相关代码的组织和归类，如图 7-14 所示。

然后，创建定义 schema 的 Java 类，将其命名为 "UserDBSchema"，并将 UserDBSchema.java 文件放入专门的 db 包中。

最后，在 UserDBSchema 类中，再定义一个描述数据表的内部类 UserTable，并在这个内部类中定义描述数据表元素的 String 常量，包括数据库表名（TABLE_NAME）及各数据表字段，代码如下（UserDBSchema.java）。

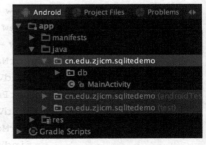

图 7-14 创建 db 文件夹

```java
public class UserDBSchema {                          //定义数据库模式
    public static final class UserTable{             //定义数据表
        public static final String TABLE_NAME = "userInfoTable";

        public static final class Cols{              //定义数据表中的各个属性列
            public static final String UUID = "uuid";
            public static final String NAME = "name";
            public static final String PWD = "pwd";
            public static final String DATE = "modifyTime";
        }
    }
}
```

有了这些数据表元素,就可以在 Java 代码中安全地引用数据库中的各个字段。此外,这种定义方式还给修改字段名称或新增表元素带来了方便。

为了能减少代码重复率并且方便日后的维护,针对数据库字段,我们构建了模型类 UserBean,在这个类中封装了与数据库字段对应的属性,并且提供了 getter 和 setter 方法。该类的属性声明和构造函数代码如下,完整代码可在本书配套的教学资源包中找到 (UserBean.java)。

```java
public class UserBean {
    private UUID mId;                     //用户 ID
    private String mName;                 //用户姓名
    private String mPwd;                  //用户密码
    private String mModifyTime;           //用户创建时间

    public UserBean(UUID id) {
        mId = id;

        //格式化用户创建时间
        Date date = new Date(System.currentTimeMillis());
        SimpleDateFormat format = new SimpleDateFormat("yyyy-MM-dd E HH:mm:ss");
        mModifyTime = format.format(date);
    }
    ……
}
```

7.4.4 创建数据库相关内容

本项目中,最核心的是与数据库相关的内容,本节将对这部分内容进行详细介绍。

1. 创建初始数据库和表

定义完数据库 schema,就可以创建数据库了。建议读者遵循以下步骤来创建初始数据库:
(1) 确认目标数据库是否存在;
(2) 如果不存在,首先创建数据库,然后创建数据库表以及进行必需的数据初始化;

(3) 如果存在，则打开并确认 UserDBSchema 是否是最新版本（留给读者自己进行扩展）；
(4) 如果是旧版本，则运行相关代码升级到最新版本。

上述这些步骤，可以通过 7.3.2 节介绍的 SQLiteOpenHelper 类来进行处理。

首先，在数据库包 db 中创建 UserDBHelper 类，代码如下（UserDBHelper.java）。

```java
public class UserDBHelper extends SQLiteOpenHelper {

    //连接指定的数据库并创建表
    private static String USER_DATABASE_NAME = "userDBSchema.db";
    private static int version = 1;
    private final String USER_DATABASE_CREATE ="create table IF NOT EXISTS"
        + UserTable.TABLE_NAME+"("+
        "_id integer primary key autoincrement, " +
        UserTable.Cols.UUID + ", " +
        UserTable.Cols.NAME + ", " +
        UserTable.Cols.PWD + ", " +
        UserTable.Cols.DATE+ ")";

    private static UserDBHelper mInstance = null;
    private static Context mContext;

    public static UserDBHelper getInstance(Context context) {
        if (null == mInstance) {
            mInstance = new UserDBHelper(context);//创建单例
            mContext = context;
        }
        return mInstance;
    }

    private UserDBHelper(Context context) {
        super(context, USER_DATABASE_NAME, null, version);
    }

    @Override
    public void onCreate(SQLiteDatabase db) {
        //创建数据表
        db.execSQL(USER_DATABASE_CREATE);
    }

    @Override
    public void onUpgrade(SQLiteDatabase arg0, int arg1, int arg2) {

    }
}
```

UserDBHelper 类的构造函数创建了 SQLiteDatabase 数据库对象，onCreate() 函数可完成创建基本表等工作。一旦 UserDBHelper 对象创建成功，即可利用函数 getWritableDatabase() 获取相关的数据库文件，然后用于数据库的各项操作中。在本项目中，我们为数据库的各项操作定义了一个类：UserDataBaseOperate，其具体内容将在后面详细描述。而 getWritableDatabase()这个函数的调用是在 MainActivity 类的初始化工作即 onCreate()函数中完成的，相关代码片段如下（MainActivity.java）。

```java
public class MainActivity extends Activity implements
        View.OnClickListener,OnItemClickListener {
    ……
    @Override
    protected void onCreate(Bundle savedInstanceState) {
        super.onCreate(savedInstanceState);
        setContentView(R.layout.activity_main);
        //创建 UserDBHelper 实例
        mUserDBHelper = UserDBHelper.getInstance(this);
        //创建 UserDataBaseOperate 实例
        mUserDataBaseOperate = new
        UserDataBaseOperate(mUserDBHelper.getWritableDatabase());
        //获取数据表中的所有数据
        mUserDataList = mUserDataBaseOperate.queryAllUsers();
        initView();
    }
    ……
}
```

调用 getWritableDatabase()函数时，UserDBHelper 要做如下工作。

（1）打开/data/data/cn.edu.zjicm.sqlitedemo/databases/userDBSchema.db 数据库；如果不存在，就先创建 userDBSchema.db 数据库文件。

（2）如果是首次创建数据库，就调用 onCreate(SQLiteDatabase)方法，然后保存最新的版本号。

（3）如果已创建过数据库，则需要检查它的版本号。如果 UserDBHelper 中的版本号更高，则调用 onUpgrade()方法进行升级。

综上所述，UserDBHelper 类的 onCreate(SQLiteDatabase)函数负责创建初始数据库；onUpgrade(SQLiteDatabase, int, int)函数负责与升级相关的工作。

因为本项目当前只有一个版本，暂时可以不使用 onUpgrade()函数。在 onCreate()函数中，创建数据库表的代码如下（UserDBHelper.java）。

```java
@Override
public void onCreate(SQLiteDatabase db) {
    //创建数据表
    db.execSQL(USER_DATABASE_CREATE);
}
```

一旦数据库创建成功，创建的数据库文件存储的位置通常是：/data/data/your.app.package/databases/数据库名称。

如果需要在 Android 应用的开发过程中访问其他 SQLite 创建的数据库文件(.db)，这时建议读者可以在 Android 工程里找到 assets 目录，将数据库 db 文件放在该目录下。准备就绪之后，用代码以流文件的方式读取 assets 目录下的数据库文件内容，然后输出到应用中新创建的数据库文件中。具体实现过程这里不进行详细介绍，有需要的读者可参考以下链接（https://blog.reigndesign.com/blog/using-your-own-sqlite-database-in-android-applications/）。

如何查看数据库文件，将在 7.4.5 节中进行详细介绍。

接下来将详细介绍如何在 Android 开发中实现数据库的操作。为了能让用户对数据库的各种操作更加明确清晰，且便于数据库的扩展和维护，本项目专门建立了一个类 UserDataBaseOperate，用于管理数据库操作。UserDataBaseOperate 类基本内容的部分代码如下（UserDataBaseOperate.java）。

```java
public class UserDataBaseOperate {          //实现数据库相关操作

    protected SQLiteDatabase mDB = null;

    public UserDataBaseOperate(SQLiteDatabase db) {
        if (null == db) {
            throw new NullPointerException("The db cannot be null.");
        }
        mDB = db;
    }

    //将 UserBean 转为 ContentValues 实例
    private static ContentValues getContentValues(UserBean user){ }

    //在表中插入新用户数据
    public long insertUser(UserBean user) { }

    //修改表中已有的用户数据
    public long updateUser(UserBean user) { }

    //清除表中所有数据
    public long deleteAll() { }

    //清除表中指定名字的用户数据
    public long deleteUserByName(String name){ }

    //根据指定条件进行查询
    private UserCursorWrapper queryUsers(String whereClause,
                    String[] whereArgs, String orderBy){ }
}
```

2. 写入数据库

要使用 SQLiteDatabase 类，数据库中首先要有数据。数据库的写入操作包括：
- 向 UserTable 表中插入新记录；
- 在 UserBean 数据变更时更新原始记录。

(1) 使用 ContentValues 类

负责处理数据库插入、修改和删除操作的辅助类是 ContentValues。它是个键值存储类，类似于 Android 中的 Bundle。不同的是，ContentValues 只能用于处理 SQLite 数据。为此，需要将 UserBean 记录转换为 ContentValues。因此要新建一个私有方法 getContentValues，代码如下 (UserDataBaseOperate.java)。

```java
//将 UserBean 转为 ContentValues 实例
private static ContentValues getContentValues(UserBean user){
    ContentValues values = new ContentValues();
    values.put(UserTable.Cols.UUID, user.getId().toString());
    values.put(UserTable.Cols.NAME, user.getName());
    values.put(UserTable.Cols.PWD, user.getPwd());
    values.put(UserTable.Cols.DATE, user.getModifyTime());

    return values;
}
```

需要注意的是，ContentValues 的键就是数据表字段，除 _id 由数据库自动创建以外，其他所有数据表字段都要由编码指定。

(2) 添加、修改和删除数据

准备好 ContentValues，就可以对数据库进行数据的添加、修改和删除操作了。添加数据的实现过程由函数 insertUser() 完成，代码如下 (UserDataBaseOperate.java)。

```java
//在表中插入新用户数据
public long insertUser(UserBean user) {
    ContentValues values = getContentValues(user);
    return mDB.insert(UserTable.TABLE_NAME, null, values);
}
```

当用户在文本输入框中输入需要添加的用户名和密码之后，单击"添加"按钮，如图 7-15 所示，此时调用的正是 insertUser() 函数。

图 7-15 添加用户

调用 insertUser() 函数的相关逻辑功能实现的部分代码如下 (MainActivity.java)。

```java
@Override
public void onClick(View arg0) {
    switch (arg0.getId()) {
    ……
        case R.id.tv_insert:                    //单击"插入"按钮的事件
            String name =mEdTtInsert.getText().toString();
```

```
                    String pwd = mEdTtPwd.getText().toString();
        if(null == name || name.length()==0
           ||null==pwd||pwd.length()==0)return;  //确保输入的用户名或密码不为空
           UserBean user = new UserBean(UUID.randomUUID());//创建新用户实例
           user.setName(name);
           user.setPwd(pwd);
        mUserDataBaseOperate.insertUser(user);  //将新用户插入数据库中
        mEdTtInsert.setText("");
        mEdTtPwd.setText("");
        mUserDataList = mUserDataBaseOperate.queryAllUsers();
                       //将插入后的数据库内容更新显示在listview组件内
        mAdapter.notifyDataSetChanged();
        break;
    ......
    }
}
```

修改数据的过程由函数 updateUser()来实现,代码如下(UserDataBaseOperate.java)。

```
//修改表中已有的用户数据
public long updateUser(UserBean user) {
   String uuidString = user.getId().toString();
   ContentValues values = getContentValues(user);
   return mDB.update(UserTable.TABLE_NAME, values,
      UserTable.Cols.UUID+" = ? ",
      new String[]{uuidString});
}
```

用户在列表中选中要修改的用户数据,并在弹出的对话框中单击"修改"按钮,如图 7-16 所示,此时调用的正是 updateUser()函数。

图 7-16 修改用户

而调用 updateUser()函数的相关逻辑功能,是在 showChangeDialog()函数中实现的,部分代码如下(MainActivity.java)。

```
//对话框,用户修改用户信息
protected void showChangeDialog(final int posi) {
   final int position = posi;                     //选中的item位置
   final String username = mUserDataList.get(position).getName();
                                                   //选中item中的用户名
   AlertDialog.Builder builder = new AlertDialog.Builder(this);
```

```java
            View view = LayoutInflater.from(this).inflate(R.layout.modifyuser, null);
            final EditText nameEt = (EditText)view.findViewById(R.id.et_username
                    _update);                      //修改后的用户名
            final EditText pwdEt = (EditText)view.findViewById(R.id.et_userpwd
                    _update);                      //修改后的密码
            builder.setView(view);
            builder.setTitle(username);
            builder.setPositiveButton(R.string.ok, new DialogInterface.OnClickListener() {
                @Override
                public void onClick(DialogInterface dialog, int which) {
                    //单击确认"修改"按钮事件
                    if(pwdEt.getText().toString().length()>0 && nameEt.getText()
                            .toString().length()>0){
                        //确保新用户名和新密码不为空,然后进行实例化
                        UserBean user = new UserBean(mUserDataList.get(posi).getId());
                        user.setName(nameEt.getText().toString());
                        user.setPwd(pwdEt.getText().toString());
                        mUserDataBaseOperate.updateUser(user);
                                            //根据原来的用户名进行定位,然后更新数据
                        mUserDataList = mUserDataBaseOperate.queryAllUsers();
                        mAdapter.notifyDataSetChanged();
                    }
                }
            });
            builder.setNegativeButton(R.string.cancel, new DialogInterface.OnClickListener() {
                @Override
                public void onClick(DialogInterface dialog, int which) {
                    dialog.cancel();
                }
            });
            builder.create().show();
        }
```

删除数据的实现过程在本项目中可用两种不同的方式完成,其具体实现过程的代码如下(**UserDataBaseOperate.java**)。

```java
//第一种方式,清除表中所有数据
public long deleteAll() {
    return mDB.delete(UserTable.TABLE_NAME, null, null);
}

//第二种方式,清除表中指定名字的用户数据
public long deleteUserByName(String name){
    return mDB.delete(UserTable.TABLE_NAME,
        UserTable.Cols.NAME+" = ? ",
        new String[]{name});
}
```

上述的两种方式,一种是删除所有的数据,即调用函数 deleteAll() 来实现,这是当单击"清空数据库"按钮时实现的,如图 7-17 所示。

```
UserDBSchema数据库中的相关数据内容:

znsj
qpp                          2017-09-02 周六 16:46:08

qwer
qwe                          2017-09-02 周六 16:46:02

              清空数据库
```

图 7-17 清空数据库

调用 deleteAll() 函数的相关逻辑功能的实现代码如下(MainActivity.java)。

```java
@Override
public void onClick(View arg0) {
    switch (arg0.getId()) {
    ……
        case R.id.tv_clear_history:            //单击"清空数据库"按钮的事件
          mUserDataBaseOperate.deleteAll();    //删除数据库中的所有数据
          mUserDataList = mUserDataBaseOperate.queryAllUsers();
                          //将清空后的数据库内容显示在listview组件内
          mAdapter.notifyDataSetChanged();
            break;
    ……
    }
}
```

另一种删除指定用户名相关数据的方法由函数 deleteUserByName() 来实现。这时需要用户在列表中选中要删除的用户数据,并在弹出的对话框中单击"删除"按钮,如图 7-16 所示。

调用 deleteUserByName() 函数的相关逻辑功能,是在 setUserDialog() 函数中实现的,部分代码如下(MainActivity.java)。

```java
protected void setUserDialog(int position) {
    final int p = position;
    AlertDialog.Builder builder = new AlertDialog.Builder(MainActivity.this);
    builder.setTitle(mUserDataList.get(position).getName());
    builder.setNeutralButton("删除", new DialogInterface.OnClickListener() {
        @Override
        public void onClick(DialogInterface arg0, int arg1) {
            //把选中的item条目在数据库中删除,然后更新数据列表内容
            mUserDataBaseOperate.deleteUserByName(mUserDataList.
            get(p).getName());
            mUserDataList = mUserDataBaseOperate.queryAllUsers();
            mAdapter.notifyDataSetChanged();
        }
```

```
            });
            ......
            builder.create().show();
        }
```

需要注意的是，在上述三个函数中，使用了 SQLiteDataBase 类中的 insert()、update()、delete() 三个数据库操作函数，请读者结合 7.3.1 节的相关内容进行学习。如果需要了解更多的用法和内容可参考 Android 官方文档。

3. 查询数据

读取 SQLite 数据库中的数据需要用到 SQLiteDataBase 类中的 query() 函数。这个函数有多个重载版本，本项目使用的版本如下。

```
Cursor query(boolean distinct, String table, String[] columns,
        String selection, String[] selectionArgs, String groupBy,
        String having,String orderBy, String limit)
```

本项目中创建的核心查询函数为 queryUsers()，代码如下 (UserDataBaseOperate.java)。

```
//根据指定条件进行查询
private UserCursorWrapper queryUsers(String whereClause, String[] whereArgs,
            String orderBy){
    Cursor cursor = mDB.query(
        UserTable.TABLE_NAME,
        null,          //columns - null selects all columns
        whereClause,
        whereArgs,
        null,          // groupBy
        null,          //having
        orderBy        //orderBy
    );
    return new UserCursorWrapper(cursor);
}
```

需要注意的是，queryUsers() 函数返回的是一个自定义类对象 UserCursorWrapper。而这个自定义类正是对 CursorWrapper 类的扩展。那么，什么是 CursorWrapper 类呢？

这要从 Cursor 类开始说起。Cursor 类是表数据处理工具，其任务就是封装数据表中的原始字段值。从 Cursor 类获取数据的代码如下。

```
String uuidString = cursor.getString(cursor.getColumnIndex(UserTable.Cols.UUID));
String name = cursor.getString(getColumnIndex(UserTable.Cols.NAME));
String strDate = cursor.getString(getColumnIndex(UserTable.Cols.DATE));
String pwd = cursor.getString(getColumnIndex(UserTable.Cols.PWD));
```

每次从 Cursor 类中取出一条 UserBean 记录，以上代码都要重复写一次，这还不包括按照这些字段创建 UserBean 实例的代码。显然，这种情况并没有考虑前面说过的代码复用原则。为了避免重复代码，本项目中利用 CursorWrapper 类创建可复用的专用 Cursor 子类。换言之，CursorWrapper 类能够封装一个个 Cursor 的对象，并允许在其上添加新的方法。具体实现的代码如下 (UserCursorWrapper.java)。

```java
public class UserCursorWrapper extends CursorWrapper {
    public UserCursorWrapper(Cursor cursor) {
        super(cursor);
    }

    //从数据库的查询结果集中读取指定用户信息，并将其转换为 UserBean 实例
    public UserBean getUser(){
        String uuidString = getString(getColumnIndex(UserTable.Cols.UUID));
        String name = getString(getColumnIndex(UserTable.Cols.NAME));
        String strDate = getString(getColumnIndex(UserTable.Cols.DATE));
        String pwd = getString(getColumnIndex(UserTable.Cols.PWD));

        //实例化
        UserBean user = new UserBean(UUID.fromString(uuidString));
        user.setName(name);
        user.setPwd(pwd);
        user.setModifyTime(strDate);

        return user;
    }
}
```

在 UserCursorWrapper 类中，增加了一个获取相关字段值的 getUser()函数。通过这个函数，可以从数据库的查询结果集中获取数据并且转换成 UserBean 对象。基于此，继续丰富查询的方法，扩展为两个较为常用的函数 querySpecUserByName()和 queryAllUsers()，代码如下（UserDataBaseOperate.java）。

```java
//根据指定的用户名字进行查询
public List<UserBean> querySpecUserByName(String name){

    List<UserBean> userList = new ArrayList<UserBean>();
    //模糊查询
    UserCursorWrapper cursorWrapper = queryUsers(UserTable.Cols.NAME + " like ? ",
        new String[] {"%"+name+"%"}, UserTable.Cols.DATE + " desc");
    try {
        cursorWrapper.moveToFirst();
        while (!cursorWrapper.isAfterLast()){
            userList.add(cursorWrapper.getUser());
            cursorWrapper.moveToNext();
        }
    }finally {
        cursorWrapper.close();
    }
    return userList;
}

//查询并展示所有用户数据
```

```java
public List<UserBean> queryAllUsers(){
    //order by modifytime desc
    List<UserBean> userList = new ArrayList<>();
    UserCursorWrapper cursorWrapper = queryUsers(null, null, UserTable.Cols.DATE
            + " desc");

    try {
        cursorWrapper.moveToFirst();
        while (!cursorWrapper.isAfterLast()){
            userList.add(cursorWrapper.getUser());
            cursorWrapper.moveToNext();
        }
    }finally {
        cursorWrapper.close();
    }

    return userList;
}
```

用户在文本输入框中输入想要查询的名字,然后单击"搜索"按钮,如图 7-18 所示,此时调用的查询方法是 querySpecUserByName()。

图 7-18 搜索框

相关逻辑功能的实现的部分代码如下(MainActivity.java)。

```java
public void onClick(View arg0) {
    switch (arg0.getId()) {
        case R.id.tv_search:                                    //单击"搜索"按钮的事件
            mUserDBHelper.getReadableDatabase();     //以只读方式连接数据库
            String nameSearch = mEdTtSearch.getText().toString();
            if(null == nameSearch || nameSearch.length() == 0)return;
                                                                //确保输入的用户名不为空
            mUserDataList = mUserDataBaseOperate.querySpecUserByName
                    (nameSearch);                               //查询
            mAdapter.notifyDataSetChanged();     //将查询结果显示在 listview 组件内
            break;
        ……
    }
}
```

而当用户每次打开 APP 或者对数据进行插入、修改和删除操作之后，列表中的数据就会被刷新，这时候需要调用 queryAllUsers() 函数，相关逻辑功能实现的部分代码如下（MainActivity.java）。

```
mUserDataList = mUserDataBaseOperate.queryAllUsers();
mAdapter.notifyDataSetChanged();
```

7.4.5 查看数据库文件

结合上述内容完成 Android 应用 SQLiteDemo 的开发之后，读者可以在自己的 Android 设备上添加、修改和删除用户，并且可以搜索用户。但是除在 APP 中查看用户数据之外，我们是否还能通过其他方式对数据库中的数据进行管理呢？答案是肯定的。我们可以利用 ADB shell 导出 APP 中的数据库文件，进行查看。下面将详细介绍该过程。

如果用户在 Android 应用开发中进行调试的设备是有 root 权限的，这就意味着用户有权限通过 Android Studio 自带的 Android Device Manager 或者 ADB shell 直接访问应用的沙盒目录。但是更多的用户对设备并没有 root 权限，因此无法访问沙盒目录中的数据库文件。那么如果我们需要对沙盒中的数据库文件进行操作怎么办？可以借助 ADB shell 把数据库文件进行导出，保存到计算机中之后再通过 7.2.4 节中介绍的 SQLite 命令来进行操作。

Android Debug Bridge（ADB）是 Android 的一个通用调试工具，它可以更新设备或模拟器中的代码，可以管理预定端口，可以在设备上运行 shell 命令。众所周知，Android 是基于 Linux 内核的系统，它的内部文件结构也采用 Linux 的文件组织方式，因此访问它的文件结构需要使用 shell。

需要注意的是，利用 ADB shell 导出数据库文件时，其实并非直接导出到计算机中，而是先将数据库文件从沙盒目录中复制到我们拥有更多权限的 sdcard 目录下，然后再从 sdcard 目录保存到计算机中。具体执行的过程如下。

第一步，利用 ADB 连接 Android 设备或模拟器。此时，必须确保 Android 设备已经通过 USB 数据线连接到了计算机上或者已经成功启动了 Android 模拟器。不论用户的计算机是什么操作系统，首先都需要切换到 android-sdk 中的 platform-tools 目录下。在 Windows 系统下，在命令提示符 cmd 窗口中，运行该目录下的 adb.exe；在 Mac OS X 或者 Linux 系统下，可直接运行 ADB 命令。不论是在哪个操作系统下进行操作，在运行 ADB 命令时，都需要加上参数 devices。运行成功之后，即显示计算机已经连接的 Android 设备或者模拟器，结果如下。

```
D:\android-sdk\platform-tools>adb devices
List of devices attached
TEV0217526001388device
```

第二步，连接成功后，执行 ADB shell 命令，进入 Android 设备的系统中，然后用户即可在 shell 指令界面中使用所有的 Linux 命令进行操作。在下面的代码中，提示符"HWLON:/ $"意味着已成功进入了 Android 设备的系统中，在 Windows 环境下，Android 设备的系统提示符也可能是"#"。

```
D:\android-sdk\platform-tools>adb shell
HWLON:/ $
```

第三步，执行下述代码，将数据库文件导出到本地计算机中，保存的路径为当前命令行所在的目录。

```
$ run-as 包名
$ cp ./databases/数据库文件名 /sdcard/
$ exit
$ exit
adb pull /sdcard/你的数据库名
```

例如，本章构建的应用包名为 cn.edu.zjicm.sqlitedemo，而数据库名为 userDBSchema.db，当前命令行所在目录为 D:\android-sdk\platform-tools\，则具体的执行命令如下。

```
$ run-as cn.edu.zjicm.sqlitedemo
$ cp ./databases/userDBSchema.db  /sdcard/
$ exit
$ exit
adb pull /sdcard/userDBSchema.db
```

运行成功后，本机的 D:\android-sdk\platform-tools\目录下就会生成一个 userDBSchema.db 文件。读者可以借助可视化工具或者 7.2.4 节中介绍的命令对数据库文件进行操作。

7.5　SQLite 应用的注意事项

SQLite 为 Android 应用提供了一种十分有效的数据存储、备份和恢复的方法，实现了数据的永久化存储。但是如果用户触发了 Android 设备的复位键，备份的数据就有可能会丢失。除此之外，SQLite 还存在着一些弊端，在应用时需要注意。

（1）SQLite 在设计和开发之初的定位注定了其不适合做大型数据库。在理论上，一个数据库文件可以有 2TB 大小。日志子系统的内存开销和数据库大小是成比例的，对于每个事务，无论事务实际是写还是读，SQLite 为每个数据库页维护一个内存信息位，默认的页大小是 1024 字节。即使如此，对一个有超过几百万页的数据库，内存开销可能成为一个严重的问题。这个问题尤其是在硬件和资源有限制的 Android 设备上更为严重。

（2）SQLite 只支持平面事务，它没有嵌套和营救点能力。嵌套意味着在一个事务中可以有子事务的能力。营救点允许一个事务返回到前面已经到达的状态。SQLite 没有能力确保高层次事务的并发，它允许在单个的数据库文件上多个并发的读事务，但是只能有一个排他的写事务。这个局限性意味着，如果有事务在读数据库文件的一部分，所有其他的事务将被禁止写该文件的任何一部分。类似地，如果有事务在写数据库文件的一部分，所有其他事务将被禁止读或者写该文件的任何一部分。

（3）因为 SQLite 事务处理的有限并发，其只擅长处理小型的事务。在很多情况下，每个应用迅速地完成它的数据库工作然后继续前进，因此没有一个事务会持有数据库超过若干毫秒。但是在一些应用中，特别是写入密集的应用中，要求更多的并发的事务处理能力（表或行级别的，而不是数据库级别的），那么需要为该应用使用其他的 DBMS。简言之，SQLite 是整个数据库级别的读写锁，无法进行大量并行读写，因此不适合用于多个进程并行读写的情况。

(4)此外，SQLite 使用本地文件锁原语来控制事务处理的并发性。如果数据库文件驻留在网络分区上，可能会导致文件锁不能工作。很多的 NFS 实现被认为在它们的文件锁中是有 Bug 的(在 UNIX 和 Windows 上)。如果文件锁不能像预计的一样工作，那么就可能会有两个或两个以上的应用程序在同时修改相同数据库的同一部分，导致了数据库的毁坏。这个问题的出现是因为位于下层的文件系统实现的 Bug，所以 SQLite 没有办法阻止它的发生。另一原因是大多数网络文件系统的连接延时。在这种环境下，在数据库文件必须要跨网络访问的情况下，实现了"客户-服务器"模式的 DBMS 会比 SQLite 更有效。

7.6 小结

本章首先详细介绍了嵌入式关系数据库 SQLite，包括其定义、安装、具体概念、使用方法。然后结合 Android 系统，详细描述了 Android 中 SQLite 的相关类和接口函数。最后，用完整的案例，阐述了在 Android APP 开发过程中如何利用 SQLite 实现数据库支持，包括数据库的创建、更新与查询等。

7.7 习题

在本章案例的基础上，创建多表数据库，并将其应用于 Android APP 开发中。

第 8 章 MySQL 在 Unity 网络游戏开发中的应用

在 Unity 游戏开发中，数据库的应用非常重要。如果是单机版游戏，数据存储和管理可直接在本地完成。但是在移动互联网时代，游戏与网络结合紧密，基于 Web 的数据的存储和管理，成为游戏开发中不可缺少的重要环节。

本章将详细介绍如何运用 Unity 的 WWW 功能与基于 HTTP 协议的 Web 服务器进行交互，进行远程的数据存储和管理，并以游戏中的用户基本信息管理为例进行综合介绍。

8.1 服务器的安装和配置

Unity 中的 WWW 功能模块可以与 Web 服务器进行通信，实现网络功能，使用户获得非实时的交互功能，利用 XAMPP 软件可以创建 Web 服务器。

本节首先详细介绍 XAMPP 软件的安装和运行，然后重点介绍本案例需要使用到的组件，包括 Apache、MySQL 和 PHP（Hypertext Preprocessor）。

8.1.1 XAMPP 简介

XAMPP（X：系统，A：Apache，M：MySQL，P：PHP，P：phpMyAdmin/Perl），这个缩写名称说明了 XAMPP 安装包所包含的文件：Apache Web 服务器，MySQL 数据库，PHP, Perl, FTP 服务程序（FileZillaFTP）和 phpMyAdmin。

在一般情况下，AMPP 包括 Apache、MySQL、PHP 和 Perl，都是以单独产品的形式进行安装和配置的。对于不熟悉服务器软件安装和配置的开发者来说，需要单独进行配置和学习每个产品，还需要解决可能的兼容性冲突，非常耗时耗力。而 XAMPP 就是为初学者而设计的，它集成了 Apache+MySQL+PHP 等服务器系统软件，同时还包含了管理 MySQL 的工具 phpMyAdmin，可对 MySQL 进行可视化操作。采用这种紧密的集成，XAMPP 可以运行任何程序，从个人主页到功能全面的产品站点。

XAMPP 有以下特点：
- 易于安装和设置；
- 包含很多有用的软件包，可以简化诸如生成流量报告和加速 PHP 内容之类的任务；
- 在多个操作系统上进行了完整的测试，适用于 Windows、Mac OS X、Linux 等系统。

8.1.2 XAMPP 的安装与运行

XAMPP 的官方主页为 https://www.apachefriends.org/index.html，支持中文语言。软件包下载的地址为 https://www.apachefriends.org/download.html。在下载页面中，可看到 XAMPP 在各个操作系统下的安装程序的下载链接。本章案例所用的 XAMPP 版本为 7.1.8。

正如下载页面中所示，XAMPP 的安装包主要有 Windows、Linux、Mac OS X 等对应系统的版本。针对不同的系统，读者应下载对应的安装包。

(1) Windows 系统

在 Windows 环境下，运行 XAMPP 安装程序进行安装时，将会依次出现图 8-1(a)、(b)、(c)、(d) 的这些安装过程。需要注意的是，由于 Windows 系统对 C 盘有读写保护，建议读者把 XAMPP 的安装路径设置在非 C 盘的自定义位置。

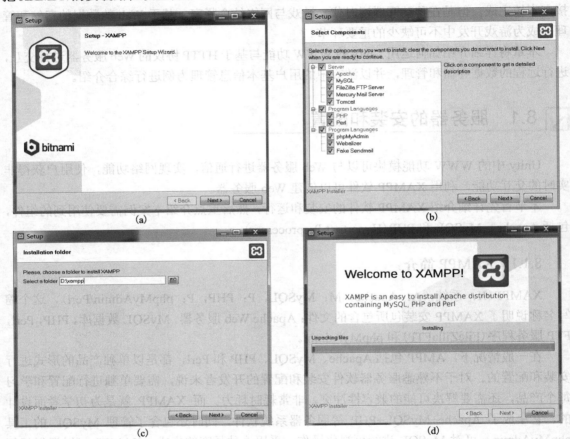

图 8-1　Windows 环境下的 XAMPP 安装过程

一旦安装成功并且运行之后，Windows 系统状态栏的右下角将会显示相应的图标，如图 8-2 所示。

图 8-2　Windows 系统状态栏图标

右键单击程序图标或直接运行安装好的 XAMPP 控制面板程序，则会显示 XAMPP 各个组件程序的运行状态及相关操作，如图 8-3 所示。在图 8-3 中，单击"Start"按钮，就能启动相关程序。

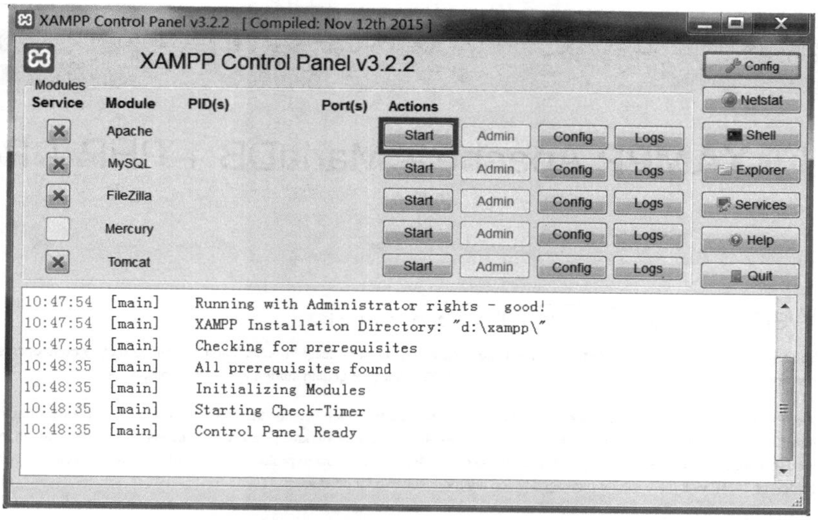

图 8-3　XAMPP 控制面板

当 XAMPP 中所需要的组件运行成功后，它的相应状态将会变绿，并且"Start"按钮将转换为"Stop"按钮，如图 8-4 所示。在 XAMPP 控制面板中还能进行管理、配置及日志查看等操作。

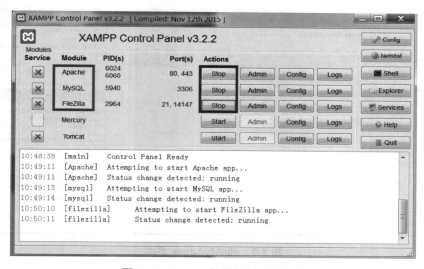

图 8-4　XAMPP 组件运行后的状态

右键单击图 8-2 系统状态栏中的 XAMPP 程序图标之后，将出现如图 8-5 所示的快捷菜单，在这个菜单中亦能对 XAMPP 中所安装的各个组件进行启用和停用操作。

Apache 运行成功之后，在任意浏览器的地址栏中输入"localhost"就能打开如图 8-6 所示的网页。

如果在 XAMPP 控制面板中成功启用了 MySQL 的相关组件，单击图 8-6 所示网页右上角的选项"phpMyAdmin"，就能进入 MySQL 的管理界面，如图 8-7 所示。

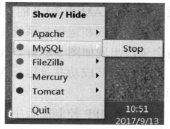

图 8-5　快捷菜单

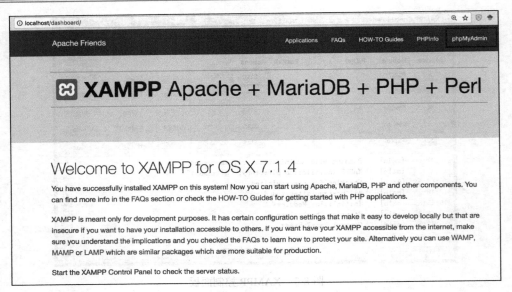

图 8-6　服务器首页

图 8-7　phpMyAdmin 界面

(2) Linux 系统和 Mac OS X 系统

Linux 和 Mac OS X 中 XAMPP 的安装过程非常类似，所以这里以在 Linux 系统（Antergos 发行版）中 XAMPP 7.1.8 的安装过程为例进行介绍。

首先下载和运行与系统相符合的 XAMPP 安装包。然后运行 XAMPP 安装包进行安装，将会依次出现如图 8-8(a)、(b)、(c)、(d) 所示的这些安装过程。

一旦安装成功并且运行 XAMPP 的控制面板程序，则会出现如图 8-9 所示的 XAMPP 控制面板。

在 XAMPP 控制面板中，除如图 8-9 所示的启动引导界面之外，还有如图 8-10 所示的两个界面，分别代表了组件控制及日志显示功能。

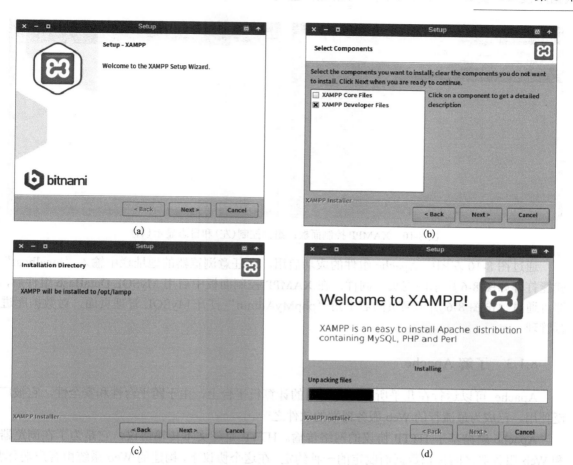

图 8-8 Linux 环境下的 XAMPP 安装过程

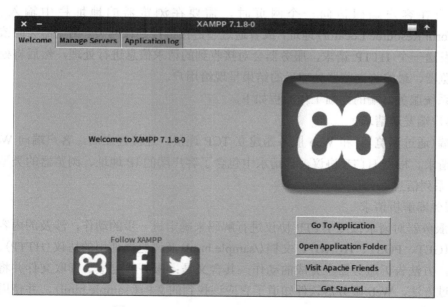

图 8-9 XAMPP 控制面板:启动引导界面

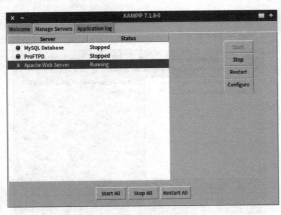 

图 8-10　XAMPP 控制面板：组件控制（左）和日志显示（右）

通过图 8-10 左图中 Apache 组件的成功启用，在任意浏览器的地址栏中输入"localhost"就能打开如图 8-6 所示的网页。同样，在 XAMPP 控制面板中启用 MySQL DataBase 组件后，即可通过单击图 8-6 所示网页的右上角"phpMyAdmin"打开 MySQL 管理页面，对数据库进行管理。

8.1.3　了解 Apache

Apache 可以运行在几乎所有广泛使用的计算机平台上，由于跨平台性和安全性，它被广泛使用，已成为最流行的 Web 服务器端的软件之一。

Apache 遵循基于 HTTP 协议的网络传输。HTTP 是超文本传输协议，它是为了在浏览器和 Web 服务器之间传输数据而制定的一种约定。在这个协议下，构建的 Web 系统由客户端（浏览器）和服务器端两部分组成。这样的 Web 系统架构也被称为 B/S 架构。

当用户在客户端想访问一个网页时，需要在浏览器的地址栏中输入该网页的 URL（Uniform Resource Locator）地址，或者通过超链接链接到该网页。浏览器会向该网页所在的服务器发送一个 HTTP 请求，服务器会对接收到的请求信息进行处理，然后将处理的结果返回给浏览器，最终将浏览器处理后的结果呈现给用户。

Web 系统服务器端的详细工作流程如下。

（1）客户端发送请求

客户端（通过浏览器）和 Web 服务器建立 TCP 连接，连接建立后，客户端向 Web 服务器发出访问请求。根据 HTTP 协议，该请求中包含了客户端的 IP 地址、浏览器的类型和请求的 URL 等一系列信息。

（2）服务器解析请求

Web 服务器对请求按照 HTTP 协议进行解码来确定进一步的动作，涉及的内容有三个要点：方法（GET、POST、HEAD）、文档（/sample.html）及浏览器使用的协议（HTTP）。

其中，方法告诉服务器应完成的动作，其含义是：服务器定位、读取文件并将它返回给客户。通过方法，Web 服务器软件知道了它应该找到的文档（/sample.html），并使用 HTTP 协议将文档返回给客户。

(3) 读取其他信息(非必须步骤)

Web 服务器根据需要去读取请求的其他部分。在 HTTP 相关协议下，客户还应给服务器提供关于它的一些信息。元信息(Meta Information)可用来描述浏览器及其能力，以使服务器能据此确定如何返回应答。

(4) 完成请求的动作

若现在没有错误出现，WWW 服务器将执行请求所要求的动作。要获取一个文档，Web 服务器在其文档树中搜索请求的文档(/sample.html)。这是由服务器机器上作为操作系统一部分的文件系统完成的。若文档能找到并可正常读取，则服务器将把它返回给客户。如果读取失败，则返回错误指示。如果请求的文档没有找到或找到但无法读取，请求无法满足，这时将返回不同于200 的状态码。最常见的问题是请求中的文件名拼写有误，所以服务器无法找到该文件。在这种情况下，服务器将发送一个状态码(404)给客户。

(5) 关闭连接

关闭文件和网络连接，结束会话。

关于 Apache 更为详细的资料，请读者阅读官方文档(https://www.apache.org/)或自行在网上搜索。本节案例利用的是 XAMPP 集成软件构建服务器环境。所以 XAMPP 一旦安装之后，将会默认设置 Apache 虚拟主机的根目录名为 htdocs，换句话说，在后面的操作中，需要将新建的 PHP 文件，上传到 XAMPP 安装路径下的 htdocs 目录下。

由于在本书中仅需使用 Apache 提供基本的 Web 页面服务并且仅在本地进行测试使用，所以基本上对 Apache 不需要调整任何配置。但是如果运行 Apache 失败，则需要读者查阅相关资料，修改配置和权限。另外，需要注意的是，如果本地机器上装有防火墙软件，很有可能会对 Apache 的工作产生影响，如访问受限。

8.1.4 了解 MySQL

MySQL 是一个关系数据库管理系统，由瑞典 MySQL AB 公司开发，目前属于 Oracle 公司旗下产品。它是最流行的关系数据库管理系统之一。在 Web 应用方面，MySQL 是最好的 RDBMS 应用软件之一。

随着 MySQL 被 Oracle 公司收购，MySQL 的用户和开发者开始质疑开源数据库的命运，与此同时，他们开始寻找替代品。到目前为止主要有三个久经考验的主流的 MySQL 变种：Percona Server、MariaDB 和 Drizzle，它们都有活跃的用户社区和某种程度上的商业支持，均有独立的服务供应商支持。XAMPP 从新版本 5.6.14 开始，使用 MariaDB 替换了 MySQL 作为数据库服务器。MySQL 创始人 Michael Widenius，因不满 MySQL 被收购后的开发脚步过慢，愤而离职后成立开源数据库联盟，MariaDB 是从现有 MySQL 程序代码中开发出的另一个延伸分支版本。MariaDB 是 MySQL 的影子版本，而不是衍生版本，提供的功能可以和 MySQL 完全兼容。为了方便读者阅读和使用，本文仍然用 MySQL 指代数据库服务器。

MySQL 所使用的 SQL 语言是用于访问数据库的最常用的标准化语言，读者只要有 SQL 语言基础，不论之前使用的是哪一种 RDBMS，转为 MySQL 都会很容易上手。

由于 MySQL 具有体积小、速度快、总体拥有成本低，且开放源码的特点，一般中小型网站的开发都选择它作为网站数据库。MySQL 提供了 C、C++、Java、Perl、Python、PHP 等多种 API 接口，支持多平台，包括 Windows、Linux 和 Mac OS X 等。

MySQL 提供了多样的数据类型，包括 INTEGERS、FLOAT、DOUBLE、CHAR、VARCHAR、TEXT、BLOB、DATE、DATETIME、YEAR、SET、ENUM 等。它具有非常灵活、安全的权限系统和密码加密系统，并且支持多种语言。

然而，为了实现快速、健壮和易用的目的，MySQL 必须牺牲一部分灵活而强大的功能。因而，MySQL 在某些应用中缺乏灵活性，但这也使它对数据的处理速度较其他数据库服务器至少快 2～3 倍。

另外，MySQL 自身不支持 Windows 的图形界面，因此，所有的数据库操作及管理功能都只能在 MS-DOS 方式下完成。当然，由于 MySQL 的知名度日益增加，许多第三方软件公司都推出了 MySQL 图形界面的支持软件，例如 XAMPP 中集成的 phpMyAdmin。

phpMyAdmin 是一个以 PHP 为基础，基于 Web 方式架构在网站主机上的 MySQL 数据库管理工具，让管理者在网页上即可管理 MySQL 数据库。由于借用了网页的访问方式，用户无须输入繁杂的 SQL 语句，而是可以通过便捷的交互方式来进行数据访问和管理，这使得处理大量数据更为方便。phpMyAdmin 还有一个更大的优势：由于 phpMyAdmin 跟其他 PHP 文件一样在网页服务器上执行，因此用户可以在任何地方远程访问 MySQL 数据库。

关于 MySQL 和 phpMyAdmin 的更多信息，读者可访问 MariaDB 官方网站 (https://mariadb.org/) 和 phpMyAdmin 的官方网站 (https://www.phpmyadmin.net/) 进行了解，或自行在网上搜索。

8.1.5 了解 PHP

PHP 是一种通用、开源的脚本语言。它的语法吸收了 C、Java 和 Perl 的特点，便于学习，使用广泛，主要适用于 Web 开发领域。PHP 的主要功能如下。

- 能够生成动态页面内容。
- 能够创建、打开、读取、写入、删除及关闭服务器上的文件。
- 能够接收表单数据。
- 能够发送并取回 cookies。
- 能够添加、删除、修改数据库中的数据。
- 能够限制用户访问网站中的某些页面。
- 能够对数据进行加密。

PHP 的功能非常强大，通过 PHP，用户可以不限于只输出 HTML，还能够输出图像、PDF 文件，甚至 Flash 影片；还可以输出其他文本，如 XHTML 和 XML。

PHP 文件本身能够包含文本、HTML、CSS 及 PHP 代码，PHP 代码在服务器上执行，结果将以纯文本返回浏览器，PHP 文件的后缀是 ".php"。

PHP 的优势可概括如下。

- 开放免费。所有的 PHP 源代码都是开放的，PHP 本身免费。
- 语法独特。混合了 C、Java、Perl 及 PHP 自创新的语法。

- 高效快速。它消耗相当少的系统资源，可以比 CGI 或 Perl 更快速地执行动态网页。（与其他的编程语言相比，PHP 是将程序嵌入到 HTML 文档中执行，执行效率比完全生成 HTML 标记的 CGI 要高许多，PHP 还可以执行编译后的代码，优化代码运行，使代码运行得更快。）
- 简单快捷。用 PHP 开发的程序运行速度快。
- 便于学习。PHP 技术语法编辑简单，实用性强，学习较容易，更适合初学者。
- 跨平台性强。PHP 是运行在服务器端的脚本，可以运行在 UNIX、Linux、Windows、Mac OS、Android 等平台上，兼容几乎所有的服务器（Apache、IIIS 等），PHP 还支持多种数据库。
- 可扩展性强。可以用 C、C++进行 PHP 程序的扩展。

IDE（集成开发环境）是一种集成了软件开发过程中所需主要工具的集成开发环境，其功能包括但不限于代码高亮、代码补全、调试、构建、版本控制等。一些常见的 PHP IDE 如下。

- Zend Studio。
- Eclipse with PDT。
- Coda。
- NetBeans。
- PhpStorm。
- Aptana Studio。
- PhpEd。
- Adobe Dreamweaver。

除集成开发环境外，具备代码高亮功能的常见的文本编辑器因其轻巧灵活也常被选作 PHP 开发工具，例如：Notepad++、Editplus、SublimeText 等。

对于 PHP 更为详细的介绍，读者可在 PHP 官网上阅读相关文档，或自行上网搜索相关资料。推荐读者可通过在线教程进行更深入的学习。

- runoob：http://www.runoob.com/php/php-tutorial.html。
- w3school：http://www.w3school.com.cn/php/index.asp。

8.2 新建 Unity 项目

本节将实现游戏中常见的玩家注册、玩家登录及装备清单的展示等功能。本节案例过程中的截图均基于 Mac OS X 系统，其他系统的操作截图与之基本相同。

8.2.1 新建项目

首先将新建一个 Unity 项目，并在这个项目中对 UI 进行布局设置。打开 Unity（本案例使用的 Unity 版本为 5.6），选择引导界面中的新建项目（New），进行命名后完成新建，如图 8-11 所示。

完成新建项目后，自动进入刚刚建好的项目工程，保存相关的场景，如图 8-12 所示。

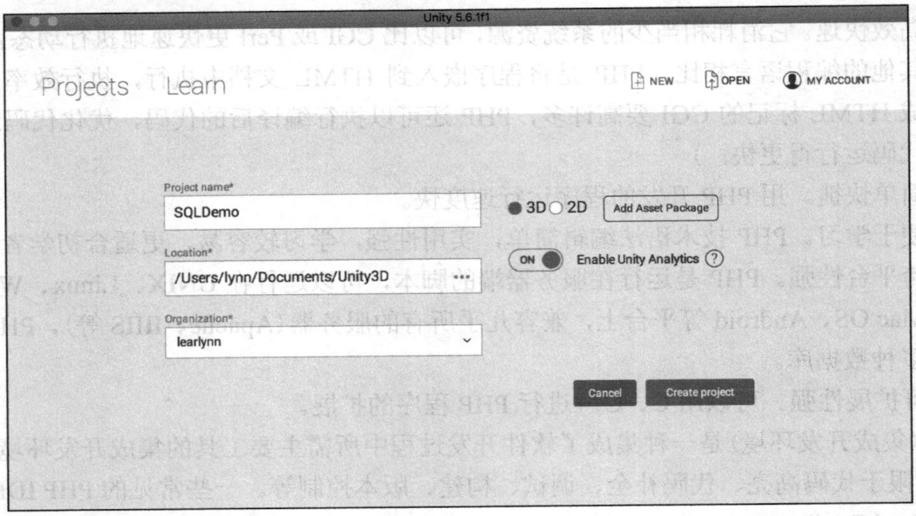

数据库技术与实战——大数据浅析与新媒体应用

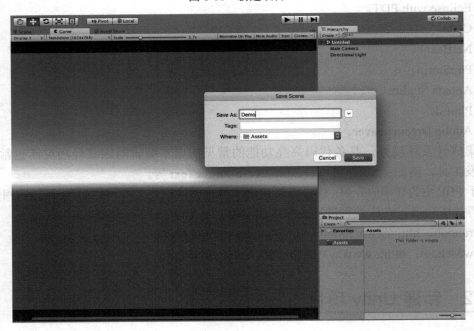

图 8-11　新建项目

图 8-12　保存场景

8.2.2　创建 UI

在游戏中，玩家登录、注册和查看装备信息，是非常基础的功能。因此每个功能都需要对应的 UI 来展示。

（1）Canvas

首先需要在场景中创建 UI 组件 Canvas，如图 8-13 所示。

一旦 Canvas 创建成功，系统将自动创建对象 EventSystem，在 Hierarchy 面板中可以看到，如图 8-14 所示。

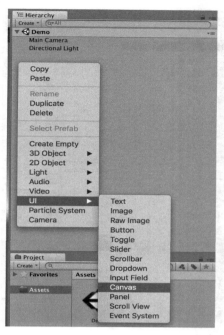

图 8-13 创建 Canvas

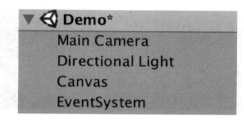

图 8-14 同步创建 EventSystem

（2）Panel

选中 Hierarchy 面板中的 Canvas 组件，单击右键，在弹出的快捷菜单中，创建新 UI 组件 Panel，如图 8-15 中的左图所示，将其命名为"UIPanel"，并对它进行属性设置，如图 8-15 中的右图所示。创建完成之后，基本效果如图 8-16 所示。对于 Panel 的更多细节，请读者自行下载本书配套的项目源代码，或将 Package 导入 Unity 中之后进行查看。

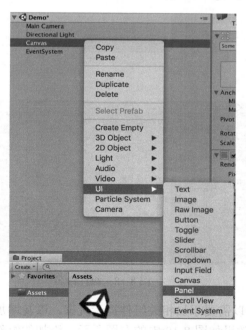
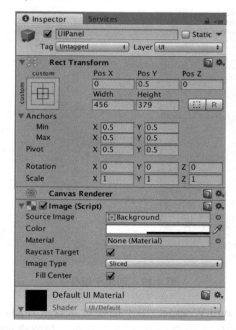

图 8-15 新建 Panel 并对其进行设置

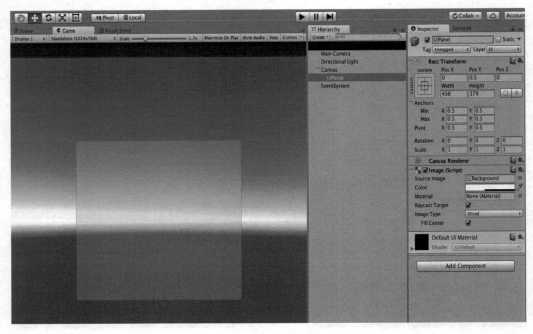

图 8-16 Panel 展示效果

(3) Wrapper

本案例需要完成玩家的注册、登录和装备清单的展示，所以至少需要 3 个不同的独立 UI 组件。为此，选中 Hierarchy 面板中的 UIPanel 组件，单击右键，在弹出的快捷菜单中选中 Create Empty（如图 8-17 所示），创建 3 个新的 GameObject 组件作为 3 个功能的容器，分别命名为 "LoginWrapper"、"EnrollWrapper"、"UserDataWrapper"，如图 8-18 所示。

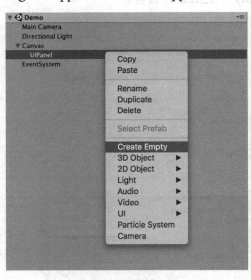

图 8-17 创建空组件

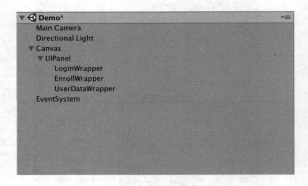

图 8-18 组件命名

LoginWrapper 用于描绘玩家登录界面，所以需要添加相关组件提示玩家，以及增加可以让玩家输入信息的文本输入组件，最终完成的效果如图 8-19 中的左图所示，添加的组件列表如图 8-19 中的右图所示。创建过程的具体细节在这里不再一一展开,项目源代码可从本书配套的教学资源包中下载,或导入 Package 后进行查看。

EnrollWrapper 用于玩家注册,所以同样需要添加相关组件提示玩家,以及增加可以让玩家输入注册信息的文本输入框组件,最终完成的效果如图 8-20 中的左图所示,添加的组件列表如图 8-20 中的右图所示。创建过程的具体细节将不再一一展开(见源代码)。

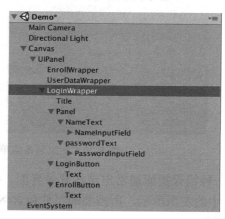

图 8-19 登录界面的效果和相关组件列表

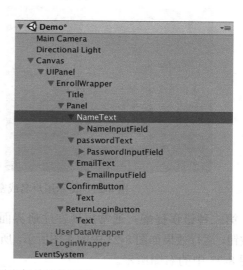

图 8-20 注册界面的效果和相关组件列表

UserDataWrapper 用于展示玩家装备清单,在这里需要文本标签及展示具体装备信息的文本组件,最终完成效果如图 8-21 中的左图所示,添加的组件列表如图 8-21 中的右图所示。创建过程的具体细节将不再一一展开(见源代码)。

(4) 错误提醒

当玩家在注册和登录游戏的时候,如果出现登录时输入的用户名或者密码不正确、注册的用户名密码为空等情况时,都应该得到错误提醒。所以需要在 UIPanel 组件下创建一个 GameObject 作为容器,将其命名为"NotifacationWrapper",并在其中放置两种错误提醒。

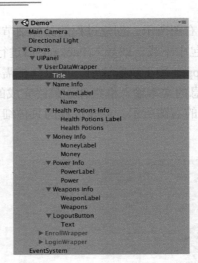

图 8-20 玩家装备清单界面的效果和相关组件列表

第一种错误提醒通常出现在登录界面，提醒玩家用户名或者密码输入错误，运行效果如图 8-22 中的左图所示，所需要的组件包含 NameNotExistWrapper 及 OKButton，如图 8-22 中的右图所示。

 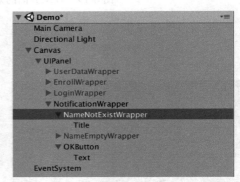

图 8-22 提示用户名或密码错误的效果和相关组件列表

第二种错误提醒，通常出现在注册界面，提醒玩家用户名或者密码没有输入就单击了注册按钮，运行效果如图 8-23 中的左图所示，所需要的组件包含 NameEmptyWrapper 及 OKButton，如图 8-23 中的右图所示。

 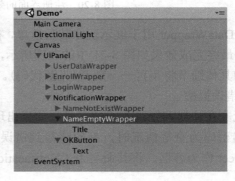

图 8-23 提示用户名或密码为空的效果和相关组件列表

这两种错误提醒，都需要通过单击"确定"按钮关闭提醒界面，所以本案例设计这两种错误提醒公用一个"确定"按钮，即 UI 组件 OKButton。这些组件的创建和设置都较为容易，创建过程的具体细节在这里不再一一展开（见源代码）。

本节所有内容的源代码，读者可自行在本书配套的教学资源包中下载，或将 Package 导入 Unity 中后进行查看。

8.3 创建数据库

在 8.2 节中，我们新建了 Unity 项目，完成了所有 UI 布局和属性设置。在进行 UI 设计和实现的过程中，其实已经明确了基本需求，所以下一步就是要把需求进一步整理，并在数据库中进行定义和设置。

本节所有内容的源代码，读者可自行在本书配套的教学资源包中下载，读者可直接在 phpMyAdmin 中通过"导入"配套的 db_unity.sql 文件，实现数据库和所有表的创建，并插入若干测试数据。

为了方便测试，本案例使用的数据库账户为 root，密码为空。

8.3.1 定义数据库及相关表

根据上节中的 UI 设计，我们需要创建数据库 db_unity，并生成 3 张表，它们将分别描述玩家的注册信息、武器信息及玩家装备清单信息。

首先，需要在 MySQL 中创建数据库。读者可以在 phpMyAdmin 中通过交互的方式进行创建，如图 8-24 所示。

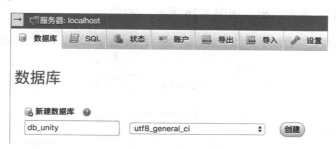

图 8-24 通过交互的方式创建数据库

也可以直接在 phpMyAdmin 的 SQL 编辑框中通过输入 SQL 语句来实现数据库的创建，代码如下。

```
CREATE DATABASE IF NOT EXISTS 'db_unity' DEFAULT CHARACTER SET utf8;
```

上述 SQL 语句执行成功后，将出现如图 8-25 所示的结果。

需要注意的是，为了能让数据库支持中文的正常显示，在创建数据库时务必将其编码方式设置为 utf8。

在新创建的数据库 db_unity 中，还需要创建 3 张表，分别命名为"users_tbl"、"weapons_tbl"、"user_data_tbl"，用于描述玩家的注册信息、武器信息及玩家装备信息。在 phpMyAdmin 中创建表，与构建数据库类似，同样可以借助两种方式，一种是通过交互的方式来进行，另一种则是通过 SQL 命令进行。

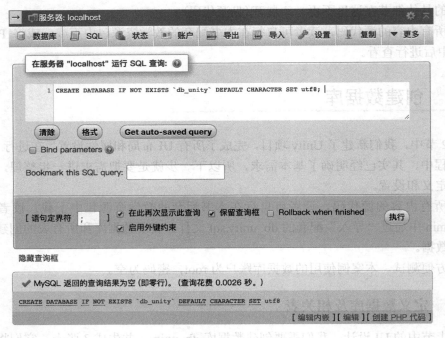

图 8-25 通过 SQL 命令创建数据库

以 weapons_tbl 的创建为例，采用第一种交互的方式来创建表。因为当前数据库 db_unity 中并没有任何表，所以选中数据库 db_unity 的时候，系统将提醒用户新建数据表，并提供了表名及其字段列数的文本输入框，如图 8-26 所示。

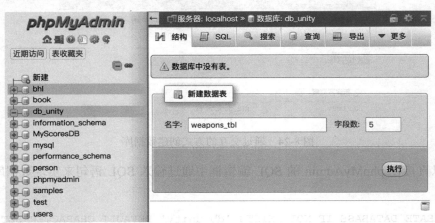

图 8-26 新建数据表的交互界面

输入了表名及字段数之后，单击"执行"按钮，进入如图 8-27 所示的字段信息输入界面。然后根据需求，填入相关信息。

信息填写完成后，可单击右下角"预览 SQL 语句"进行查看，如图 8-28 所示。

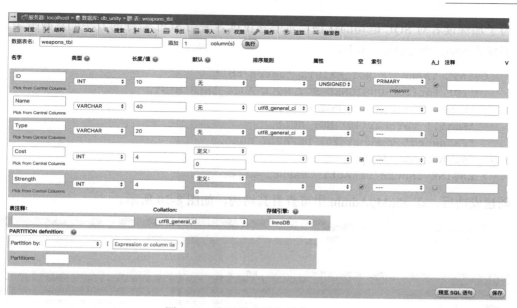

图 8-27 字段信息录入的交互界面

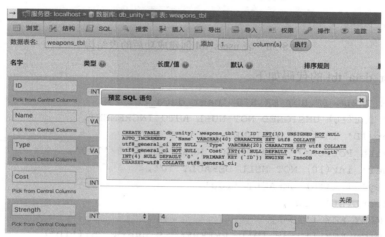

图 8-28 预览 SQL 语句的交互界面

如果没有错误，则单击图 8-27 中右下角的"保存"按钮，即可创建相应数据表。创建成功后将展示该表的基本结构，如图 8-29 所示。

图 8-29 表 weapons_tbl 创建成功后的效果

为了加深读者对 SQL 语句的认识，本书建议读者采用 SQL 命令的方法创建数据表。创建表 users_tbl 的代码如下。

```
CREATE TABLE IF NOT EXISTS 'users_tbl' (
  'ID' int(10) UNSIGNED NOT NULL AUTO_INCREMENT,
  'Name' varchar(40) NOT NULL,
  'Email' varchar(40) NOT NULL,
  'Password' varchar(20) DEFAULT NULL,
  PRIMARY KEY (`ID`)
) ENGINE=InnoDB DEFAULT CHARSET=utf8;
```

创建成功后，在 phpMyAdmin 中可查看其结构，如图 8-30 所示。

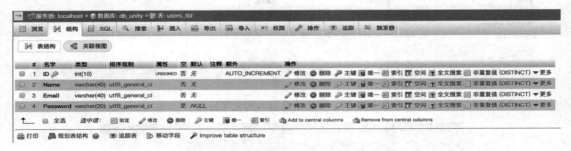

图 8-30　表 users_tbl 创建成功后的表结构

创建表 user_data_tbl 的代码如下。

```
CREATE TABLE IF NOT EXISTS 'user_data_tbl' (
  'ID' int(10) UNSIGNED NOT NULL AUTO_INCREMENT,
  'User_ID' int(10) UNSIGNED DEFAULT NULL,
  'Health_Potions' int(10) NOT NULL DEFAULT '100',
  'Power' int(10) NOT NULL DEFAULT '0',
  'Money' int(10) DEFAULT '100',
  'WeaponList' text,
  PRIMARY KEY ('ID'),
  FOREIGN KEY ('User_ID') REFERENCES users_tbl('ID')
) ENGINE=InnoDB DEFAULT CHARSET=utf8;
```

创建成功后，在 phpMyAdmin 中可查看其结构，如图 8-31 所示。

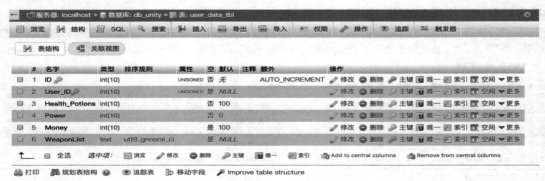

图 8-31　表 user_data_tbl 创建成功后的表结构

在创建表时需要注意，务必先创建表 users_tbl，再创建表 user_data_tbl。因为后者的外码源自于前者的主码。另外，需要注意的是，不论是采用哪种方式创建表，都需要在创建表的时候将编码设置为 utf8，才能使得中文正常读写。

8.3.2 插入测试数据

在 phpMyAdmin 中插入数据，与构建表的过程是类似的，同样可以借助两种方式，一种是通过交互的方式来进行，另一种是通过 SQL 命令完成插入操作。

以 weapons_tbl 的创建为例，采用第一种交互的方式来插入测试数据。首先，选中要插入数据的表，然后在上方菜单栏中选择"插入"，输入需要添加的数据，如图 8-32 所示。输入完成之后，单击右下角的"执行"按钮，完成插入。

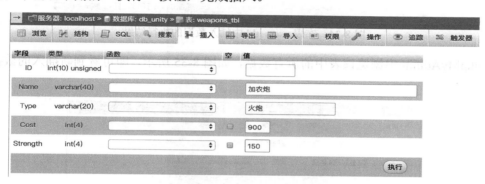

图 8-32 插入操作的交互界面

操作成功之后，重新选择该表中的"浏览"按钮，即可看到新插入的数据位于整个表的最后一行，如图 8-33 所示。

图 8-33 插入操作的结果浏览

为了加深读者对 SQL 语句的认识，本书建议读者采用 SQL 命令的方法插入数据。
在表 users_tbl 中插入数据的代码如下。

```
INSERT INTO 'users_tbl' ('Name', 'Email', 'Password') VALUES
('Bndfs', 'ba_mf@p12k.com', ';1ndf'),
```

```
('Bed', '', '111'),
('Ccc', '', '111'),
('Ddd', 'lgnsd@12i.com', '111');
```

执行成功之后的结果如图 8-34 所示。

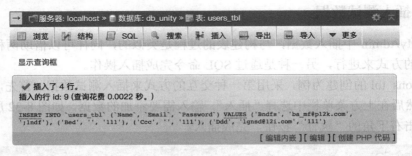

图 8-34 在表 users_tbl 中插入数据的执行结果

在 phpMyAdmin 中浏览该表中的所有数据,如图 8-35 所示,即可看到新插入的数据也在其中。

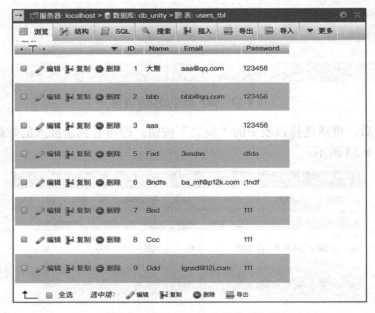

图 8-35 表 users_tbl 中的数据浏览

在表 user_data_tbl 中执行插入操作的代码如下。

```
INSERT INTO 'user_data_tbl' ('User_ID','Health_Potions','Power','Money',
    'WeaponList') VALUES
(5, 100, 80, 100, '1,2,3'),
(6, 100, 70, 100, '1,2'),
(7, 100, 60, 200, '1'),
(5, 100, 80, 100, '1,2,3');
```

执行成功之后的结果如图 8-36 所示。

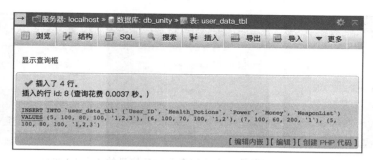

图 8-36 在表 user_data_tbl 中插入数据的执行结果

在 phpMyAdmin 中浏览该表中的所有数据，如图 8-37 所示，即可看到新插入的数据也在其中。

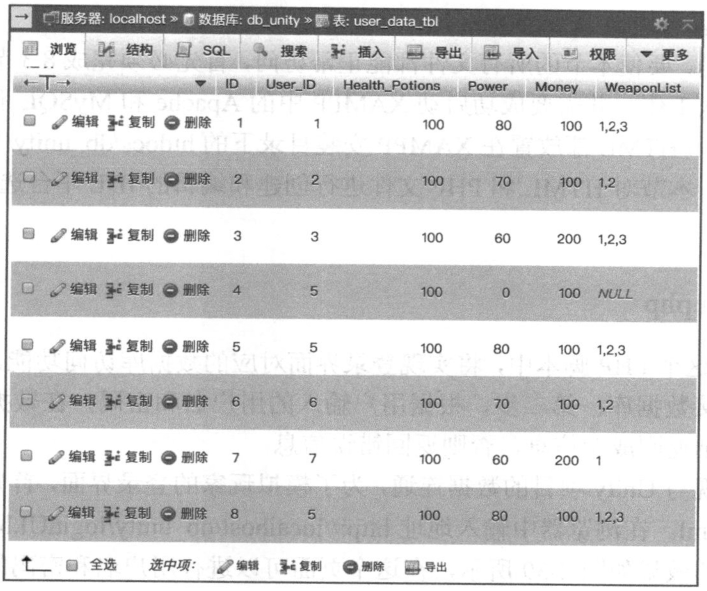

图 8-37 表 user_data_tbl 中的数据浏览

同样，在插入数据的时候，需要注意表 users_tbl 和表 user_data_tbl 之间存在着外码联系。因此，在表 user_data_tbl 中插入数据的时候应注意字段 User_ID 的值是否在表 users_tbl 中已经存在，如果不存在，插入就会失败。

修改和删除测试数据和插入测试数据的过程类似，这里就不再一一列举。请读者根据具体需要自行实现其操作。

8.4 创建 PHP 脚本

在 8.3 节中实现了数据库的创建，而在本节中将生成 PHP 脚本用于实现数据库的远程操作。

回顾在 8.2 节创建 Unity 项目时的 UI 设计和实现，最后需要展现在用户面前的是 3 个基本模块，提供玩家登录、注册和查看装备信息功能，如图 8-38 所示。

  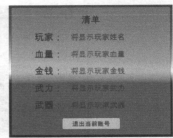

图 8-38 玩家登录、注册和查看装备信息的 3 个 UI 界面

针对上述这 3 个 UI 界面，在本节设计了 3 个 PHP 脚本文件与之进行一一对应，它们分别是 login.php、insertUser.php、userData.php。接下来，将详细介绍这 3 个 PHP 脚本文件的设计思路和实现过程。

需要注意的是，要使本节的所有文件都能正常访问，首先必须完成 8.3 节中的数据库创建和测试数据的插入工作，并需要成功启动 XAMPP 中的 Apache 和 MySQL 服务；接下来将下文中的所有 PHP 和 HTML 都放置在 XAMPP 安装目录下的 htdocs/db_unity/目录下；最后通过浏览器进行访问。本节对 HTML 和 PHP 文件进行创建和编辑的 IDE 平台选用了 PhpStorm 软件。

8.4.1 login.php

在 login.php 这个 PHP 脚本中，将实现登录界面对应的数据库访问功能，主要分为两个步骤：第一步，连接数据库；第二步，根据用户输入的用户名和密码，在数据库中进行查询，如果查询成功，则返回成功信息，否则返回错误信息。

本节还未实现与 Unity 项目的数据连通，为了模拟玩家的登录界面，首先创建一个简单网页页面 loginUI.html。在浏览器中输入地址 http://localhost/db_unity/loginUI.html 后，如果能正常访问，则显示的效果如图 8-39 所示，在这个页面可以进行用户名和密码的输入。

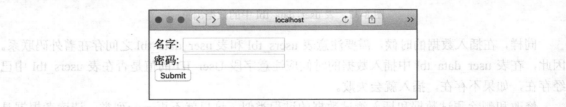

图 8-39 loginUI 页面运行效果

在 loginUI.html 页面中，通过 POST 方法提交数据。具体的实现代码如下(loginUI.html)。

```
<!DOCTYPE html>
<html lang="en">
<head>
    <meta charset="UTF-8">
    <title>登录界面模拟</title>
</head>
<body>
```

```html
<!-- 将输入的名字和密码通过 POST 方法传递给 login.php -->
<form action="login.php" method="post">
   名字：<input type="text" name="username"><br>
   密码：<input type="password" name="password"><br>
   <input type="submit">
</form>

</body>
</html>
```

同样在 login.php 文件中也通过 POST 方法获取数据，然后完成连接数据库、查询用户登录信息是否正确等操作，具体的实现代码如下(login.php)。

```php
<?php
/*
 * 检查玩家的登录信息是否正确
 */

    // 读入用户名和密码
    $user_name = $_POST["username"];           // user name
    $user_pwd = $_POST["password"];            // user password

    // 连接数据库
    $db_server_name = "localhost";
    $db_login_name = "root";
    $db_login_password = "";
    $db_name = "db_unity";
    $conn = mysqli_connect( $db_server_name,$db_login_name,
            $db_login_password);
    if ( mysqli_connect_errno())
    {
       echo mysqli_connect_error();
       return;
    }

    // 校验用户名是否合法(防止 SQL 注入)
    // 转义用户名和密码，以便在 SQL 中使用
    $user_name = mysqli_real_escape_string($conn, $user_name);
    $user_pwd = mysqli_real_escape_string($conn, $user_pwd);

    // 选择数据库并设置读取数据内容的编码为 utf8
    mysqli_query($conn,"set names utf8");
    mysqli_query($conn,"set character_set_client=utf8");
    mysqli_query($conn,"set character_set_results=utf8");
    mysqli_select_db( $conn ,$db_name);

    // 查询用户名和密码是否正确
```

```php
$sql = "SELECT ID FROM users_tbl WHERE Name = '$user_name' and Password
        = '$user_pwd' ";
$result = mysqli_query($conn ,$sql);
$num_rows = mysqli_num_rows($result);

//关闭数据库
mysqli_close($conn);

if($num_rows == 1){
    //用户名检验成功，返回ID
    $row = mysqli_fetch_array($result);
    echo $row['ID'];
} else if($num_rows == 0){
    //用户名检验失败，返回-1
    echo '-1';
}
?>
```

loginUI.html 和 login.php 完成编码和调试工作之后，上传到 Apache 服务器上的 htdocs/db_unity/目录下，然后开始测试工作。

首先在数据库表 users_tbl 中查看已有的用户名和密码，如图 8-40 所示。

图 8-40　查看 users_tbl 表中的已有数据

(1) 测试正确的数据输入

选择用户名和密码分别是"aaa"和"123456"进行测试。

通过访问 URL 地址 http://localhost/db_unity/loginUI.html，输入上述用户名和密码进行测试，如图 8-41 中的左图所示。如果能够正常访问，将显示输入的用户名和密码在表 users_tbl 中对应的 ID，如图 8-41 中的右图所示。

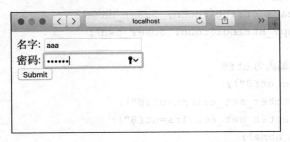 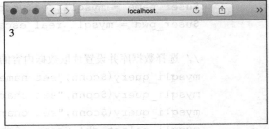

图 8-41　输入正确的测试数据并得到结果

(2) 测试不正确的数据输入

不论是不正确的用户名，还是正确的用户名和错误的密码，都只会得到"–1"的结果，如图 8-42 所示。这里设计返回"–1"而非文字提醒，是为了在 Unity 项目中进行整合时能够简化判断。

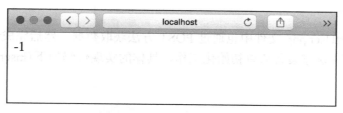

图 8-42　输入错误的测试数据并得到结果

8.4.2　insertUser.php

在 insertUser.php 这个 PHP 脚本中，将实现与注册界面对应的数据库插入功能，主要分为三个步骤：第一步，连接数据库；第二步，将玩家注册时输入的用户名和密码等信息插入到表 users_tbl 中；第三步，如果插入成功，则需要继续把相关数据插入到表 user_data_tbl 中，完成玩家装备清单的初始化。

因为还未实现与 Unity 项目的数据连通，为了模拟玩家的注册界面，也创建一个简单的网页页面 enrollUI.html。在浏览器中输入地址 http://localhost/db_unity/enrollUI.html 后，如果能正常访问，显示效果将如图 8-43 所示，在这个页面可以进行用户注册。

图 8-43　enrollUI 页面运行效果

在这个页面中，同样通过 POST 方法提交数据。具体的实现代码如下（enrollUI.html）。

```html
<!DOCTYPE html>
<html lang="en">
<head>
    <meta charset="UTF-8">
    <title>注册界面模拟</title>

</head>
<body>

<!-- 将注册信息通过 POST 方法传递给 insertUser.php -->
<form action="insertUser.php" method="post">
    名字: <input type="text" name="user_name"><br>
    密码: <input type="password" name="user_password"><br>
```

```
                E-mail: <input type="email" name="user_email"><br>
                <input type="submit">
        </form>
    </body>
</html>
```

同样，在 insertUser.php 文件中也通过 POST 方法获取数据，然后完成连接数据库、插入玩家注册信息及完成玩家装备清单初始化工作，具体的实现代码如下 (insertUser.php)。

```php
<?php
/**
 * 插入新用户
 */

// 读入注册的用户名、密码及 Email
$user_name  = $_POST["user_name"];          // user name
$user_pwd   = $_POST["user_password"];      // user password
$user_email = $_POST["user_email"];         // user password


// 连接数据库
$db_server_name   = "localhost";
$db_login_name    = "root";
$db_login_password = "";
$db_name          = "db_unity";
$conn = mysqli_connect( $db_server_name,$db_login_name,
            $db_login_password);
if ( mysqli_connect_errno())
{
    echo mysqli_connect_error();
    return;
}

// 校验用户名是否合法(防止 SQL 注入)
// 转义用户名和密码,以便在 SQL 中使用
$user_name  = mysqli_real_escape_string($conn, $user_name);
$user_pwd   = mysqli_real_escape_string($conn, $user_pwd);
$user_email = mysqli_real_escape_string($conn, $user_email);

// 选择数据库并设置读取数据内容的编码为 utf8
mysqli_query($conn,"set names utf8");
mysqli_query($conn,"set character_set_client=utf8");
mysqli_query($conn,"set character_set_results=utf8");
mysqli_select_db( $conn ,$db_name);

// 将 Unity 传来的新用户信息插入到表 users_tbl 中
```

```php
    $sql_user = "INSERT INTO users_tbl (Name, Password, Email) VALUES
                ('$user_name', '$user_pwd', '$user_email')";
    $result_user = mysqli_query($conn ,$sql_user);

    if($result_user == false){
        //插入用户失败
        //关闭数据库
        mysqli_close($conn);
        echo '-1';
    } else {
        //找到新插入用户的ID
        $sql = "SELECT ID FROM users_tbl WHERE Name = '$user_name' And Password
                = '$user_pwd'";
        $result = mysqli_query($conn ,$sql);
        $num_results = mysqli_num_rows($result);
        if($num_results != 1) {
            //用户查询失败
            mysqli_close($conn);
            echo '-1';

        }else{
            //通过用户名找到ID并将其信息插入到表user_data_tbl中
            $row = mysqli_fetch_array($result);
            $user_id=$row['ID'];

            $sql_data = "INSERT INTO user_data_tbl (User_ID) VALUES
                ('$user_id')";
            $result_data = mysqli_query($conn ,$sql_data);

            if($result_data == false){
                //插入信息失败
                //关闭数据库
                mysqli_close($conn);
                echo '-1';
            } else {
                mysqli_close($conn);
                echo $user_id;
            }
        }
    }
?>
```

通过访问URL地址http://localhost/db_unity/enrollUI.html，如图8-43所示，通过输入用户名、密码和E-mail分别是"Elephant"、"111"和""（空字符串）进行测试。

如果能够正常访问，新插入的玩家ID将反馈显示在网页上，如图8-44所示。在数据库表users_tbl中可以查看新插入的玩家基本信息，位于图8-45的最后一行。

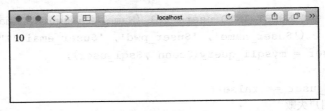

图 8-44 输入正确的测试数据并得到结果

图 8-45 查看 users_tbl 表中的新插入数据

在上述代码中可以看到,当玩家使用不正确的数据进行注册或者插入数据失败时,将会返回"−1"。当玩家的注册信息中出现空姓名或者空密码时,将在 Unity 项目中进行判断,并提示玩家,所以在 PHP 脚本中就无须再进行判断和处理了。

8.4.3 userData.php

在 userData.php 这个 PHP 脚本中,将实现玩家装备清单的展示,主要分为三个步骤:第一步,连接数据库;第二步,根据输入的玩家 ID 在表 user_data_tbl 中查询;第三步,把查询到的结果以数组的形式进行存储并以 JSON 格式返回。

为了模拟玩家的装备数据展示界面,也创建一个简单网页页面 dataUI.html。在浏览器中输入地址 http://localhost/db_unity/dataUI.html 后,如果能正常访问,显示效果将如图 8-46 所示,在这个页面中输入玩家 ID。

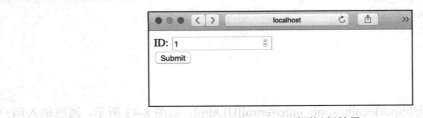

图 8-46 dataUI 页面运行效果

在 dataUI.html 页面中,同样通过 POST 方法提交数据。具体的实现代码如下(dataUI.html)。

```html
<!DOCTYPE html>
<html lang="en">
<head>
    <meta charset="UTF-8">
    <title>Title</title>
</head>
<body>

<!-- 将输入的 ID 通过 POST 方法传递给 userData.php -->
<form action="userData.php" method="post">
    ID: <input type="number" name="user_id"><br>
    <input type="submit">
</form>

</body>
</html>
```

在 userData.php 文件中同样也通过 POST 方法获取数据,然后完成连接数据库、信息查询及查询结果转换等工作,具体的实现代码如下(userData.php)。

```php
<?php
/*
 * 获取玩家的装备数据
 */

// 读入用户名和密码
$user_id = $_POST["user_id"];                   // 从 Unity 传来的玩家 ID

// 连接数据库
$db_server_name = "localhost";
$db_login_name =  "root";
$db_login_password = "";
$db_name = "db_unity";
$conn = mysqli_connect( $db_server_name,$db_login_name,
            $db_login_password);
if ( mysqli_connect_errno())
{
    echo mysqli_connect_error();
    return;
}

// 校验用户名是否合法(防止 SQL 注入)
// 转义用户名和密码,以便在 SQL 中使用
$user_id = mysqli_real_escape_string($conn, $user_id);

// 选择数据库并设置读取数据内容的编码为 utf8
mysqli_query($conn,"set names utf8");
mysqli_query($conn,"set character_set_client=utf8");
```

```php
mysqli_query($conn,"set character_set_results=utf8");
mysqli_select_db( $conn, $db_name);

// 查询指定 ID 的玩家
$sql = "SELECT Health_Potions, Power, Money, WeaponList
FROM user_data_tbl, users_tbl
WHERE users_tbl.ID = user_data_tbl.User_ID AND users_tbl.ID = '$user_id'";
$result = mysqli_query($conn,$sql)or die("<br>SQL error!<br/>");
$num_results = mysqli_num_rows($result);
if($num_results != 1) {
    //ID 检验失败
    echo 'query error!';
    // 关闭数据库
    mysqli_close($conn);
    return;
}

// 准备发送数据到 Unity
$arr =array();

//将查询结果集中的每列按照字段存储在数组中
$row = mysqli_fetch_array($result);
$arr['Health_Potions']=$row['Health_Potions'];
$arr['Power']=$row['Power'];
$arr['Money']=$row['Money'];

//把数据库中 WeaponList 中的武器索引数组转换成武器名字数组
$weapon_index_array = $row['WeaponList'];//按逗号分离字符串
if(strlen($weapon_index_array)>0) {
    // 武器列表不为空
    // 通过已经存储的 ID 数组查询武器名称并输出数组
    $sql_weapons = "SELECT GROUP_CONCAT(Name) AS GroupName from weapons_tbl
            WHERE ID IN ($weapon_index_array)";
    $result_weapons = mysqli_query($conn,$sql_weapons)or die("<br>SQL
            error!<br/>");
    $weapons_num_results = mysqli_num_rows($result_weapons);
    if($weapons_num_results == 0) {
        //武器查询失败
        echo 'query error!';
        // 关闭数据库
        mysqli_close($conn);
        return;
    }

    $rows_weapon = mysqli_fetch_array($result_weapons);
    $arr['WeaponList']= $rows_weapon['GroupName'];
} else{
```

```
        $arr['WeaponList']= "";
    }

    // 关闭数据库
    mysqli_close($conn);

    // 发送
    echo json_encode($arr);
?>
```

通过访问 URL 地址 http://localhost/db_unity/dataUI.html，如图 8-46 所示，输入玩家 ID 是"1"进行测试。

如果能够正常访问，查询到的玩家装备清单数据将反馈显示在网页上，如图 8-47 所示。需要注意的是，展示的内容是以 JSON 文件格式进行显示的，这种格式读者可能会感到不习惯，但是 JSON 文件是目前网络传输数据的一种常用方式，建议读者自行学习和了解。

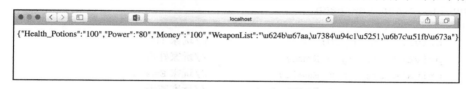

图 8-47　输入玩家 ID 后得到结果

同样，也可以直接在数据库表 user_data_tbl 中可以查看指定 ID 的玩家装备数据，对应为图 8-48 中 ID 为"1"的这一行。

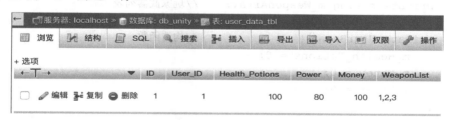

图 8-48　查看 user_data_tbl 表中指定 ID 的玩家装备数据

在图 8-48 中可以看到，玩家装备数据表中的最后一列 WeaponList 记录的是玩家拥有的武器 ID 列表。为了在 Unity 里面能够让用户知道确切的武器名称，在 userData.php 代码的最后一部分内容中，将武器 ID 列表转换为武器名字列表，然后再进行传输。所以在图 8-47 中"WeaponList"后面紧跟的文本内容是一系列编码，而非 ID。这部分 JSON 文件的内容，将在 Unity 中进行解析并展示。

8.5　Unity 中的 WWW 应用

在本节中，Unity 游戏将类似于网站前台一样工作，要实现这样的工作，需要在 Unity 游戏中增加脚本，在脚本中利用 Unity 的 WWW 功能，访问 Web 服务器中的 PHP 文件，从而进一步进行数据交互。

Unity 的 WWW 模块实现了基于 HTTP 协议的网络传输功能，并且支持 GET 和 POST 方法。GET 方法是将连接请求附加在 URL 之后，最多只能传输 1024 字节。POST 方法则是通过 FORM(表单)的形式进行提交，理论上没有传输内容的数量限制。从安全的角度来看，POST 比 GET 方法安全性更高，所以在下文中，主要使用 POST 方法进行网络传输。

为了更清晰地定义玩家相关数据，方便进一步扩展，首先需要设计一个专用类 UserBean，用来定义玩家信息。然后为 Unity 项目中设计的玩家登录、注册和展示装备清单这 3 个主要的功能模块，分别定义各自的脚本文件。

8.5.1 UserBean.cs

UserBean 类是用来定义玩家基本信息及装备清单数据的。为此，新建一个相应的 C# 文件 UserBean.cs，其基本定义的实现代码如下。

```csharp
//用以存放玩家数据
public class UserBean
{
    private int m_ID;                      //玩家 ID
    private string m_Name;                 //玩家姓名
    private string m_Email;                //玩家 Email
    private string m_Password;             //玩家密码
    private int m_Health_Potions;          //玩家血量
    private int m_Money;                   //玩家金钱
    private int m_Power;                   //玩家武力
    private string m_WeaponArray;          //玩家武器列表

    private UserBean(){                    //构造函数
        m_Health_Potions = 0;
        m_Money = 0;
        m_Power = 0;
    }

    //安全地实现单例
    private static class InstanceHolder {
        public static UserBean instance = new UserBean();
    }

    public static UserBean GetInstance() {
        return InstanceHolder.instance;
    }

    ……
}
```

在这个类的定义中，需要对其私有属性变量定义相关的函数，具体实现代码如下。

```csharp
//获取玩家 ID
public int GetUserID(){
```

```csharp
        return m_ID;
    }
    //设置玩家ID
    public void SetUserID(int idIn){
        m_ID = idIn;
        return;
    }
    //获取玩家姓名
    public string GetUserName(){
        return m_Name;
    }
    //设置玩家姓名
    public void SetUserName(string nameIn){
        m_Name = nameIn;
        return;
    }
    //获取玩家Email
    public string GetUserEmail(){
        return m_Email;
    }
    //设置玩家Email
    public void SetUserEmail(string emailIn){
        m_Email = emailIn;
        return;
    }
    //获取玩家密码
    public string GetUserPassword(){
        return m_Password;
    }
    //设置玩家密码
    public void SetUserPassword(string pwdIn){
        m_Password = pwdIn;
        return;
    }
    //获取玩家血量
    public int GetUserHealthPotions(){
        return m_Health_Potions;
    }
    //设置玩家血量
    public void SetUserHealthPotions(int hpIn){
        m_Health_Potions = hpIn;
        return;
    }
    //获取玩家金钱
    public int GetUserMoney(){
        return m_Money;
    }
```

```csharp
//设置玩家金钱
public void SetUserMoney(int moneyIn){
    m_Money = moneyIn;
    return;
}
//获取玩家武力
public int GetUserPower(){
    return m_Power;
}
//设置玩家武力
public void SetUserPower(int powerIn){
    m_Power = powerIn;
    return;
}
//获取玩家武器列表
public string GetUserWeapons(){
    return m_WeaponArray;
}
//设置玩家武器列表
public void SetUserWeapons(string weaponsIn){
    m_WeaponArray = weaponsIn;
    return;
}
```

除此之外，还定义了一个方法 CleanAllData()，用于清除玩家所有数据，包括基本信息和装备数据，代码如下。

```csharp
public void ClearAllData(){
    m_ID = 0;
    m_Email = "";
    m_Health_Potions = 0;
    m_Money = 0;
    m_Name = "";
    m_Password = "";
    m_Power = 0;
    m_WeaponArray = "";
}
```

8.5.2 LoginScripts.cs

LoginScripts.cs 是为 LoginWrapper 定制的脚本，用于实现玩家登录界面的数据交互，如图 8-49 所示。该脚本中的基本属性设置和初始化函数在这里不再一一赘述，项目源代码读者可在本书配套的教学资源包中找到。

下面将介绍当单击"登录"按钮时，如何实现数据交互。

首先，需要给"登录"按钮添加单击事件的监听，这是在 Start() 函数进行初始化的时候就需要完成的，相关代码如下。

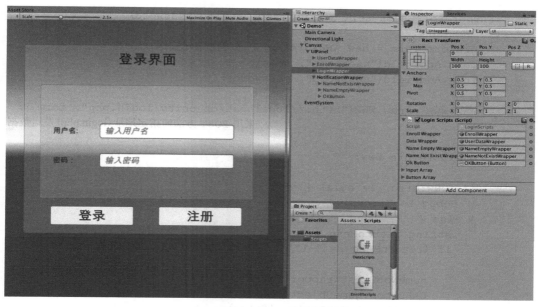

图 8-49　实现玩家登录界面的数据交互

```
void Start () {
    ……

    //添加"登录"按钮单击事件的监听
    loginButton.onClick.AddListener(OnClick_Login);
}
```

在单击事件 OnClick_Login()中，首先需要判断玩家输入的用户名是否为空（假设允许密码为空）。如果为空，则单击"登录"按钮后会出现"用户名或密码不能为空"的提醒。只有输入的用户名不为空时，才能进行进一步的数据交互。具体的实现代码如下。

```
void OnClick_Login()//单击"登录"按钮时的事件处理
{
    if( user_inputName.text != ""){//用户名不为空的情况下才能进一步处理
        userData = UserBean.GetInstance ();
        StartCoroutine(CheckUser(user_inputName.text,
            user_inputPassword.text));
    }else {//否则出现"用户名不能为空"的提示信息
        nameEmptyWrapper.SetActive (true);
        okButton.gameObject.SetActive (true);
        gameObject.SetActive (false);
    }
}
```

接下来，在 CheckUser()函数中，首先创建一个 WWWForm 实例 form，用于构造需要传输数据的表单，然后在表单中将玩家填入的用户名和密码设置在其中，接着创建了 www 实例，使其向指定的地址（服务器上的 login.php）发出 POST 请求，表单 form 中附有数据。www 实例将在后台运行，yield return www 会等待服务器的响应。具体的实现代码如下。

```
IEnumerator CheckUser( string name, string password)
{
    WWWForm form = new WWWForm();          //构造表单实例
    form.AddField("username", name);
    form.AddField("password", password);

    WWW www = new WWW("http://localhost/db_unity/login.php", form );
                            //采用POST方法向指定地址(login.php)发送数据

    yield return www;

    if (www.error != null) {
      Debug.LogError (www.error);
    } else {
      string returnMesg = www.text;
      if (returnMesg == "-1") {          //数据交互失败,返回错误信息

         nameNotExistWrapper.SetActive (true);
         okButton.gameObject.SetActive (true);
         gameObject.SetActive (false);

      } else {                            //数据交互成功,返回数据库中用户ID
                                          //设置UserBean实例userData的相关属性
    userData.SetUserID (int.Parse(returnMesg));
         userData.SetUserName (name);
         dataWrapper.SetActive (true);
         gameObject.SetActive (false);
      }
   }
}
```

在玩家登录界面中,除"登录"按钮之外,还有"注册"按钮。单击"注册"按钮后,将会打开"注册"界面,这个单击事件并没有涉及数据交互,所以在这里不再展开介绍,读者可自行查看本书配套的源代码资源。

接下来,测试玩家登录界面"登录"按钮的单击事件。

首先,不输入任何用户名,如图8-50中的左图所示,直接单击"登录"按钮,出现"用户名或密码不能为空"的提示,如图8-50中的右图所示。

图8-50　用户名为空时单击"登录"按钮

然后，输入错误的用户名和密码，如图 8-51 中的左图所示，再单击"登录"按钮，出现为"用户名不存在或密码不正确"的提示，如图 8-51 中的右图所示。

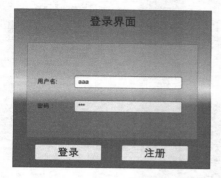

图 8-51　输入错误的用户名和密码

最后，输入正确的用户名和密码，如图 8-52 中的左图所示，再单击"登录"按钮，出现的结果为玩家装备清单，如图 8-52 中的右图所示。由于玩家装备清单的数据交互还没有实现，所以读者将看到空内容。

图 8-52　输入正确的用户名和密码

8.5.3　EnrollScripts.cs

EnrollScripts.cs 是为 EnrollWrapper 定制的脚本，用于实现玩家注册界面的数据交互，如图 8-53 所示。

该脚本中的基本属性设置和初始化函数在这里不再一一赘述，读者可在本书配套的教学资源包中找到项目源代码。

下面将介绍当单击"确定"按钮时，如何实现新用户的数据插入。

首先，需要给"确定"按钮添加单击事件的监听，这是在 EnrollScripts 脚本的 Start() 函数进行初始化的时候就需要完成的，相关代码如下。

```
void Start () {
    //添加"确定"按钮单击事件的监听
    registerButton.onClick.AddListener(OnClick_Register);
    //添加"返回登录页面"按钮单击事件的监听
    returnButton.onClick.AddListener(OnClick_Return);
}
```

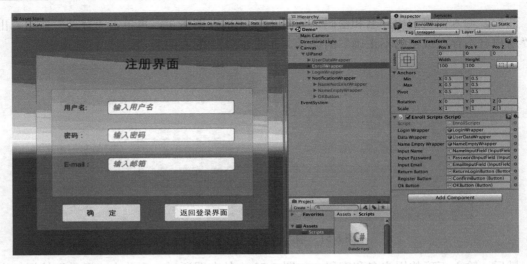

图 8-53 实现玩家注册界面的数据交互

在单击事件 OnClick_Register () 中, 需要先确保玩家输入的用户名和密码都不为空。如果为空, 单击 "确定" 按钮时会出现 "用户名或密码不能为空" 的提醒。只有输入的用户名和密码都不为空时, 才能进行进一步的数据处理。具体的实现代码如下。

```
void OnClick_Register()
{
    string nameText = inputName.text;
    string passwordText = inputPassword.text;
string emailText = inputEmail.text;

if(nameText != "" && passwordText != ""){
//用户名和密码都不为空的情况下才能进一步处理
    userData = UserBean.GetInstance ();
    StartCoroutine(InsertNewUser(nameText, passwordText, emailText));
}else {
//否则出现 "用户名或密码不能为空" 的提示信息
    iReActive = true;
    nameEmptyWrapper.SetActive (true);
    okButton.gameObject.SetActive (true);
    gameObject.SetActive (false);
}
}
```

接下来, 函数 InsertNewUser () 中的 WWW 模块主要是用于传递新创建的用户信息, 然后在服务器端进行插入的工作。具体的实现过程类似于 LoginScripts 脚本中的应用过程, 具体的实现代码如下。

```
IEnumerator InsertNewUser(string newName, string newPassword, string newEmail)
{
    WWWForm form = new WWWForm();        //构造表单
```

```
        form.AddField("user_name", newName);
        form.AddField("user_password", newPassword);
        form.AddField("user_email", newEmail);

        WWW www = new WWW("http://localhost/db_unity/insertUser.php", form );
                                    //采用 POST 方法向指定地址(insertUser.php)发送数据

        yield return www;

        if (www.error != null) {
            Debug.LogError (www.error);
        } else {                                //数据交互成功,返回数据库中用户 ID
            string returnMesg = www.text;
            userData.SetUserID (int.Parse(returnMesg));
            userData.SetUserName (inputName.text);
            userData.SetUserPassword (inputPassword.text);
            userData.SetUserEmail (inputEmail.text);

            //插入成功之后,展示玩家装备清单
            iReActive = true;
            dataWrapper.SetActive (true);
            gameObject.SetActive (false);
        }
    }
```

在玩家注册界面中,除"确定"按钮之外,还有"返回登录界面"按钮。单击"返回登录界面"按钮后,将会打开登录界面,这个单击事件并没有涉及数据交互,所以在这里不再展开介绍,读者可自行查看本书配套的源代码资源。

接下来测试玩家注册界面"确定"按钮的单击事件。

首先,测试空密码,如图 8-54 中的左图所示。直接单击"确定"按钮,出现结果为"用户名或密码不能为空"的提示,如图 8-54 中的右图所示。空用户名的测试也是类似的,不再重复展示。

图 8-54 密码为空时单击"确定"按钮

然后,输入用户名和密码,如图 8-55 中的左图所示,再单击"确定"按钮,出现的结果为玩家装备清单,如图 8-55 中的右图所示。这里,在玩家装备清单的加载时已经进行了数据处理，所以能看到新建玩家所拥有的初始装备列表。玩家装备清单的数据处理的将在 8.5.4 节 DataScripts.cs 脚本中进行介绍。

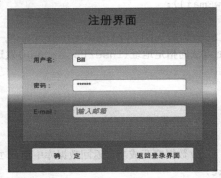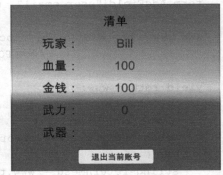

图 8-55　输入用户名和密码

需要注意的是，玩家注册的时候 E-mail 允许为空。

接着，再检查下服务器上的数据库，查看新用户信息是否添加成功。由图 8-56 和图 8-57 中可见，新用户已经添加至数据库的相关表中。

图 8-56　查看数据库表 users_tbl 中数据是否已经插入

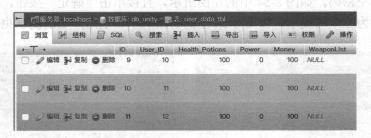

图 8-57　查看数据库表 user_data_tbl 中数据是否已经插入

8.5.4　DataScripts.cs

DataScripts.cs 脚本是为 UserDataWrapper 定制的脚本，用于实现展示玩家装备清单的数据交互，如图 8-58 所示。

该脚本中的基本属性设置和初始化函数在这里不再一一赘述，读者可在本书配套的教学资源包中找到项目源代码。

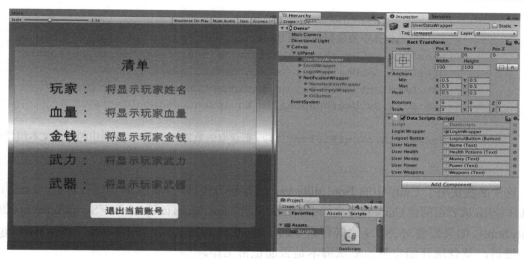

图 8-58　实现展示玩家装备清单的数据交互

下面介绍如何从登录界面或者注册界面获得相应的玩家 ID，然后通过 ID 从服务器中获取该玩家的所有装备清单。

当玩家从登录界面或者注册界面成功地进行数据交互之后，相应的基本信息如 ID、用户名、密码等内容都会被先存储在 UserBean 实例中。所以当在 DataScripts 脚本中进行初始化工作时，通过找到这个已经被存储的 UserBean 实例，就能获取玩家的基本信息，尤其是 ID。具体实现在 Start() 函数中，代码如下。

```
void Start () {
    logoutButton.GetComponent<Button>().onClick.AddListener(OnClick_Logout);
    userData = UserBean.GetInstance ();          //获取已存储的实例
    StartCoroutine(GetData ());                  //通过 UserBean 实例获取装备清单
}
```

通过 UserBean 实例获取装备清单是在函数 GetData() 中实现的，实现代码如下。

```
IEnumerator GetData()
{
    WWWForm form = new WWWForm();                //构造表单
    form.AddField("user_id", userData.GetUserID());

    WWW www = new WWW("http://localhost/db_unity/userData.php", form );
                            //采用 POST 方法向指定地址(userData.php)发送数据

    yield return www;

    if (www.error != null) {
        Debug.LogError (www.error);
    } else {
        string returnMesg = www.text;            //返回 JSON 数据
        //对 JSON 数据进行解析，存在结构体中
        Equipment m_Equipment = JsonUtility.FromJson<Equipment>
```

```
                            (returnMesg);
            //再把结构体中的数据存储到 UserBean 实例中
            userData.SetUserHealthPotions (m_Equipment.Health_Potions);
            userData.SetUserPower (m_Equipment.Power);
            userData.SetUserMoney (m_Equipment.Money);
            userData.SetUserWeapons (m_Equipment.WeaponList);

            SetDataIntoTextFields ();//把获取的数据显示在 UI 界面中的对应文本组件中
        }
    }
```

　　这个函数使用了 Unity 中的 JsonUtility 包，它能够方便地对 JSON 数据进行解析。JsonUtility 的具体使用，读者可阅读 Unity 官方文档中的相关说明(https://docs.unity3d.com/ ScriptReference/Json-Utility.html)。如果想要对 JSON 数据有更多的了解，也可访问其官方网站(http://www.json.org/)。

　　最后，从登录开始完整地测试脚本是否能正常工作。

　　输入正确的用户名和密码"aaa"和"123456"，如图 8-59 中的左图所示，然后单击"登录"按钮，显示的玩家装备清单如图 8-59 中的右图所示。

图 8-57　完整测试脚本

　　在新玩家注册成功之后，也会跳转到装备清单展示界面，查看新玩家当前的装备清单。

　　在本项目中，还有很多数据库中的信息没有涉及，比如 weapons_tbls 表中武器的 Cost 和 Strength 属性，它与玩家的金钱和武力之间存在着什么样的关系？这还需要游戏开发者根据数值策划来进行建模和实现，感兴趣的读者也可以自行进行探索。

8.6　小结

　　本章首先系统地介绍了如何安装和配置 Web 服务器。然后创建了 Unity 项目，接着用完整的项目案例，详细地阐述了在 Unity 游戏开发过程中，利用 Web 服务器结合 PHP 脚本及 Unity 引擎中的 WWW 功能模块，综合实现游戏中的数据库支持，包括数据库的创建、更新与查询等。

8.7　习题

　　在本章案例的基础上，设计并实现自己游戏中的排分榜功能。

第 9 章 SQL Server 在图书管理系统开发中的应用

图书管理系统是应用非常广泛的管理系统之一，也是学生们比较熟悉、接触较多的应用管理系统。本章将以图书管理系统作为案例，详细介绍 SQL Server 数据库技术的开发应用。

9.1 图书管理系统案例介绍

本案例是一个高校图书管理系统，参考了高校图书管理的日常工作和流程，具有系统管理、图书管理、读者管理、借阅服务、查询服务 5 个基本功能。

本系统采用 C#语言开发，开发工具为 Visual Studio 2017，数据库采用 SQL Server 2014。本系统具体的开发环境如下。

- 操作系统版本：Windows 10 家庭中文版 64 位。
- Visual Studio 版本：Microsoft Visual Studio Community 2017 版本，15.2（26430.15）Release。
- SQL Server 版本：SQL Server 2014 Express x64。
- NET Framework 版本：Microsoft .NET Framework，版本 4.6.01586。

本系统功能完备，接近实际应用，可用于图书馆图书的日常管理。本书将本系统各项功能的展示和使用录制成了视频，读者可通过扫描右侧的二维码进行观看。

图书管理系统的使用

9.2 技术说明

9.2.1 ASP.NET

ASP.NET 是建立在微软新一代.NET 平台框架上，利用公共语言运行库（Common Language Runtime, CLR）在服务器端为用户建立企业级 Web 应用的一个新型的功能强大的编程框架。经过多年的改进和优化，ASP.NET 已逐渐发展成为一个成熟、稳定的 Web 编程框架。

ASP.NET 性能卓越，它利用了.NET 框架的强大、安全和高效等平台特性，具有即时编译、本地优化、缓存服务、零安装配置、基于运行时代码受管与验证的安全机制等特性。对 XML、SOAP、WSDL 等 Internet 标准的强健支持，为其在异构网络里提供了强大的扩展性。

ASP.NET 主要包括 Web 表单和 Web 服务两种编程模式。Web 表单编程可以为用户建立功能强大、外观丰富的 Web 页面；Web 服务编程通过对 HTTP、XML、SOAP 和 WSDL 等 Internet 标准的支持提供网络环境下获取远程服务、连接远程设备、交互远程应用的编程界面。

9.2.2 ADO.NET

ADO.NET 是.NET 框架的内置数据库访问技术，它可以方便开发人员从格式各异的数据源中快速访问数据。ADO.NET 对象模型主要由 DataSet 对象和负责建立联机与数据操作的数据操作组件(Managed Providers)组成。其中，数据操作组件充当 DataSet 对象与数据源之间的桥梁，负责将数据源中的数据取出后填入 DataSet 对象中，以及将 DataSet 对象中的数据更新回数据源，如图 9-1 所示。

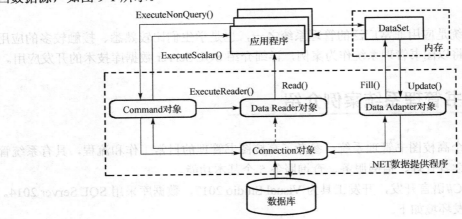

图 9-1　ADO.NET 对象模型

1. ADO.NET 的数据操作组件

ADO.NET 的数据操作组件包括 Connection 对象、Command 对象、DataAdapter 对象和 DataReader 对象。

(1) Connection 对象

Connection 对象主要用于开启应用程序和数据库之间的连接，若没有开启连接，将无法从数据库中获取数据。Connection 对象在 ADO.NET 的最底层，读者可以自己创建这个对象，也可以由其他对象自动创建。

(2) Command 对象

Command 对象主要用于对数据库发出一些指令，例如查询、新增、修改、删除数据等。Command 对象架构在 Connection 对象之上，也就是说，Command 对象是通过 Connection 对象开启的数据库连接来对数据库下达指令的。

(3) DataAdapter 对象

DataAdapter 对象是 DataSet 对象与数据源之间传输数据的桥梁，它通过 Command 对象下达指令，并将从数据源中查询取得的数据填入 DataSet 对象中，或将 DataSet 对象中的数据更新回数据源。

(4) DataReader 对象

当只需要顺序地读取数据而无须进行其他操作时，可以使用 DataReader 对象。DataReader 对象只是顺序地从数据源中读取数据，不进行其他操作。

2. DataSet 对象

DataSet 对象是 ADO.NET 的中心概念。可以把 DataSet 对象想象成内存中的数据库，它可以把从数据库中查询取到的数据保留起来，甚至可以将整个数据库显示出来。DataSet 的能力不只是可以储存多个数据表，还可以记录数据表间的关联。正是由于 DataSet 的存在，才使得程序员在编程时可以屏蔽数据库之间的差异，从而获得一致的编程模型。

9.2.3 使用 ADO.NET 进行数据库应用开发

使用 ADO.NET 进行数据库应用编程主要有两种模型：无连接模型和连接模型。其中，无连接模型可以将数据下载到本地客户机，并在客户机上将数据封装到内存中，这样即使断开与数据库服务器的连接，客户机也能像访问本地关系数据库一样访问内存中的数据；而连接模型则是逐条记录的访问数据，这种访问需要保持与数据库服务器的连接。无连接模型可通过 DataSet 对象和 DataAdapter 对象实现，连接模型则通过 DataReader 对象实现。

1. 使用 DataSet 对象和 DataAdapter 对象

DataSet 对象是不依赖于数据库的独立数据集合。所谓独立，就是即使断开数据库连接，或关闭数据库，DataSet 依然是可用的。有了 DataSet 对象，ADO.NET 访问数据库的步骤就相应地变成了以下 3 步：

(1) 通过 Connection 对象创建一个数据库连接；
(2) 使用 Command 或 DataAdapter 对象请求一个记录集合，再把记录集合暂存到 DataSet 中 (可以重复此步，DataSet 可以容纳多个记录集合)；
(3) 关闭数据库连接，在 DataSet 上进行所需要的数据操作。

2. 使用 DataReader 对象

DataReader 对象只能实现对数据的读取，不能执行其他操作。从数据库查询出来的数据形成一个只读只进的数据流，存储在客户端的网络缓冲区内。DataReader 对象的 read 方法可以前进到下一条记录。在默认情况下，每执行一次 read 方法只会在内存中存储一条记录，系统的开销非常少。创建 DataReader 之前，必须先创建 Command 对象，然后调用该对象的 ExecuteReader 方法来构造 DataReader 对象，而不是直接使用构造函数。

9.3 需求分析

通过对图书馆业务的调研可知，图书馆工作主要由图书管理、读者管理、图书借阅服务、查询服务 5 部分组成。

(1) 图书管理：对馆内所有图书资料进行统一分类编号，并记录图书的主要信息；对新进的图书进行登记，对遗失的图书进行注销。图书管理又可细分为书架管理、图书库存管理、图书类型管理、图书信息管理等。

(2) 读者管理：对读者进行统一分类编号，并记录读者的主要信息；当读者信息发生变化时，及时修改或删除相应的读者信息。读者管理又可细分为读者类型管理、读者信息管理等。

(3) 图书借阅服务：图书借阅服务是图书馆日常工作的重点，主要包括借书、续借和还书等服务。借书时要登记借阅信息，包括书籍信息、读者信息、借书日期及还书日期，借出图书时要更新图书的库存；还书时要将借阅记录删除，同时更新图书库存信息；续借图书时只需刷新借阅记录，更新借还书日期即可。

(4) 查询服务：查询服务分为图书信息查询、图书借阅查询和读者借阅查询 3 种。图书信息查询可以获取图书的编号、名称、书架号、作者、价格、出版社、图书 ISBN、库存等信息。

图书借阅查询则主要查询图书的借阅情况,可根据图书编号和图书名称查询图书借阅信息。读者借阅查询用于查询读者借书情况,可根据读者编号或读者的用户名称获取读者姓名、借阅的图书编号、图书名称、图书 ISBN、借书和还书日期等信息。读者信息查询根据用户身份不同,查询的权限也不同,管理员可查询所有读者的借阅情况;而读者只能查询自己的借阅情况。

9.4 系统设计

9.4.1 系统数据流程图

经过详细的需求调研,下面给出了图书管理的业务流程。在此基础上,构造出图书管理系统的逻辑模型,并通过数据流程图来表示。图书管理系统的数据流程图如图 9-2 所示。

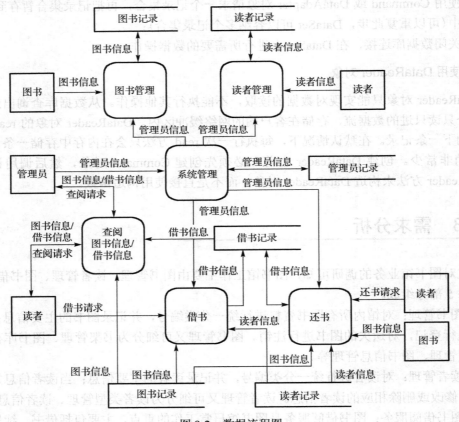

图 9-2 数据流程图

9.4.2 功能模块设计

图书管理系统的主要功能包括系统管理、图书管理、读者管理、借还书和查询 5 个模块,系统功能结构如图 9-3 所示,系统运行的流程如图 9-4 所示。

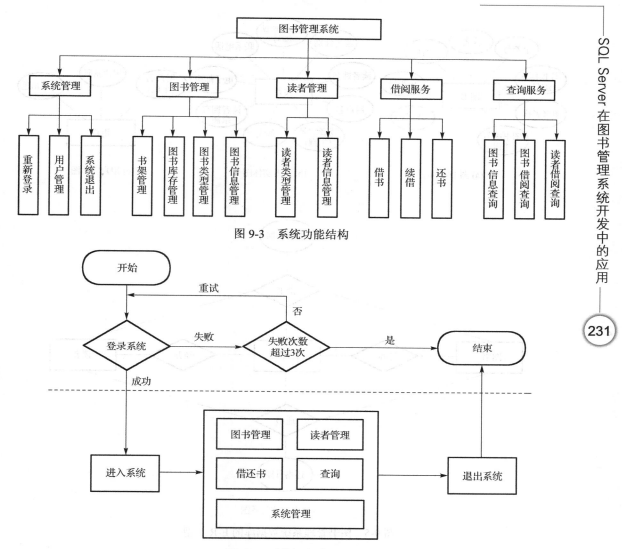

图 9-3 系统功能结构

图 9-4 系统运行流程图

系统应有两种用户角色，管理员和读者。管理员拥有系统的全部功能，而读者只能执行查询服务、读者信息管理、重新登录、系统退出等功能。读者借阅服务需要由图书馆工作人员来操作。

用户登录时需输入用户名和密码，如果输入用户名和密码失败3次则退出系统。登录系统后，应根据用户的角色享用不同的用户功能，管理员拥有全部功能，而读者用户只拥有部分功能。

9.4.3 数据库设计

1. 数据库的概念模型

根据系统的需求分析和数据流程图，可以建立图书管理系统数据库的概念模型。图 9-5 为用 E-R 模型表示的图书管理系统数据库的概念模型。

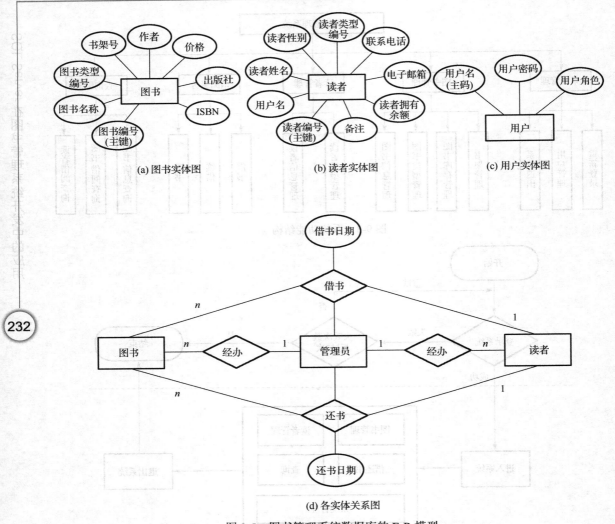

图 9-5 图书管理系统数据库的 E-R 模型

2. 数据表的设计

图书管理系统的数据库管理平台采用 SQL Server 2014,在 SQL Server 2014 数据库中创建一个名为 db_BIMS 的数据库,在该数据库中设计相应数据库表。下面将详细介绍主要表的结构及用途。

(1) 用户信息表

用户信息表用来记录用户信息,包括用户名、密码和用户角色等信息。用户的角色有两种,分别是管理员和读者。其表结构如表 9-1 所示。

表 9-1 用户信息表(tb_user)的表结构

字 段 名	类型(长度)	是否允许为空	说　　明
userName	VARCHAR(50)	否	用户名(主码)
userPwd	VARCHAR(50)	是	用户登录密码
isManager	BIT	否	是否为管理员

(2) 读者类型表

读者类型表用来记录读者类型，包括读者类型编号、读者类型名称、读者可借阅的图书数量等信息。读者有 3 种类型，教师、学生。不同类型的读者可借阅的图书数量是不一样的，如教师可以借阅 20 本，学生可以借阅 10 本。其表结构如表 9-2 所示。

表 9-2　读者类型信息表(tb_readerType)的表结构

字 段 名	类型（长度）	是否允许为空	说　明
readerTypeID	INT	否	读者类型编号（主码）
readerTypeName	VARCHAR(50)	否	读者类型名称（UNIQUE）
totalBorrowNum	INT	否	该类读者可以借阅的图书数量

(3) 读者信息表

读者信息表用来记录读者基本信息，包括读者编号、用户名、读者姓名、读者性别、读者类型编号、读者联系电话、电子邮箱、读者拥有余额和备注等信息。其表结构如表 9-3 所示。

表 9-3　读者信息表(tb_readerInfo)的表结构

字 段 名	类型（长度）	是否允许为空	说　明
readerBarCode	VARCHAR(50)	否	读者编号（主码）
userName	VARCHAR(50)	否	用户名（UNIQUE）
readerName	VARCHAR(50)	否	读者姓名
sex	CHAR(50)	否	读者性别
readerTypeID	INT	否	读者类型编号
tel	VARCHAR(50)	是	联系电话
email	VARCHAR(50)	是	电子邮箱
money	MONEY	是	读者拥有余额
remark	VARCHAR(50)	是	备注

(4) 书架信息表

书架信息表用于记录图书书架信息，包括书架号和书架名称等信息。其表结构如表 9-4 所示。

表 9-4　书架信息表(tb_bookShelf)的表结构

字 段 名	类型（长度）	是否允许为空	说　明
bookShelfID	INT	否	书架号（主码）
bookShelfName	VARCHAR(80)	否	书架名称

(5) 图书类型表

图书类型表用于记录图书的类型信息，包括图书类型编号、图书类型名称、图书可借阅的天数、图书的租金和图书的滞纳金等信息。其表结构如表 9-5 所示。

表 9-5　图书类型表(tb_bookType)的表结构

字 段 名	类型（长度）	是否允许为空	说　明
bookTypeID	VARCHAR(50)	否	图书类型编号（主码）
bookTypeName	VARCHAR(50)	否	图书类型名称（UNIQUE）
borrowDay	INT	是	该类图书可以借阅天数
hire	MONEY	是	该类图书的租金
lagMoney	MONEY	是	该类图书的滞纳金

(6) 图书信息表

图书信息表用来记录图书的基本信息,包括图书编号(图书条形码)、图书名称、图书类型编号、图书所在书架号、作者、价格、出版社和 ISBN 等信息。其表结构如表 9-6 所示。

表 9-6 图书信息表(tb_bookInfo)的表结构

字 段 名	类型(长度)	是否允许为空	说　明
bookBarCode	VARCHAR(50)	否	图书编号(主码)
bookName	VARCHAR(100)	否	图书名称
bookTypeID	VARCHAR(50)	否	图书类型编号
bookShelfID	INT	否	书架号
author	VARCHAR(80)	是	作者
price	MONEY	是	价格
publisher	VARCHAR(50)	是	出版社
ISBN	VARCHAR(50)	否	ISBN

(7) 图书库存表

图书库存表用于记录图书的库存信息,包括图书的 ISBN、库存数和累计借阅数。其中,库存数是图书馆拥有该图书的总数,而累计借阅数是该图书外借数,库存数减去累计借阅书是图书馆现有该图书的数量,因此累计借阅数应该小于等于库存数。其表结构如表 9-7 所示。

表 9-7 图书库存表(tb_bookStock)的表结构

字 段 名	类型(长度)	是否允许为空	说　明
ISBN	VARCHAR(50)	否	ISBN
stock	INT	否	库存数
borrowSum	INT	否	累计借阅数

(8) 图书借阅信息表

图书借阅信息表用于记录图书借阅信息,包括借出的图书编号、借阅该图书的读者编号、借书时间、还书时间和借书经办人等信息。其表结构如表 9-8 所示。

表 9-8 图书借阅信息表(tb_bookBorrowInfo)的表结构

字 段 名	类型(长度)	是否允许为空	说　明
ID	INT	否	自动编号(主码)
bookBarCode	VARCHAR(50)	否	图书编号(图书条形码)(UNIQUE)
readerBarCode	VARCHAR(50)	否	读者编号
borrowDate	DATETIME	否	借书时间
handler	VARCHAR(50)	否	借书管理员(经办人)
returnDate	DATETIME	否	应还书时间

3. 数据表的关系及完整性

数据库由多张数据表组成,表与表之间往往存在联系,可能拥有共同的数据,对一个数据表中数据进行增、删、改操作很可能会影响到其他数据表中的数据,从而破坏数据的完整性和一致性。数据库的完整性就是保证存储在数据库中的数据正确无误且相关数据具有一致性。

本系统有 8 张数据表，表间的关系如图 9-6 所示。从图 9-6 可以看出每张表的主码约束、唯一约束、非空约束、Check 约束和外码约束等。

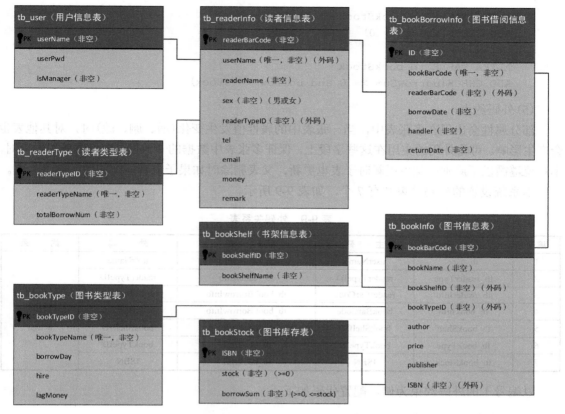

图 9-6　数据表关系图

(1) 主码约束

每张表都有一个主码，主码值非空并且唯一。在设计表的时候可以设置表的主码。

(2) 唯一约束

唯一约束针对表中要求值唯一的字段设置。以表 tb_readerInfo 中的 userName 字段为例，唯一约束的设置可采用以下代码。

```
ALTER TABLE tb_readerInfo
    ADD UNIQUE(userName)
```

(3) 非空约束

数据表中的某些字段要求不能为空值，在设计数据表时可直接将其设置为非空。

(4) Check 约束

Check 约束用来约束字段值的范围，一般字段的类型可以初步限制字段值的范围，比如整型、字符串类型。而 Check 约束可在数据类型的基础上进一步约束字段值。本系统中设置了 3 处 Check 约束，分别是 tb_readerInfo 表中的 sex 字段，字段值限定为"男"或者"女"；tb_bookStock 表中的 stock 字段和 borrowSum 字段，其中 stock 字段值要大于等于 0，borrowSum 字段值要大于等于 0，小于等于 stock 的值。Check 代码如下。

```
ALTER TABLE tb_readerInfo
ADD CHECK(sex = '男' or sex = '女')

ALTER TABLE tb_bookStock
ADD CHECK(stock >= 0)

ALTER TABLE tb_bookStock
ADD CHECK(borrowSum >= 0 and borrow <= stock)
```

(5) 外码约束

部分属性会出现在多张表中,当一张表中的属性值发生变化(增、删、改)时,对其他表也会产生影响。可将外码约束用在这些字段上,保证多张表中数据的一致性。在设置外码约束时,本系统遵循以下原则:父表更新时子表也更新,父表删除时如果子表有匹配的项,删除失败。

本系统设置的外码约束共有 7 个,如表 9-9 所示。

表 9-9 外码关系表

编号	主 表	主 码	从 表	外 码	约 束
1	tb_user	userName	tb_readerInfo	userName	on update cascade on delete no action
2	tb_readerType	readerTypeID	tb_readerInfo	readerTypeID	
3	tb_readerInfo	readerBarCode	tb_bookBorrowInfo	readerBarCode	
4	tb_bookInfo	bookBarCode	tb_bookBorrowInfo	bookBarCode	
5	tb_bookShelf	bookShelfID	tb_bookInfo	bookShelfID	
6	tb_bookType	bookTypeID	tb_bookInfo	bookTypeID	
7	tb_bookStock	ISBN	tb_bookInfo	ISBN	

以编号 1 的外码约束为例,配置代码如下。

```
ALTER TABLE tb_readerInfo
ADD CONSTRAINT tb_user_tb_readerInfo_userName FOREIGN KEY(userName)
    REFERENCES tb_user(userName)
ON UPDATE CASCADE
ON DELETE NO ACTION
```

4. 视图设计

通过视图可以建立一张虚表,将需要显示的而又分散在多张表中的内容连接起来放在一张表中显示。根据系统提供的 3 种查询服务(图书信息查询、图书借阅查询和读者借阅查询)建立以下 3 个视图。

(1) view_bookInfoQuery 视图

视图 view_bookInfoQuery 用于图书信息查询,可查询的图书信息包括图书编号、图书名称、图书类型编号、图书类型名称、书架编号、书架名称、作者、价格、出版社、ISBN、库存和累计借阅数等。该视图是图书信息表(tb_bookInfo)、图书类型表(tb_bookType)、书架信息表(tb_bookShelf)和图书库存表 4 张表通过连接获得。创建该视图的主要代码如下。

```
CREATE VIEW view_bookInfoQuery AS
SELECT    a.bookBarCode, a.bookName, a.bookTypeID, b.bookTypeName,
          a.bookShelfID, c.bookShelfName, a.author, a.price, a.publisher,
```

```
                a.ISBN, d.stock, d.borrowSum
     FROM    tb_bookInfo AS a INNER JOIN
               tb_bookType AS b ON a.bookTypeID = b.bookTypeID INNER JOIN
               tb_bookShelf AS c ON a.bookShelfID = c.bookShelfID INNER JOIN
               tb_bookStock AS d ON a.ISBN = d.ISBN
```

需要注意的是，在创建视图时要选择使用的数据库，否则会出现"对象名无效"错误。使用数据库的代码如下。

```
     USE db_BIMS
```

(2) view_bookBorrowInfo 视图

视图 view_bookBorrowInfo 用于图书借阅查询，可查询的图书借阅信息包括图书编号、图书名称、图书 ISBN、读者编号、读者姓名、借阅时间、归还时间、操作人员、该图书库存数、该图书累计借阅数等信息。该视图是图书借阅信息表（tb_bookBorrowInfo）、图书信息表（tb_bookInfo）、读者信息表（tb_readerInfo）和图书库存表（tb_bookStock）4 张表通过连接获得的。创建该视图的主要代码如下。

```
     CREATE VIEW view_bookBorrowInfo AS
     SELECT  a.bookBarCode, b.bookName, b.ISBN, a.readerBarCode, c.readerName,
                a.borrowDate, a.returnDate, a.handler, d.stock, d.borrowSum
     FROM    tb_bookBorrowInfo AS a INNER JOIN
     tb_bookInfo AS b ON a.bookBarCode = b.bookBarCode INNER JOIN
     tb_readerInfo AS c ON a.readerBarCode = c.readerBarCode INNER JOIN
     tb_bookStock AS d ON b.ISBN = d.ISBN
```

(3) view_readerBorrowInfo 视图

视图 view_readerBorrowInfo 用于读者借阅查询，可查询的读者借阅信息包括读者编号、读者姓名、读者用户名、图书编号、图书名称、图书 ISBN、借阅时间、归还时间、操作人员等信息。该视图是图书借阅信息表（tb_bookBorrowInfo）、读者信息表（tb_readerInfo）和图书信息表（tb_bookInfo）3 张表通过连接获得的。创建该视图的主要代码如下。

```
     CREATE VIEW view_readerBorrowInfo AS
     SELECT  a.readerBarCode, b.readerName, b.userName, a.bookBarCode,
                c.bookName, c.ISBN, a.borrowDate, a.returnDate, a.handler
     FROM    tb_bookBorrowInfo AS a INNER JOIN
     tb_readerInfo AS b ON a.readerBarCode = b.readerBarCode INNER JOIN
     tb_bookInfo AS c ON a.bookBarCode = c.bookBarCode
```

9.5 系统实现

9.5.1 创建数据库和数据表

根据 9.4.3 节数据库设计部分的内容，创建数据库和数据表。

1. 连接数据库服务器

打开 SQL Server 2014，弹出连接到服务器对话框，如图 9-7 所示。

在对话框中选择服务器类型为数据库引擎，服务器名称为"计算机名称\实例名称"（如果是默认实例，则是计算机名称），身份验证方式可选择 Windows 身份验证或 SQL Server 身份验证。单击连接按钮，如果连接服务器成功，将进入如图 9-8 所示的界面。

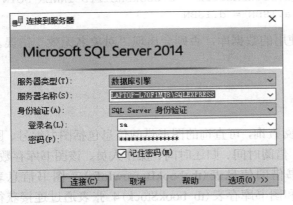

图 9-7　连接到服务器对话框 　　　　　　图 9-8　连接服务器成功

2. 创建数据库

连接数据库成功后，进入数据库对象资源管理器，创建数据库 db_BIMS，如图 9-9 所示。

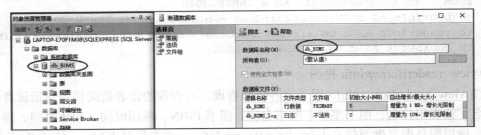

图 9-9　创建数据库 db_BIMS

3. 创建数据表

创建数据库成功后，在 db_BIMS 数据库下创建数据表并添加数据，如图 9-10、图 9-11 所示。

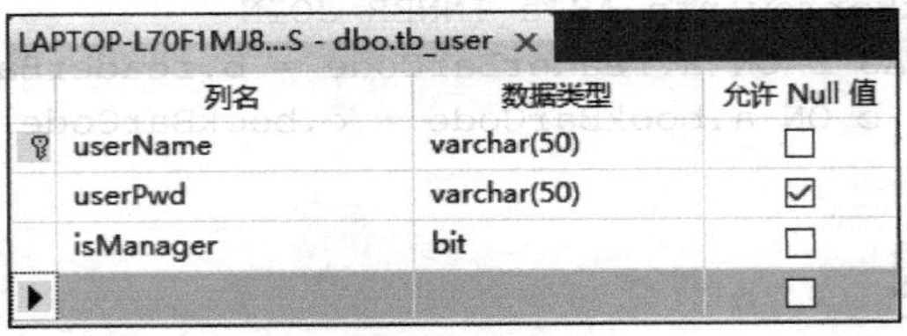

列名	数据类型	允许 Null 值
userName	varchar(50)	□
userPwd	varchar(50)	☑
isManager	bit	□

图 9-10　创建用户表 tb_user

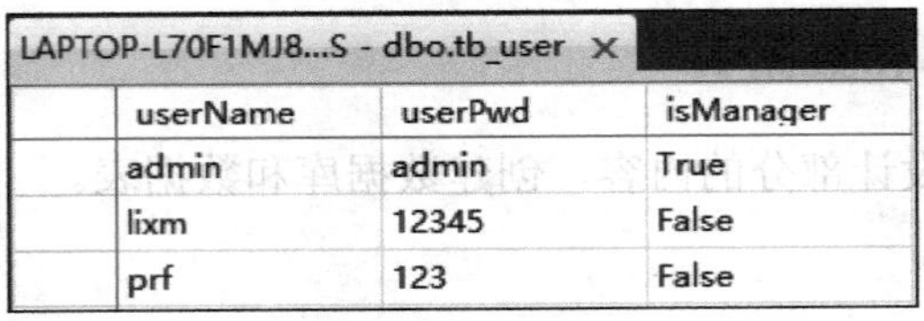

userName	userPwd	isManager
admin	admin	True
lixm	12345	False
prf	123	False

图 9-11　添加 tb_user 表的数据

设计数据表时可直接设置主码、非空约束，数据表设计完成后，可在查询器中通过命令设置唯一约束、Check 约束和外码约束，并创建视图（参考 9.4.3），如图 9-12 所示。

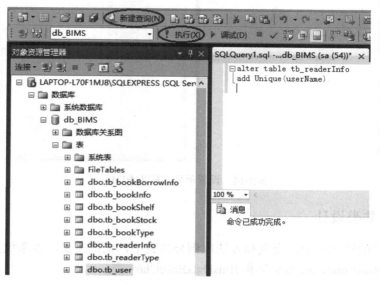

图 9-12　执行 SQL 命令

9.5.2　创建项目

打开 Visual Studio 2017，在 Visual C#下选择 Windows 经典桌面，在右边的选项框中选择 Windows 窗体应用(.NET Framework)，创建一个典型的基于 C#的 Windows 窗体应用程序项目，选择项目所在的目录并设置项目名称为 BIMS，如图 9-13、图 9-14 所示。

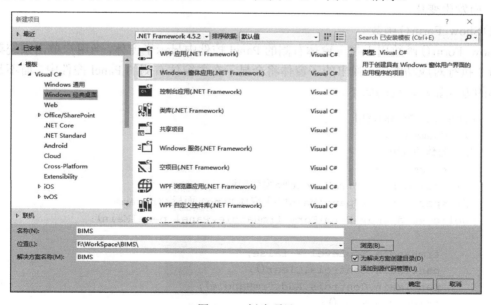

图 9-13　创建项目

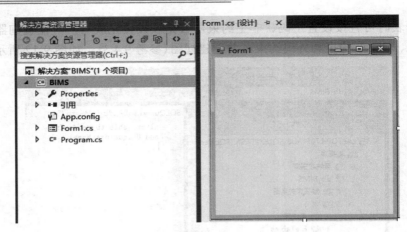

图 9-14 设置项目名称为 BIMS

9.5.3 公共类设计

将一些共用的数据类型、变量和方法放到公共类中，根据需要，本系统共设计了两个公共类，分别是 BmsCommonClass 类和 BmsDataBaseClass 类。

1. BmsCommonClass 类

BmsCommonClass 类主要实现界面的显示操作，包括菜单栏、工具栏和 TreeView 控件中目录的显示。有两点需要说明：

- TreeView 控件中显示的内容跟菜单栏的内容一致；
- 用户权限不同，可执行的命令也不一样，管理员用户可执行所有功能，而读者用户只能执行部分功能，因此菜单栏、工具栏及 TreeView 控件中的命令会根据用户类型不同而发生变化。

(1) Show_Form() 函数

Show_Form() 函数用于在主窗体右侧的 Panel 控件中显示子窗体，当用户单击系统菜单栏各个命令执行对应功能时，弹出的子窗体将会显示在主窗体右侧的 Panel 控件中，而不是以弹出窗体的方式显示，代码如下。

```csharp
#region 窗体的调用
/// <summary>
/// 窗体的调用
/// </summary>
/// <param name="frmHandle">窗体句柄</param>
/// <param name="panelMain">主窗体 Panel 面板</param>
public void Show_Form(Form frmHandle,Panel panelMain)
{
    frmHandle.TopLevel = false;
    panelMain.Controls.Clear();
    panelMain.Controls.Add(frmHandle);
    frmHandle.Show();
}
#endregion
```

(2) GetMenu()函数

GetMenu()函数用于将菜单栏中的信息添加到主窗体左侧的 TreeView 控件中。该函数的输入参数有两个，分别是 TreeView 控件的实例和 MenuStrip 控件的实例，代码如下。

```csharp
#region 将 MenuStrip 控件中的信息添加到 treeView 控件中
/// <summary>
/// 读取菜单中的信息
/// </summary>
/// <param name="treeV">TreeView 控件</param>
/// <param name="MenuS">MenuStrip 控件</param>
public void GetMenu(TreeView treeV, MenuStrip MenuS)
{
    for (int i = 0; i < MenuS.Items.Count; i++) //遍历MenuStrip组件中的一级菜单项
    {
        //将一级菜单项的名称添加到TreeView组件的根节点中，并设置当前节点的子节点newNode1
        TreeNode newNode1 = treeV.Nodes.Add(MenuS.Items[i].Text);
        //将当前菜单项的所有相关信息存入到ToolStripDropDownItem对象中
        ToolStripDropDownItem newmenu = (ToolStripDropDownItem)
            MenuS.Items[i];
        //判断当前菜单项中是否有二级菜单项
        if (newmenu.HasDropDownItems && newmenu.DropDownItems.Count > 0)
            for (int j = 0; j < newmenu.DropDownItems.Count; j++)   //遍历二级菜单项
            {
                //将二级菜单名称添加到TreeView组件的子节点newNode1中，并设置当前节点的子节点newNode2
                TreeNode newNode2 = newNode1.Nodes.Add(newmenu.DropDownItems[j].Text);
                //将当前菜单项的所有相关信息存入到ToolStripDropDownItem对象中
                ToolStripDropDownItem newmenu2 = (ToolStripDropDownItem)
                    newmenu.DropDownItems[j];
                //判断二级菜单项中是否有三级菜单项
                if (newmenu2.HasDropDownItems && newmenu2.DropDownItems.Count > 0)
                    for (int p = 0; p < newmenu2.DropDownItems.Count; p++)
                                                                //遍历三级菜单项
                        //将三级菜单名称添加到TreeView组件的子节点newNode2中
                        newNode2.Nodes.Add(newmenu2.DropDownItems[p].Text);
            }
    }
}
#endregion
```

(3) MainMenuJudge()函数

管理员和读者拥有不同的权限，MainMenuJudge()函数根据菜单栏命令的文本来决定读者可以执行的命令，代码如下。

```csharp
#region
///<summary>
///如果用户是读者，根据菜单的Text属性判断该菜单是否可用
///</summary>
public bool MainMenuJudge(string menuItemText)
```

```
        {
            switch(menuItemText)
            {
                case "用户管理":
                case "书架管理":
                case "图书库存管理":
                case "图书类型管理":
                case "图书信息管理":
                case "读者类型管理":
                case "借书":
                case "续借":
                case "还书":
                    return false;
                default:
                    return true;
            }
        }
        #endregion
```

(4) ToolBarSet()函数

ToolBarSet()函数根据用户权限设置工具栏按钮的可用状态，代码如下。

```
        #region  根据权限设置工具栏的可用状态
        /// <summary>
        /// 根据权限设置工具栏的可用状态，管理员拥有全部权限
        /// 读者只具有图书信息查询权限，借书、还书等操作由管理员实施
        /// </summary>
        /// <param name="ToolS">ToolStrip 控件</param>
        public void ToolBarSet(ToolStrip ToolS, bool isManager)
        {
            if (!isManager)
            {
                ToolS.Items[0].Enabled = false;      //禁用"图书信息管理"
                ToolS.Items[4].Enabled = false;      //禁用"借书"
                ToolS.Items[5].Enabled = false;      //禁用"还书"
            }
        }
        #endregion
```

(5) MainMenuSet()函数

MainMenuSet()函数用于设置读者能够执行的菜单栏命令，将读者能够执行的菜单栏命令的 Enabled 属性设置为 True，不能执行的菜单栏命令的 Enabled 属性设置为 False，代码如下。

```
        #region  根据权限设置主窗体菜单的可用状态
        /// <summary>
        /// 根据权限设置主窗体菜单的可用状态
        /// </summary>
        /// <param name="MenuS">MenuStrip 控件</param>
```

```csharp
public void MainMenuSet(MenuStrip MenuS,bool isManager)
{
    if (!isManager)
    {
        string Men = "";
        for (int i = 0; i < MenuS.Items.Count; i++)
        {
            Men = ((ToolStripDropDownItem)MenuS.Items[i]).Name;
            if (Men.IndexOf("Menu") != -1)
                ((ToolStripDropDownItem)MenuS.Items[i]).Enabled = MainMenuJudge
                    ((((ToolStripDropDownItem)MenuS.Items[i]).Text);
            ToolStripDropDownItem newmenu = (ToolStripDropDownItem)
                    MenuS.Items[i];
            if (newmenu.HasDropDownItems && newmenu.DropDownItems.Count > 0)
            {
                for (int j = 0; j < newmenu.DropDownItems.Count; j++)
                {
                    Men = newmenu.DropDownItems[j].Name;
                    if (Men.IndexOf("Menu") != -1)
                        newmenu.DropDownItems[j].Enabled = MainMenuJudge
                            (newmenu.DropDownItems[j].Text);
                    ToolStripDropDownItem newmenu2 = (ToolStripDropDownItem)
                            newmenu.DropDownItems[j];
                    if (newmenu2.HasDropDownItems && newmenu2.DropDownItems
                        .Count > 0)
                        for (int p = 0; p < newmenu2.DropDownItems.Count; p++)
                            newmenu2.DropDownItems[p].Enabled = MainMenuJudge
                                (newmenu2.DropDownItems[j].Text);
                }
            }
        }
    }
}
#endregion
```

2. BmsDataBaseClass 类

BmsDataBaseClass 类主要负责数据库的操作，包括连接数据库、关闭数据库、访问数据库等。

（1）全局变量

全局变量用来保存一些重要的数据，如 Login_Name 变量用来保存登录用户的账号；isManager 变量用来记录用户的类型，True 表明是管理员，False 表明是读者；Bms_str_sqlconn 变量描述的是连接的 SQL Server 数据库的信息，包括服务器名称、数据库名称、用户名和密码等。全局变量定义如下。

```csharp
#region 全局变量
public static string Login_Name = "";
```

```csharp
public static bool isManager = false;
public static SqlConnection Bms_conn;
        //定义一个SqlConnection类型的公共变量Bms_conn,用于判断数据库是否连接成功
public static string Bms_str_sqlconn = @"Data Source=LAPTOP-L70F1MJ8\
        SQLEXPRESS;Database=db_BIMS;User id=sa;PWD=********";
public static int Login_n = 0;          //用户登录与重新登录的标识
#endregion
```

(2) getconn()函数

Getconn()函数用于建立到数据库的连接,用到了 SqlConnection 对象,其中,Bms_str_sqlconn 是全局变量,记录的是连接的 SQL Server 数据库的信息,代码如下。

```csharp
#region   建立数据库连接
/// <summary>
/// 建立数据库连接
/// </summary>
/// <returns>返回 SqlConnection 对象</returns>
public static SqlConnection getconn()
{
    Bms_conn = new SqlConnection(Bms_str_sqlconn);
                            //用 SqlConnection 对象与指定的数据库相连接
    Bms_conn.Open();        //打开数据库连接
    return Bms_conn;        //返回 SqlConnection 对象的信息
}
#endregion
```

(3) conn_close()函数

conn_close()函数用于关闭到数据库的连接并释放资源,代码如下。

```csharp
#region   关闭数据库连接
/// <summary>
/// 关闭于数据库的连接
/// </summary>
public void conn_close()
{
    if (Bms_conn.State == ConnectionState.Open)  //判断是否打开与数据库的连接
    {
        Bms_conn.Close();                        //关闭数据库的连接
        Bms_conn.Dispose();                      //释放 My_con 变量的所有空间
    }
}
#endregion
```

(4) getcomm()函数

Getcomm()函数用于打开数据库连接,创建 SqlCommand 对象,并用 SqlDataReader 对象读取数据库的内容,采用有连接方式访问数据库,代码如下。

```csharp
#region   读取指定表中的信息
```

```csharp
/// <summary>
/// 读取指定表中的信息
/// </summary>
/// <param name="SQLstr">SQL 语句</param>
/// <returns>返回 bool 型</returns>
public SqlDataReader getcomm(string SQLstr)
{
    getconn();                    //打开与数据库的连接
    SqlCommand Bms_comm= Bms_conn.CreateCommand();
                                  //创建一个 SqlCommand 对象，用于执行 SQL 语句
    Bms_comm.CommandText = SQLstr;      //获取指定的 SQL 语句
    SqlDataReader Bms_reader = Bms_comm.ExecuteReader();
                                  //执行 SQL 语名句，生成一个 SqlDataReader 对象
    return Bms_reader;
}
#endregion
```

(5) getsqlcom() 函数

Getsqlcom() 函数用于打开数据库连接，创建 SqlCommand 对象，执行 SQL 语句后关闭数据库连接，释放资源，代码如下。

```csharp
#region 执行 SqlCommand 命令
/// <summary>
/// 执行 SqlCommand
/// </summary>
/// <param name="Bms_str_sqlstr">SQL 语句</param>
public void getsqlcom(string SQLstr)
{
    getconn();                    //打开与数据库的连接
    SqlCommand SQLcom = new SqlCommand(SQLstr, Bms_conn);
                                  //创建一个 SqlCommand 对象，用于执行 SQL 语句
    SQLcom.ExecuteNonQuery();     //执行 SQL 语句
    SQLcom.Dispose();             //释放所有空间
    conn_close();                 //调用 con_close()方法，关闭与数据库的连接
}
#endregion
```

(6) getDataSet() 函数

getDataSet() 函数用于打开数据库连接，采用 SqlDataAdapter 对象获取数据表，返回 DataSet 对象。该函数采用 DataAdapter 和 DataSet 来无连接地访问数据库，代码如下。

```csharp
#region  创建 DataSet 对象
/// <summary>
/// 创建一个 DataSet 对象
/// </summary>
/// <param name="Bms_str_sqlstr">SQL 语句</param>
/// <param name="Bms_str_table">表名</param>
/// <returns>返回 DataSet 对象</returns>
```

```csharp
public DataSet getDataSet(string SQLstr, string tableName)
{
    getconn();                    //打开与数据库的连接
    SqlDataAdapter SQLda = new SqlDataAdapter(SQLstr, Bms_conn);
                                  //创建一个SqlDataAdapter对象,并获取指定数据表的信息
    DataSet Bms_DataSet = new DataSet();    //创建DataSet对象
    SQLda.Fill(Bms_DataSet, tableName);
            //通过SqlDataAdapter对象的Fill()方法,将数据表信息添加到DataSet对象中
    conn_close();                 //关闭数据库的连接
    return Bms_DataSet;           //返回DataSet对象的信息
}
#endregion
```

(7) getTableValue()函数

getTableValue()函数根据查询条件获取数据表中某个属性的值。查询条件由 sqlQuerySelValue 给出,查询结果储存在以 tableName 命名的数据表中,key 是关键字,参数 selValue 为要获取的属性名称,参数 selCon 为查询条件中选择的字段,代码如下。

```csharp
#region
///<summary>
///获取表中的某个字段值
///</summary>
public object getTableValue(string sqlQuerySelValue,string tableName,object
        key,string selValue,string selCon = null)
{
    DataSet ds = new DataSet();
    conn_open();
    SqlCommand cmd = new SqlCommand(sqlQuerySelValue, Bms_conn);
    SqlDataAdapter sda = new SqlDataAdapter();
    sda.SelectCommand = cmd;
    sda.Fill(ds,tableName);
    DataTable dt = ds.Tables[tableName];
    sda.FillSchema(dt, SchemaType.Mapped);
    if (dt.Rows.Count > 0)
    {
        DataColumn[] keys = new DataColumn[1];
        keys[0] = dt.Columns[0];
        dt.PrimaryKey = keys;
        DataRow dr;
        if (selValue.ToString() == dt.PrimaryKey[0].ToString())
        {
            dr = dt.Select(selCon+"='"+key.ToString()+"'")[0];
        }
        else
        {
            dr = dt.Rows.Find(key);
        }
        //返回DataRow中的值
```

```
            return dr[selValue].ToString();
    }
    else
    {
        MessageBox.Show("'" + key + "'不存在", "提示", MessageBoxButtons.OK,
            MessageBoxIcon.Information);
        return false;
    }
}
#endregion
```

（8）setTableValue()函数

setTableValue()函数用于设置数据表中某个字段的值，参数 sqlQuerySelValue 为查询条件，查询结果存储在以 tableName 命名的数据表中，参数 key 是关键字，参数 selValue 为要设置的字段名称，参数 newValue 为要设置的字段值，代码如下。

```
#region
///<summary>
///设置表中的某个字段值
///</summary>
public bool setTableValue(string sqlQuerySelValue, string tableName, object
        key, string selValue, object newValue)
{
    DataSet ds = new DataSet();
    conn_open();
    SqlCommand cmd = new SqlCommand(sqlQuerySelValue, Bms_conn);
    SqlDataAdapter sda = new SqlDataAdapter();
    sda.SelectCommand = cmd;
    sda.Fill(ds, tableName);
    DataTable dt = ds.Tables[tableName];
    sda.FillSchema(dt, SchemaType.Mapped);
    if (dt.Rows.Count > 0)
    {
        DataColumn[] keys = new DataColumn[1];
        keys[0] = dt.Columns[0];
        dt.PrimaryKey = keys;
        DataRow dr = dt.Rows.Find(key);
        //设置 DataRow 中的值
        dr[selValue] = newValue.ToString();
        SqlCommandBuilder cmdBuilder = new SqlCommandBuilder(sda);
        sda.Update(dt);
        return true;
    }
    else
    {
        MessageBox.Show("'" + key + "'不存在", "提示", MessageBoxButtons.OK,
            MessageBoxIcon.Information);
        return false;
```

            }
        }
        #endregion

(9) searchRecord()函数

searchRecord()函数查询数据表中的某条记录并将结果显示在 DataGridView 控件中,查询条件由参数 sqlSearchCon 给出,代码如下。

```
#region
///<summary>
///搜索表中的记录
///</summary>
public bool searchRecord(string sqlSearchCon, DataGridView dataGridView1)
{
    BmsDataBaseClass BmsDataOperate = new BmsDataBaseClass();
    BindingSource bs = new BindingSource();
    SqlDataReader sdr = BmsDataOperate.getcomm(sqlSearchCon);
    if (sdr.Read())
    {
        BmsDataOperate.conn_close();
        sdr = BmsDataOperate.getcomm(sqlSearchCon);
        bs.DataSource = sdr;
        dataGridView1.DataSource = bs;
        BmsDataOperate.conn_close();
        return true;
    }
    else
    {
        MessageBox.Show("没有找到匹配项!", "提示", MessageBoxButtons.OK,
            MessageBoxIcon.Information);
        BmsDataOperate.conn_close();
        return false;
    }
}
#endregion
```

9.5.4 登录模块设计

登录模块是进入管理系统的必经通道,在登录窗体中输入正确的用户名和密码,用户便可以进入管理系统进行相应的操作。登录模块主要起到对系统的访问保护作用,防止非法用户对系统的访问。登录窗体的界面如图 9-15 所示。

1. 设计登录窗体

新建一个 Windows 窗体,如图 9-16 所示,窗体命名为 FM_Login,用于实现系统的登录功能。将窗体的 FormBorderStyle 属性设置为 None,这样可以去掉窗体的标题栏。

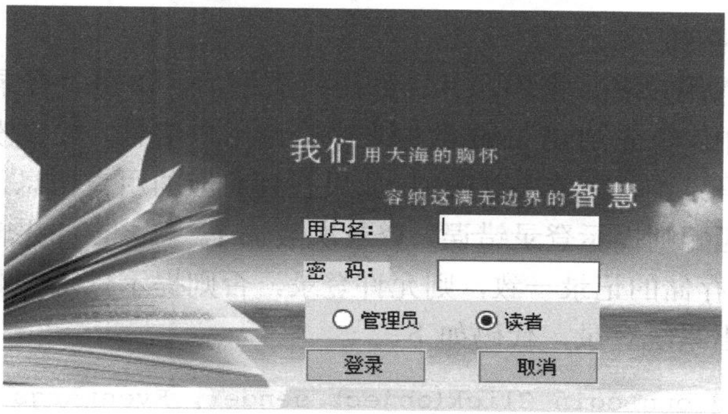

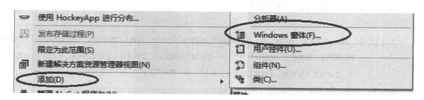

图 9-15　系统登录界面

图 9-16　添加 Windows 窗体

登录界面中用到的主要控件及重要属性的配置如表 9-10 所示。

表 9-10　登录窗体主控件配置

控件类型	控件 ID	主要属性设置	用　途
TextBox	textName	无	输入用户名
	textPass	PasswordChar 属性设置为 "*"	输入登录密码
RadioButton	radioManager	无	管理员
	radioReader	Checked 属性设置为 "true"	读者（默认）
Button	btnLogin	Text 属性设置为 "登录"	登录
	btnCancel	Text 属性设置为 "取消"	取消
Panel	panelLoginFM	无	对单选按钮分组
PictureBox	picLoginFM	SizeMode 属性设置为 "StretchImage"	显示登录界面的背景图

将两个"RadioButton"按钮放置在 Panel 控件中，可对其进行分组，当其中一个单选按钮被选中时，另一个单选按钮会自动取消选择。

2. 实现登录功能

(1) 弹出登录窗体

在主窗体的 Load 函数中弹出登录窗体，代码如下。

```
private void FM_Main_Load(object sender, EventArgs e)
{
    FM_Login FormLogin = new FM_Login();      //实例化登录窗口
    FormLogin.Tag = 1;           //将登录窗口的 Tag 属性设置为 1,表示调用的是登录窗口
    FormLogin.ShowDialog();      //显示登录窗口
    FormLogin.Dispose();         //退出登录窗口,释放资源
}
```

(2) 单击"登录"按钮

在登录窗体中输入用户名、密码,并选择用户类型后,单击"登录"按钮,在"登录"按钮的事件响应函数中,首先到 tb_user 数据表中查询用户信息,如果没有找到对应的用户信息则提示用户名、密码错误,登录次数加 1;如果找到对应的用户信息,则进一步判断用户类型是否匹配,如果不匹配则提示登录错误,登录次数加 1。总之,如果输入的用户名、密码和用户类型与 tb_user 中存储的记录一致,则允许登录,否则提示登录失败并累加登录次数,当登录失败 3 次后则退出系统登录,代码如下。

```
private void btnLogin_Click(object sender, EventArgs e)
{
    if (textName.Text != "")
    {
        SqlDataReader sdr = BmsDataOperate.getcomm("SELECT * FROM tb_user
            WHERE userName='" + textName.Text.Trim() + "' and userPwd='"
            + textPass.Text.Trim() + "'");
        bool hasData = sdr.Read();
        if (hasData)
        {
            if (radioManager.Checked)
            {
                if (!(bool.Parse(sdr[2].ToString())))
                {
                    MessageBox.Show("该用户不是管理员!", "提示",
                        MessageBoxButtons.OK, MessageBoxIcon.Information);
                    login_num++;
                }
                else
                {
                    PublicClass.BmsDataBaseClass.Login_Name = textName.Text.Trim();
                    PublicClass.BmsDataBaseClass.Bms_conn.Close();
                    PublicClass.BmsDataBaseClass.Bms_conn.Dispose();
                    PublicClass.BmsDataBaseClass.Login_n = (int)(this.Tag);
                    PublicClass.BmsDataBaseClass.isManager = true;
                    this.Close();
                }
            }
            else
            {
                if (Convert.ToBoolean(sdr[2].ToString()))
                {
                    MessageBox.Show("该用户不是读者!", "提示", MessageBoxButtons.OK,
                        MessageBoxIcon.Information);
                    login_num++;
                }
                else
                {
```

```csharp
                    PublicClass.BmsDataBaseClass.Login_Name = textName.Text.Trim();
                    PublicClass.BmsDataBaseClass.Bms_conn.Close();
                    PublicClass.BmsDataBaseClass.Bms_conn.Dispose();
                    PublicClass.BmsDataBaseClass.Login_n = (int)(this.Tag);
                    PublicClass.BmsDataBaseClass.isManager = false;
                    this.Close();
                }
            }
        }
        else
        {
            MessageBox.Show("用户名或密码错误!", "提示", MessageBoxButtons.OK,
                MessageBoxIcon.Information);
            textName.Text = "";
            textPass.Text = "";
            login_num++;
        }
        BmsDataOperate.conn_close();
    }
    else
    {
        MessageBox.Show("请将登录信息添写完整!", "提示", MessageBoxButtons.OK,
            MessageBoxIcon.Information);
        login_num++;
    }
    if(login_num>=3)
    {
        MessageBox.Show("登录尝试超过3次,系统退出!","提示",MessageBoxButtons.OK,
            MessageBoxIcon.Information);
        Application.Exit();
    }
}
```

(3) 单击"取消"按钮

单击"取消"按钮,可退出系统登录,代码如下。

```csharp
private void btnCancel_Click(object sender, EventArgs e)
{
    Application.Exit();
}
```

9.5.5 主界面设计

图书管理系统的主界面如图 9-17 所示,其对应的窗体名称为 FM_Main。

1. 设计主窗体

主窗体主要由菜单栏(menuStrip)、工具栏(toolStrip)、状态栏(statusStrip)、树视图(TreeView)和面板控件(Panel)组成。

(1) 设计菜单栏

菜单栏的运行效果图如图 9-18 所示。

图 9-17　图书管理系统主界面

图 9-18　菜单栏运行效果图

菜单栏采用 menuStrip 控件实现，将 menuStrip 控件放置到主窗体的指定位置，单击菜单中的条目对其进行编辑即可，以"重新登录"菜单命令为例，其属性设计如图 9-19 所示。

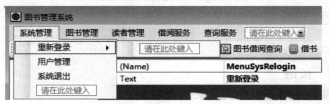

图 9-19　菜单栏属性设计

设置"重新登录"命令的 Name 属性为 MenuSysRelogin，当添加该命令对应的事件响应函数时，函数名将以 Name 属性值作为默认名称；设置 Text 文本属性的值为重新登录。

(2) 设计工具栏

为了增加界面操作的友好性，可为一些常用的菜单命令添加工具栏按钮作为快捷方式。工具栏的运行效果图如图 9-20 所示。

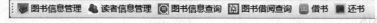

图 9-20　工具栏运行效果图

工具栏采用 toolStrip 控件实现，将 toolStrip 控件放置到主窗体的指定位置，通过对工具栏按钮属性的设置来实现相应的显示效果，以"图书信息管理"按钮为例，其属性设置如图 9-21 所示。

单击图 9-21 中的工具栏下拉菜单，选择添加"Button"按钮，在工具栏中出现一个按钮。在新出现的按钮上单击右键，在弹出菜单中选择"DisplayStyle"，然后选择"ImageAndText"，如图 9-22 所示，这样按钮上就可以同时显示图标和文本了。

图 9-21　添加按钮

图 9-22　设置按钮显示的样式

以"图书信息管理"按钮为例，在按钮上单击右键选择"设置图像"，在弹出菜单中选择在按钮上显示的图标，如图 9-23 所示。然后将按钮的 Name 属性设置为 BtnBookInfoManage，将其 Text 属性设置为图书信息管理。

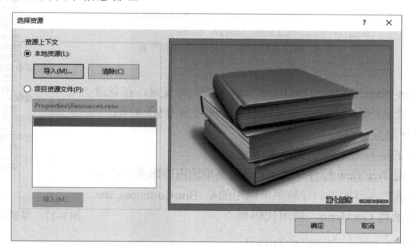

图 9-23　选择按钮图标

当按下工具栏按钮时执行对应的菜单栏命令的功能，可通过配置工具栏按钮的 Click 事件来将按钮的功能与菜单栏命令的功能绑定起来，如图 9-24 所示。

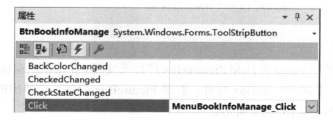

图 9-24　为工具栏按钮添加事件响应函数

(3) 设计状态栏

状态栏的运行效果图如图 9-25 所示。

图 9-25 状态栏运行效果图

状态栏采用 statusStrip 控件来实现。将 statusStrip 控件放置在主窗体的指定位置，单击状态栏"添加"按钮添加新的状态栏标签，如图 9-26 所示。

图 9-26 添加新的状态栏标签

可直接在状态栏标签中输入要显示的文本，本系统的状态栏显示了三个标签，前两个标签是静态输入的文本，最后一个标签为动态显示的登录的用户名，代码如下。

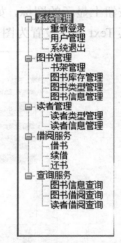

```
private void FM_Main_Init()
{
    statusStrip1.Items[2].Text = PublicClass
        .BmsDataBaseClass.Login_Name;
                //在状态栏显示当前登录的用户名
}
```

变量 Login_Name 是 BmsDataBaseClass 类的全局变量，在登录系统时会根据登录的用户名给该变量赋值，具体可参考 9.5.4 节。

(4) 设计导航菜单

导航菜单的运行效果图如图 9-27 所示。

导航菜单用 TreeView 控件来实现，导航菜单的内容跟菜单栏内容一致，将菜单栏内容加载到导航菜单调用的是 BmsCommonClass 公共类的成员函数 GetMenu，调用代码如下。

图 9-27 导航菜单运行效果图

```
private void FM_Main_Init()
{
    treeView1.Nodes.Clear();
    BmsCommonCase.GetMenu(treeView1, menuStrip1);
            //调用公共类 MyModule 下的 GetMenu()方法，将 menuStrip1 控件的子菜单
                添加到 treeView1 控件中
}
```

(5) 加载背景图

主界面背景图采用 Panel 控件和 PictureBox 控件来实现，首先在主窗体中添加 Panel 控件，然后在 Panel 控件上添加 PictureBox 控件。右键 PictureBox 控件，在弹出的菜单中选择"选择图像"来选择背景图，如图 9-28 所示。

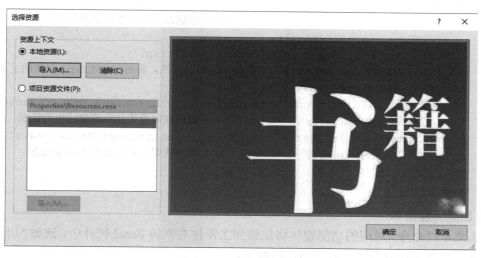

图 9-28　选择背景图

2. 实现主界面功能

(1) 主窗体的加载函数

窗体在显示之前首先会调用窗体的加载函数 Load(),在主窗体的加载函数中调用了登录窗体,登录成功后执行主窗体初始化函数,代码如下。

```
private void FM_Main_Load(object sender, EventArgs e)
{
    FM_Login FormLogin = new FM_Login();       //实例化登录窗口
    FormLogin.Tag = 1;          //将登录窗口的Tag属性设置为1,表示调用的是登录窗口
    FormLogin.ShowDialog();
    FormLogin.Dispose();
    //判断调用的是否是登录窗口
    if(PublicClass.BmsDataBaseClass.Login_n == 1)
    {
        FM_Main_Init();
    }
}
```

(2) 初始化函数

系统登录成功会调用主窗体初始化函数 FM_Main_Init(),主要实现以下功能:在状态栏中显示登录的用户名;加载导航菜单;根据用户权限来设置菜单栏和工具栏命令的功能。代码如下。

```
#region 通过权限对主窗体进行初始化
/// <summary>
/// 对主窗体初始化
/// </summary>
private void FM_Main_Init()
{
    statusStrip1.Items[2].Text = PublicClass.BmsDataBaseClass.Login_Name;
```

```
            treeView1.Nodes.Clear();             //在状态栏显示当前登录的用户名
            BmsCommonCase.GetMenu(treeView1, menuStrip1);
                //调用公共类 MyModule 下的 GetMenu()方法,将 menuStrip1 控件的子菜单
                   添加到 treeView1 控件中
            BmsCommonCase.MainMenuSet(menuStrip1, PublicClass.BmsDataBaseClass.
                isManager);            //根据权限设置相应菜单的可用状态
            BmsCommonCase.ToolBarSet(toolStrip1, PublicClass.BmsDataBaseClass.
                isManager);            //根据权限设置工具栏的可用状态
        }
        #endregion
```

(3) 加载功能窗体

单击菜单栏命令,对应的功能窗体将加载到主窗体右侧的 Panel 控件中,例如"用户管理"菜单命令,当单击该命令时,对应的代码如下。

```
        private void MenuSysUserManage_Click(object sender, EventArgs e)
        {
            BmsCommonCase.Show_Form(FormUserManage, panel1);
        }
```

Show_Form()函数为公共类 BmsCommonClass 的成员函数,其代码可参考 9.5.3 小节。

(4) 导航菜单功能的实现

导航菜单功能与菜单栏功能一致,当单击导航菜单上的命令时,将执行与对应菜单栏命令一样的功能,代码如下。

```
        private void treeView1_NodeMouseClick(object sender, TreeNodeMouseClickEventArgs e)
        {
            if (PublicClass.BmsDataBaseClass.isManager)
            {
                switch (e.Node.Text)
                {
                    case "重新登录":
                        Application.Restart();
                        break;
                    case "用户管理":
                        BmsCommonCase.Show_Form(FormUserManage, panel1);
                        break;
                    ……
                    default:
                        return;
                }
            }
            else
            {
                switch (e.Node.Text)
                {
```

```
    ......
        case "图书库存管理":
        case "图书类型管理":
            e.Node.ForeColor = Color.Gray;
            break;
        default:
            return;
    }
  }
}
```

该代码根据用户权限执行相应的命令，对于管理员用户，加载对应的功能窗体，对于读者用户，只加载其能执行的功能窗体，不能执行的功能将不加载功能窗体并将对应的菜单命令的文本颜色设置为灰色。

9.5.6 系统管理

系统管理主要包括系统重新登录、退出及用户管理功能。

1．重新登录

重新登录功能是在用户登录系统后可以重新登录，如用户登录后修改了个人信息，这时可以重新登录查看个人信息的变化。当用户单击"重新登录"命令时，系统主界面消失并弹出登录窗体。重新登录功能的实现代码如下。

```
private void MenuSysRelogin_Click(object sender, EventArgs e)
{
    Application.Restart();
}
```

重新登录功能通过调用 Application.Restart()函数来实现，该函数将重新启动应用程序。

2．系统退出

当用户单击"系统退出"命令时，系统将退出，对应代码如下。

```
private void MenuSysExit_Click(object sender, EventArgs e)
{
    this.Dispose();
}
```

系统退出功能通过调用主窗体的 Dispose()函数实现，该函数会关闭主窗体并释放窗体占用的资源。

3．用户管理

单击"用户管理"命令将会在主窗体的 Panel 控件中加载用户管理窗体 FM_UserManage，显示效果如图 9-29 所示，加载功能窗体的代码请参考 9.5.5 小节。

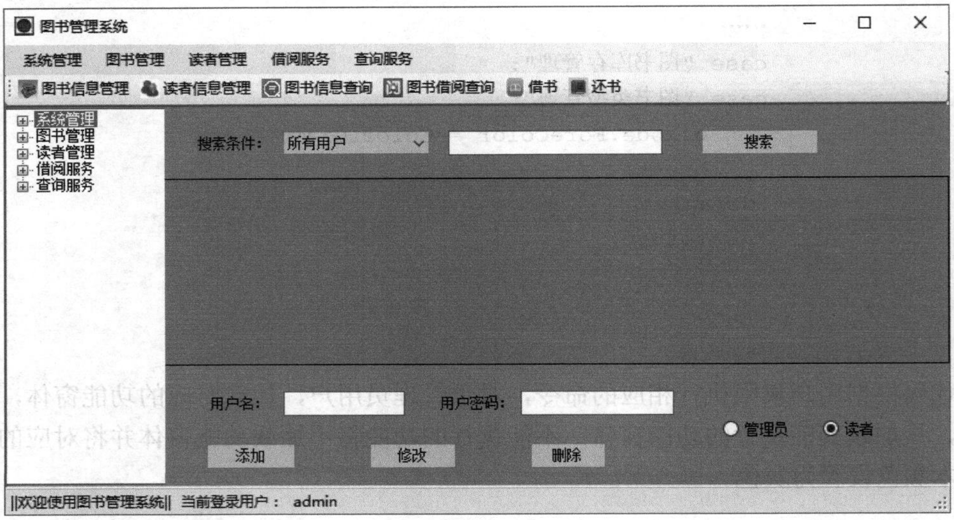

图 9-29 用户管理窗体

用户管理窗体中用到的主要控件及重要属性的配置如表 9-11 所示。

表 9-11 用户管理窗体主控件配置

控件类型	控件 ID	主要属性设置	用 途
ComboBox	comboSearchCon	DropDownStyle = "DropDownList" Anchor = "Top,Left"	搜索条件下拉选项
DataGridView	dataGridView1	SelectionMode = "FullRowSelect" Anchor = "Top,Bottotm,Left,Right"	显示数据表中的内容
TextBox	textSearchCon	Anchor = "Top,Left"	搜索内容
	textUserName	Anchor = "Bottom,Left"	用户名
	textUserPwd	Anchor = "Bottom,Left"	用户密码
Panel	panel1	Anchor = "Bottom,Left"	对单选按钮分组
RadioButton	radioManager	无	管理员用户
	radioReader	无	读者用户
Button	searchUser	Text = "搜索" Anchor = "Top,Left"	搜索按钮
	addUser	Text = "添加" Anchor = "Bottom,Left"	添加按钮
	modifyUser	Text = "修改" Anchor = "Bottom,Left"	修改按钮
	delUser	Text = "删除" Anchor = "Bottom,Left"	删除按钮

表中 ComboBox 控件用于显示搜索条件，将 DropDownStyle 属性设置为 DropDownList，即允许该组合框下拉，但是禁止编辑和输入，只能从设定的选项中选择搜索条件，搜索条件在用户管理窗体的 Load() 函数中设置，代码如下。

```
private void FM_UserManage_Load(object sender, EventArgs e)
{
    comboSearchCon.Items.Add("用户名");
    comboSearchCon.Items.Add("用户类型");
    comboSearchCon.Items.Add("所有用户");
    comboSearchCon.Text = "所有用户";        //设置默认条件
    radioIsReader.Checked = true;
}
```

组合框的搜索条件默认为"所有用户",允许用户通过"用户名"、"用户类型"来搜索用户信息。

DataGridView 控件的 SelectionMode 属性设置为 FullRowSelect,当选择 DataGridView 控件中的某个单元格时,整行记录将会被选中。

用户账户信息保存在用户信息表 tb_user 中,用户管理功能提供对用户账户信息的管理,包括对用户账户的增、删、查、改等操作。

(1) 搜索功能

输入搜索条件,单击"搜索"按钮,将调用 searchUser_Click() 函数执行搜索功能。函数首先判断搜索条件是否有误,除了"所有用户"的搜索条件外,其他搜索选项需要输入搜索内容,接下来根据搜索条件构建 SQL 查询语句。用户信息保存在 tb_user 表中,因此 SQL 查询语句主要对 tb_user 表的内容进行查询,SQL 语句构建完成后调用 BmsDataBaseClass 类的 searchRecord() 函数连接数据库,根据搜索条件查询 tb_user 表的内容,并将结果显示到 DataGridView 控件中。searchRecord() 函数的使用请参考 9.5.3 小节,搜索用户功能的实现代码如下。

```csharp
private void searchUser_Click(object sender, EventArgs e)
{
    if (comboSearchCon.Text != "所有用户" && textSearchCon.Text == "")
    {
        MessageBox.Show("请输入搜索条件!", "提示", MessageBoxButtons.OK,
            MessageBoxIcon.Information);
        return;
    }
    dataGridView1.DataSource = null;
    string sqlSearchCon = "";
    bool findUser = false;
    switch (comboSearchCon.Text)
    {
        case "用户名":
            sqlSearchCon = "SELECT * FROM tb_user WHERE username='" +
                textSearchCon.Text.Trim() + "'";
            findUser = BmsDataOperate.searchRecord(sqlSearchCon,
                dataGridView1);
            break;
        case "用户类型":
            string searchUserType=null;
            if (textSearchCon.Text == "管理员")
            {
                searchUserType = "true";
            }
            else if (textSearchCon.Text == "读者")
            {
                searchUserType = "false";
            }
            else
```

```
                {
                    MessageBox.Show("输入参数错误！", "提示", MessageBoxButtons.OK,
                            MessageBoxIcon.Information);
                    BmsDataOperate.conn_close();
                    break;
                }
                sqlSearchCon = "SELECT * FROM tb_user WHERE ismanager='" +
                        searchUserType.Trim() + "'";
                findUser = BmsDataOperate.searchRecord(sqlSearchCon,
                        dataGridView1);
                break;
            case "所有用户":
                BmsDataOperate.showWholeTable("SELECT * FROM tb_user", dataGridView1);
                break;
            default:
                return;
        }
        if(findUser)
        {
            gridTitleToChinese(dataGridView1);
        }
    }
```

以上代码中 **gridTitleToChinese**()函数的作用是将 DataGridView 控件中显示的记录的属性用中文来显示，代码如下。

```
    private void gridTitleToChinese(DataGridView dataGridView1)
    {
        dataGridView1.Columns[0].HeaderText = "用户名";
        dataGridView1.Columns[1].HeaderText = "登录密码";
        dataGridView1.Columns[2].HeaderText = "管理员用户";
        return;
    }
```

搜索功能的运行结果如图 9-30 所示。

图 9-30　搜索用户功能运行结果

图中搜索了所有用户的信息，可以看到所有用户的用户名、密码及用户角色，其中用户 admin 为管理员，其他用户是读者。

(2) 添加功能

在用户管理窗体的文本框中输入用户名、密码并选择用户角色，单击"添加"将调用 addUser_Click() 函数添加新的用户。函数首先构造 INSERT 语句向 tb_user 表中添加记录，添加操作通过调用 BmsDataBaseClass 类的成员函数 getDataSet() 实现，接下来在 DataGridView 控件中显示添加后的结果，如果添加的是读者用户，则会调用读者信息管理窗体，要求用户添加读者信息。添加用户功能的实现代码如下。

```
private void addUser_Click(object sender, EventArgs e)
{
    string sqlAddUser = "INSERT INTO tb_user(username,userpwd,ismanager) VALUES('"
            +textUserName.Text.Trim()+"','"+textUserPwd.Text.Trim()+"','"
            +radioIsManager.Checked+"')";
    DataSet ds;
    ds = BmsDataOperate.getDataSet(sqlAddUser, "tbUser");
    BmsDataOperate.showWholeTable("SELECT * FROM tb_user", dataGridView1);
    gridTitleToChinese(dataGridView1);
    if(radioIsReader.Checked)
    {
        MessageBox.Show("请输入读者信息！", "提示", MessageBoxButtons.OK,
                MessageBoxIcon.Information);
        FormReaderInfoManage.Controls["textUserName"].Text = textUserName.Text;
        BmsCommonCase.Show_Form(FormReaderInfoManage, PublicClass.
                BmsCommonClass.FormMainPanel);
    }
}
```

以上代码中 BmsDataOperate 是 BmsDataBaseClass 类的实例，其定义代码如下。

```
PublicClass.BmsDataBaseClass BmsDataOperate = new PublicClass.BmsDataBaseClass();
```

添加用户功能的运行效果如图 9-31 所示。

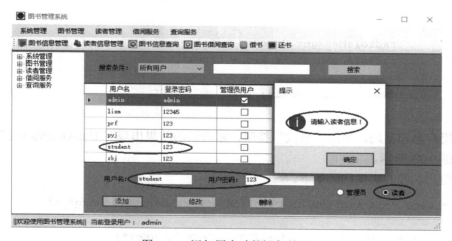

图 9-31 添加用户功能运行结果

由图 9-31 可知，添加新用户后，新用户的信息被成功添加到 tb_user 表中，如果是读者用户则会弹出消息框要求添加读者信息。如果单击确定，将会出现读者信息管理对话框，参考 9.5.8 节中的图 9-42。

(3) 修改功能

选中 DataGridView 中的某个用户，其信息会出现在用户管理窗体对应的文本框中，运行结果如图 9-32 所示。

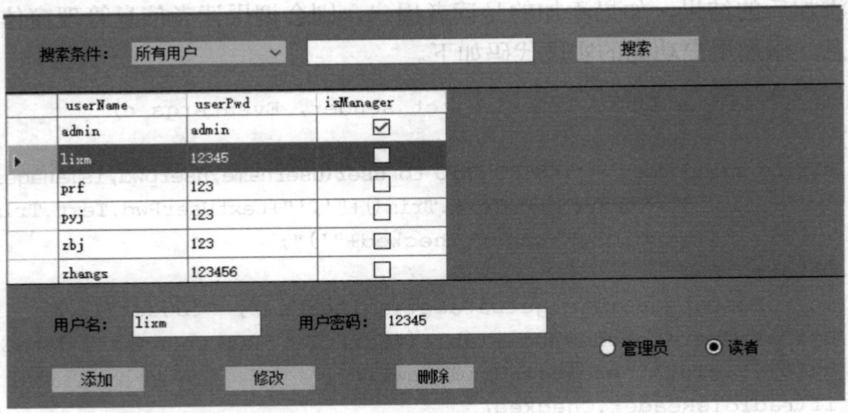

图 9-32 选中要修改的用户

选中用户，将其信息显示到对应文本框的代码如下。

```
private void dataGridView1_CellClick(object sender, DataGridViewCellEventArgs e)
{
    textUserName.Text = dataGridView1.SelectedCells[0].Value.ToString();
    textUserPwd.Text = dataGridView1.SelectedCells[1].Value.ToString();
    if (bool.Parse(dataGridView1.SelectedCells[2].Value.ToString()))
    {
        radioIsManager.Checked = true;
        radioIsReader.Checked = false;
    }
    else
    {
        radioIsManager.Checked = false;
        radioIsReader.Checked = true;
    }
    userName = textUserName.Text;
}
```

修改用户名和密码，单击"修改"按钮，修改后的结果出现在 DataGridView 控件中，运行结果如图 9-33 所示。

修改用户功能的实现代码如下。

```
private void modifyUser_Click(object sender, EventArgs e)
{
    string sqlSelUser = "SELECT * FROM tb_user";
```

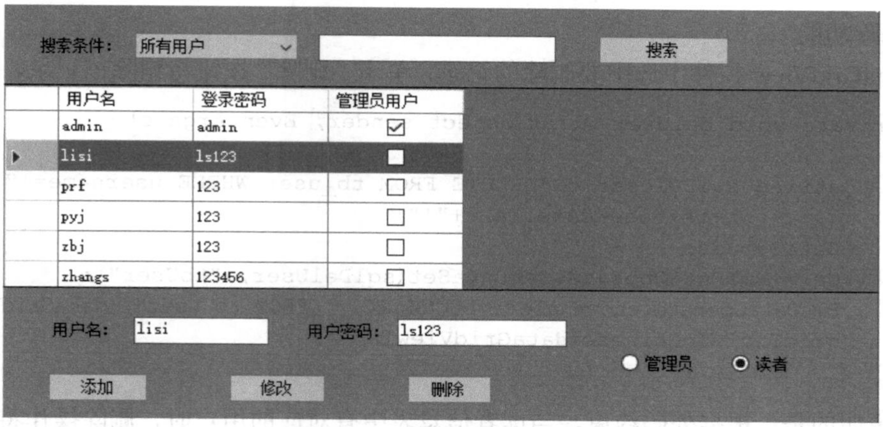

图 9-33　修改用户功能运行结果

```
        DataSet ds=new DataSet();
        BmsDataOperate.conn_open();
        SqlCommand cmd = new SqlCommand(sqlSelUser, PublicClass
                    .BmsDataBaseClass.Bms_conn);
        SqlDataAdapter sda = new SqlDataAdapter();
        sda.SelectCommand = cmd;
        sda.Fill(ds, "tbUser");
        DataTable dt = ds.Tables["tbUser"];
        sda.FillSchema(dt, SchemaType.Mapped);
        DataRow dr = dt.Rows.Find(userName);
        //设置 DataRow 中的值
        dr["userName"] = textUserName.Text.Trim();
        dr["userPwd"] = textUserPwd.Text.Trim();
        if (radioIsManager.Checked)
            dr["isManager"] = true;
        else
            dr["isManager"] = false;
        SqlCommandBuilder cmdBuilder = new SqlCommandBuilder(sda);
        sda.Update(dt);
        BmsDataOperate.showWholeTable("SELECT * FROM tb_user", dataGridView1);
        gridTitleToChinese(dataGridView1);
    }
```

需要指出的是，用户信息表和读者信息表存在关联，具有相同的用户名，在数据库的设计中添加了读者信息表中的用户名和用户信息表中的用户名的外码关系，因此当用户信息表中的用户名发生变化时，读者信息表中的用户名也会随着变化，如图 9-34 所示。

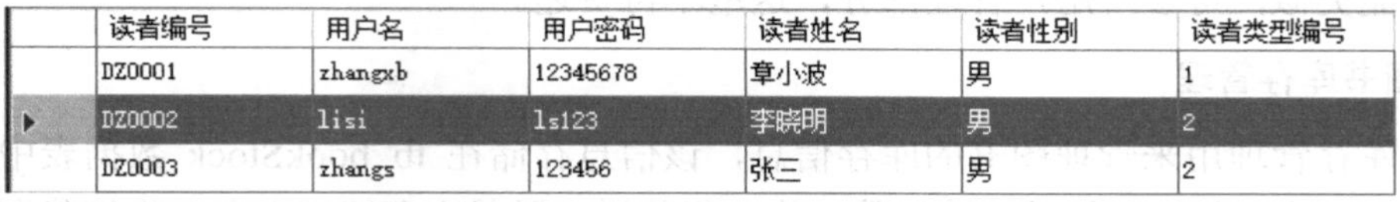

读者编号	用户名	用户密码	读者姓名	读者性别	读者类型编号
DZ0001	zhangxb	12345678	章小波	男	1
DZ0002	lisi	ls123	李晓明	男	2
DZ0003	zhangs	123456	张三	男	2

图 9-34　读者信息表随着修改

(4)删除功能

在 DataGridView 控件中选中要删除的记录,单击"删除"按钮将删除该记录,代码如下。

```
private void delUser_Click(object sender, EventArgs e)
{
    string sqlDelUser = "DELETE FROM tb_user WHERE username='"
            +textUserName.Text+"'";
    DataSet ds;
    ds = BmsDataOperate.getDataSet(sqlDelUser, "tbUser");
    BmsDataOperate.showWholeTable("SELECT * FROM tb_user", dataGridView1);
    gridTitleToChinese(dataGridView1);
}
```

需要说明的是,根据外码约束,当读者信息表中有对应的用户时,删除操作将失败。

9.5.7 图书管理

图书管理是图书管理系统的核心,主要包括 4 大功能,分别是书架管理、图书库存管理、图书类型管理和图书信息管理。

1. 书架管理

书架管理用来管理图书的书架信息,存储在 tb_bookShelf 数据表中,包括书架编号和书架名称。单击菜单栏"书架管理"命令将加载书架管理窗体,该窗体对应的类为 FM_BookShelfManage,显示效果如图 9-35 所示。

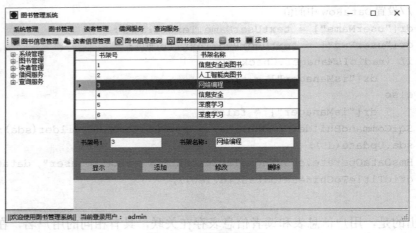

图 9-35　书架管理窗体

书架管理窗体具有书架信息的显示、添加、修改和删除功能。书架管理功能的实现与用户管理功能类似,可参考用户管理部分,这里不再赘述。

2. 图书库存管理

图书库存管理用来管理图书的库存信息,该信息存储在 tb_bookStock 数据表中,包括图书的 ISBN 编号、库存数和累计借阅数。单击菜单栏"图书库存管理"命令将加载图书库存管理窗体,该窗体对应的类为 FM_BookStock,显示效果如图 9-36 所示。

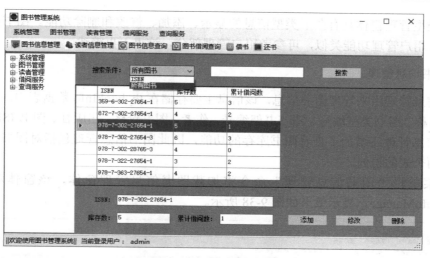

图 9-36 图书库存管理窗体

图书库存管理具有图书库存信息的搜索、添加、修改和删除功能。搜索图书库存信息可搜索所有图书的库存，也可以搜索指定 ISBN 图书的库存，库存信息包括图书的 ISBN 编号、库存数和累计借阅数。库存数表示图书馆保存的该图书的总数，累计借阅数是该图书的借出数，因此库存数应大于等于累计借阅数，而该图书的可借阅数等于库存数减去累计借阅数。数据表 tb_bookStock 中设置了库存数和累计借阅数的 Check 约束，约束两字段值的关系，可参考 9.4.3 节。图书库存管理功能的实现与用户管理功能类似，可参考用户管理部分，这里不再赘述。

3．图书类型管理

图书类型管理用来管理图书的类型信息，该信息存储在 tb_bookType 数据表中，包括图书类型编号、图书类型名称、可借阅天数、租金和滞纳金等信息。单击菜单栏"图书类型管理"命令将加载图书类型管理窗体，该窗体对应的类为 FM_BookTypeManage，显示效果如图 9-37 所示。

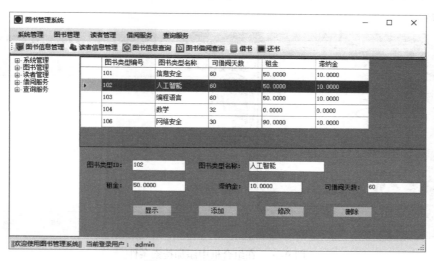

图 9-37 图书类型管理窗体

图书类型管理窗体具有图书类型信息的显示、添加、修改和删除功能。图书类型管理功能的实现与用户管理功能类似，可参考用户管理部分，这里不再赘述。

4. 图书信息管理

图书信息管理用来管理图书信息，该信息主要存储在 tb_bookInfo 数据表中，包括图书编号、图书名称、图书类型编号、图书书架编号、作者、图书价格、出版社、图书 ISBN 等信息。另外图书信息管理还增加了查看图书库存的功能，因此图书信息管理包括对图书信息表和图书库存表两个表的访问。

单击菜单栏"图书信息管理"命令将加载图书信息管理窗体，该窗体对应的类为 FM_BookInfoManage，显示效果如图 9-38 所示。

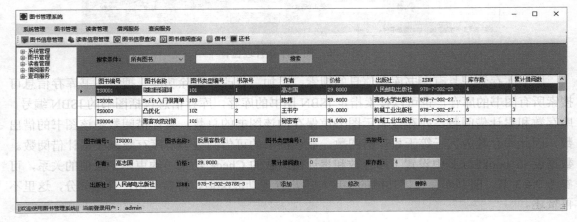

图 9-38 图书信息管理窗体

图书信息管理窗体具有图书信息的查询、添加、修改和删除功能。其查询功能可以获取图书库存信息，但是此处库存信息无法修改，只能在图书库存管理窗体中修改。

在搜索条件组合框中，可查询所有图书的信息，也可以根据图书编号、图书名称、图书类型编号、书架编号、作者、图书 ISBN 等信息进行查询，在组合框中添加搜索条件的方法如图 9-39 所示。

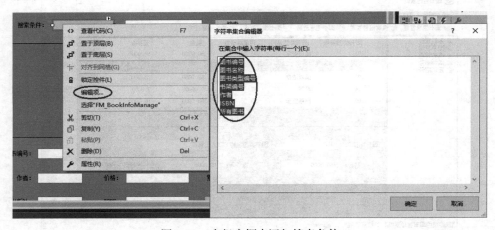

图 9-39 在组合框中添加搜索条件

其中图书名称查询采用了模糊搜索的方法,搜索效果如图 9-40 所示。

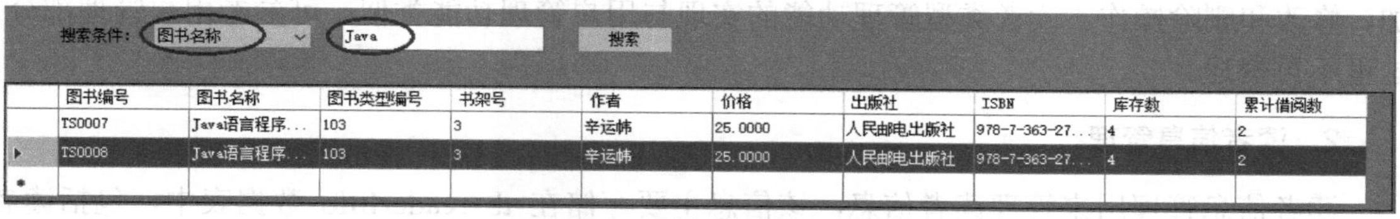

图 9-40 图书名称模糊搜索

图书名称的模糊搜索功能的实现代码如下。

```
switch (comboSearchCon.Text)
{
    ……
    case "图书名称":
        sqlSearchCon = "SELECT * FROM tb_bookInfo WHERE (bookName LIKE '%"
            + textSearchCon.Text.Trim() + "%')";
        break;
    ……
}
```

图书信息管理功能的实现与用户管理功能类似,可参考用户管理部分,这里不再赘述。

9.5.8 读者管理

读者管理是图书管理系统的重要功能,主要包括读者类型管理和读者信息管理两部分。

1. 读者类型管理

读者类型管理用来管理读者的类型信息,该信息存储在 tb_readerType 数据表中,包括读者类型编号、读者类型名称、可借阅图书数等信息。单击菜单栏"读者类型管理"命令将加载读者类型管理窗体,该窗体对应的类为 FM_ReaderTypeManage,显示效果如图 9-41 所示。

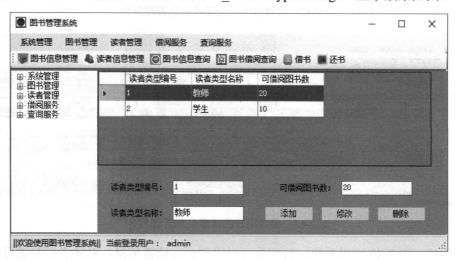

图 9-41 读者类型管理窗体

读者类型管理窗体加载时会自动显示读者类型信息，可在窗体上对读者类型信息进行添加、修改和删除操作。读者类型管理功能的实现与用户管理功能类似，可参考用户管理部分，这里不再赘述。

2. 读者信息管理

读者信息管理用来管理读者信息，该信息主要存储在 tb_readerInfo 数据表中，包括读者编号、读者用户名、读者姓名、读者性别、读者类型编号、联系电话、电子邮箱、余额、备注等信息。另外读者信息管理还增加了读者用户名和密码的修改功能，因此读者信息管理包括对读者信息表和用户信息表两个表的访问。

单击菜单栏"读者信息管理"命令将加载读者信息管理窗体，读者信息管理窗体有两个，根据用户权限，管理员用户可以对所有读者信息进行管理，采用的窗体对应的类为 FM_ReaderInfoManage，而读者用户只能管理自己的信息，采用的窗体对应的类为 FM_ReaderInfoManageForReader。

管理员用户加载的读者信息管理窗体的显示效果如图 9-42 所示，读者用户加载的读者信息管理窗体的显示效果如图 9-43 所示。

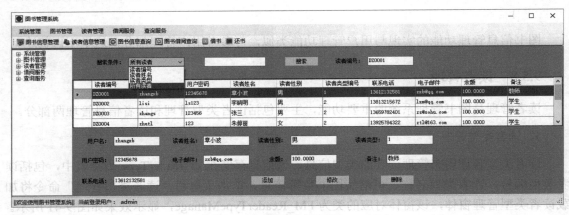

图 9-42 管理员用户的读者信息管理窗体

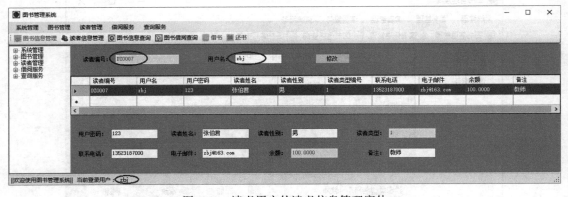

图 9-43 读者用户的读者信息管理窗体

从图 9-42、图 9-43 可以看出，管理员可以管理所有读者信息，对读者信息进行查询、添加、修改和删除；而读者只能管理自己的信息，并且只能看到和修改自己的信息，不能添加和删除。此外读者不能修改自己的读者编号，其读者编号编辑框为不可编辑状态。通过读者信息管理可以修改读者的账号、密码等信息。

修改读者信息时，如果涉及用户名和密码的修改，则需要同时更新用户信息表，管理员用户读者信息表修改的代码如下。

```csharp
private void modifyReaderInfo_Click(object sender, EventArgs e)
{
    //修改用户信息表 tb_user
    string sqlSelUserInfo = "SELECT * FROM tb_user";
    DataSet ds = new DataSet();
    BmsDataOperate.conn_open();
    SqlCommand cmd = new SqlCommand(sqlSelUserInfo,
                PublicClass.BmsDataBaseClass.Bms_conn);
    SqlDataAdapter sda = new SqlDataAdapter();
    sda.SelectCommand = cmd;
    sda.Fill(ds, "tbUser");
    DataTable dt = ds.Tables["tbUser"];
    sda.FillSchema(dt, SchemaType.Mapped);
    DataRow dr = dt.Rows.Find(userName);
    //设置 DataRow 中的值
    dr["userName"] = textUserName.Text.Trim();
    dr["userPwd"] = textUserPwd.Text.Trim();
    SqlCommandBuilder cmdBuilder = new SqlCommandBuilder(sda);
    sda.Update(dt);

    //修改读者信息表 tb_readerInfo
    string sqlSelReaderInfo = "SELECT * FROM tb_readerInfo";
    BmsDataOperate.conn_open();
    cmd = new SqlCommand(sqlSelReaderInfo,
                PublicClass.BmsDataBaseClass.Bms_conn);
    sda = new SqlDataAdapter();
    sda.SelectCommand = cmd;
    sda.Fill(ds, "tbReaderInfo");

    dt = ds.Tables["tbReaderInfo"];
    sda.FillSchema(dt, SchemaType.Mapped);
    dr = dt.Rows.Find(readerBarCode);
    //设置 DataRow 中的值
    dr["readerBarCode"] = textReaderBarCode.Text.Trim();
    dr["userName"] = textUserName.Text.Trim();
    dr["readerName"] = textReaderName.Text.Trim();
    dr["sex"] = textSex.Text.Trim();
    dr["readerTypeID"] = textReaderTypeID.Text.Trim();
    dr["tel"] = textTel.Text.Trim();
    dr["email"] = textEmail.Text.Trim();
    dr["money"] = textMoney.Text.Trim();
    dr["remark"] = textRemark.Text.Trim();
```

```
        cmdBuilder = new SqlCommandBuilder(sda);
        sda.Update(dt);
        showDataGridView("SELECT * FROM tb_readerInfo");
        gridTitleToChinese(dataGridView1);
    }
```

9.5.9 借阅服务

借阅服务是图书管理系统的主要业务，包括借书、续借和还书 3 个功能。

1. 借书

单击菜单栏"借书"命令会加载借书窗体，如图 9-44 所示，该窗体对应的类为 FM_BookBorrow。

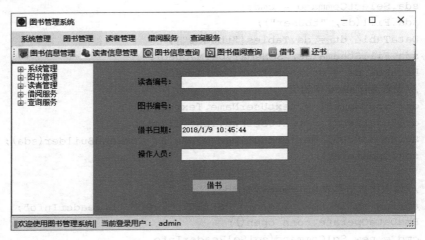

图 9-44 借书窗体

在加载借书窗体的同时，系统自动获取当前操作的日期，填充在借书日期文本框中，代码如下。

```
        private void FM_BookBorrow_Load(object sender, EventArgs e)
        {
            textBorrowDate.Text = DateTime.Now.ToString();
        }
```

在借书窗体中输入读者编号、图书编号和操作人员，单击借书即可。如果输入的读者编号或图书编号有误，在设计数据库时添加的约束会自动报错；如果输入的信息正确，会根据图书编号到图书信息表中查询该图书的 ISBN，然后根据 ISBN 到图书库存表中查询该图书的库存信息，如果库存不够，则提示库存不够，借书失败，否则借书成功，并更新图书库存表和图书借阅信息表。

更新图书库存表时，将累计借阅数加 1。更新图书借阅信息表时，将借阅信息添加到借阅信息表中，其中还书日期会根据借书日期和图书类型表中该图书的可借阅天数计算得到。

借书功能的实现代码如下。

```csharp
private void textBorrowBook_Click(object sender, EventArgs e)
{
    //根据bookBarCode读取tb_bookInfo表中的ISBN
    object selValue;
    string ISBN = "";
    string sqlQueryBookInfo = "SELECT * FROM tb_bookInfo WHERE bookBarCode
            = '" + textBookBarCode.Text.Trim() + "'";
    selValue = BmsDataOperate.getTableValue(sqlQueryBookInfo, "tbBookInfo",
            textBookBarCode.Text.Trim(), "ISBN");
    ISBN = selValue.ToString();
    //根据ISBN判断所借图书库存
    if (!checkStock(ISBN))
    {
        MessageBox.Show("图书库存不够", "提示", MessageBoxButtons.OK,
            MessageBoxIcon.Information);
        return;
    }

    DateTime returnDate;
    int borrowDays = 0;
    //根据bookBarCode读取tb_bookInfo表中的bookTypeID
    string sqlQueryBookTypeID = "SELECT * FROM tb_bookInfo WHERE bookBarCode
            = '" + textBookBarCode.Text.Trim() + "'";
    selValue = BmsDataOperate.getTableValue(sqlQueryBookTypeID,
            "tbBookInfo", textBookBarCode.Text.Trim(), "bookTypeID");

    //根据bookTypeID读取tb_bookType表中的borrowDay,returnDate=borrowDate+
            borrowDay
    string sqlQueryBorrowDay = "SELECT * FROM tb_bookType WHERE bookTypeID
            = '" + selValue.ToString().Trim() + "'";
    selValue = BmsDataOperate.getTableValue(sqlQueryBorrowDay,
            "tbBookType", selValue.ToString().Trim(), "borrowDay");
    borrowDays = Convert.ToInt32(selValue.ToString());
    returnDate = Convert.ToDateTime(textBorrowDate.Text).AddDays(borrowDays);

    string sqlAddBookBorrowInfo = "INSERT INTO tb_bookBorrowInfo(bookBarCode,
            readerBarCode,borrowDate,handler,returnDate) VALUES('"
            + textBookBarCode.Text.Trim() + "','" + textReaderBarCode
            .Text.Trim() + "','"
            + textBorrowDate.Text.Trim() + "','" + textHandler.Text.Trim() + "','"
            + returnDate.ToString().Trim() + "')";
    DataSet ds;
    ds = BmsDataOperate.getDataSet(sqlAddBookBorrowInfo, "tbBookBorrowInfo");

    //借书成功，更新库存
    borrowSum += 1;
    if(!updateStock(ISBN))
```

```
                {
                    MessageBox.Show("图书库存更新失败", "提示", MessageBoxButtons.OK,
                        MessageBoxIcon.Information);
                    return;
                }
            return;
        }
```

以上代码在借书时调用 checkStock() 函数查看图书库存，调用 updateStock() 函数更新图书库存，这两个函数的代码如下。

```
        //检查所借书籍是否还有库存
        private bool checkStock(string ISBN)
        {
            //根据 ISBN 读取 tb_bookStock 表中的 stock 和 borrowSum
            object selValue;
            int stock;
            string sqlQueryStock = "SELECT * FROM tb_bookStock WHERE ISBN = '" +
                        ISBN.Trim() + "'";
                selValue = BmsDataOperate.getTableValue(sqlQueryStock,
                        "tbBookStock", ISBN.Trim(), "stock");
            stock = Convert.ToInt32(selValue.ToString());

            selValue = BmsDataOperate.getTableValue(sqlQueryStock, "tbBookStock",
                        ISBN.Trim(), "borrowSum");
            borrowSum = Convert.ToInt32(selValue.ToString());
            if(stock > borrowSum)
            {
                return true;
            }
            else
            {
                return false;
            }
        }
```

checkStock() 函数根据图书的 ISBN 到图书库存表中去查看图书库存，调用 BmsDataBaseClass 公共类的 getTableValue() 函数去获取图书库存信息。

```
        //图书借出后更新库存信息
        private bool updateStock(string ISBN)
        {
            string sqlQueryStock = "SELECT * FROM tb_bookStock WHERE ISBN = '" +
                        ISBN.Trim() + "'";
            if (BmsDataOperate.setTableValue(sqlQueryStock, "tbBookStock",
                        ISBN.Trim(), "borrowSum", borrowSum))
            {
                return true;
            }
```

```
        else
        {
            return false;
        }
    }
```

将图书的累计借阅数加 1 后,调用 updateStock()函数,updateStock()函数根据图书的 ISBN 到图书库存表中去查看图书库存,并通过调用 BmsDataBaseClass 公共类的 setTableValue()函数去设置图书库存表中累计借阅数 borrowSum 属性的值。

借书过程演示如下。

(1) 查看库存

查看 ISBN 为 978-7-302-28765-3 的图书的库存,如图 9-45 所示。查询到库存数为 4,累计借阅数为 0。

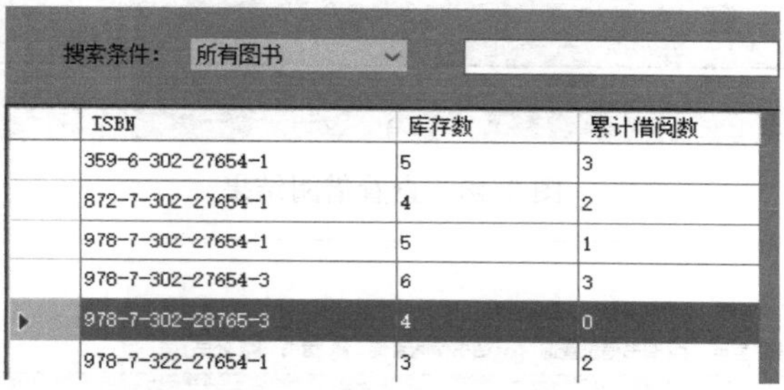

图 9-45 查看图书库存

(2) 查看图书信息

查看 ISBN 为 978-7-302-28765-3 的图书的信息,如图 9-46 所示。查询到该图书编号为 TS0001、TS0009、TS0016、TS0017,图书名称为《反黑客教程》。

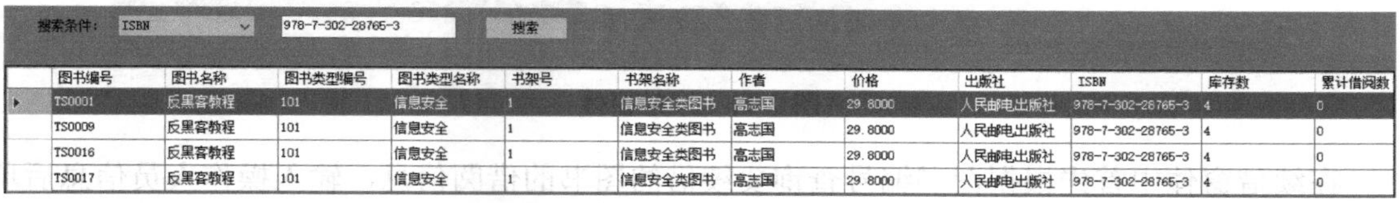

图 9-46 查看图书信息

(3) 借书

输入读者编号、图书编号、操作人员,单击"借书"按钮。借书时如果库存不够会提示借书失败,如图 9-47 所示。

(4) 查看借阅结果

借书成功,可通过图书名称进行模糊查询,查看借阅结果。如图 9-48 所示,可见图书的累计借阅数变为 1。

2. 续借

单击菜单栏"续借"命令会加载续借窗体,如图 9-49 所示,该窗体对应的类为 FM_BookReBorrow。

数据库技术与实战——大数据浅析与新媒体应用

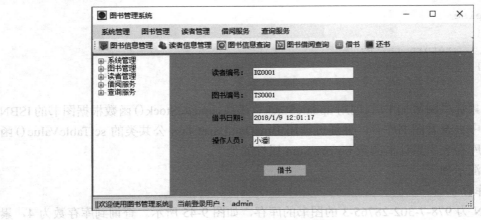

图 9-47 借书窗体

图 9-48 查看借阅结果

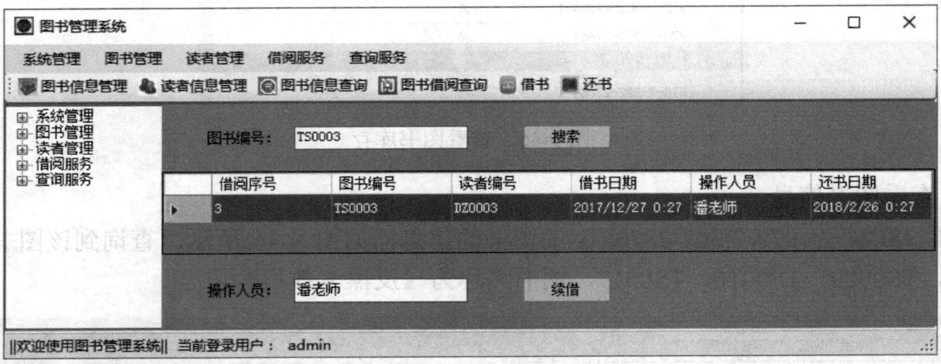

图 9-49 续借窗体

在续借窗体中首先根据图书编号查询要续借的图书的借阅信息,输入操作人员信息后单击"续借",可以看到如图 9-50 所示的续借结果,其中借书日期和还书日期更新了。

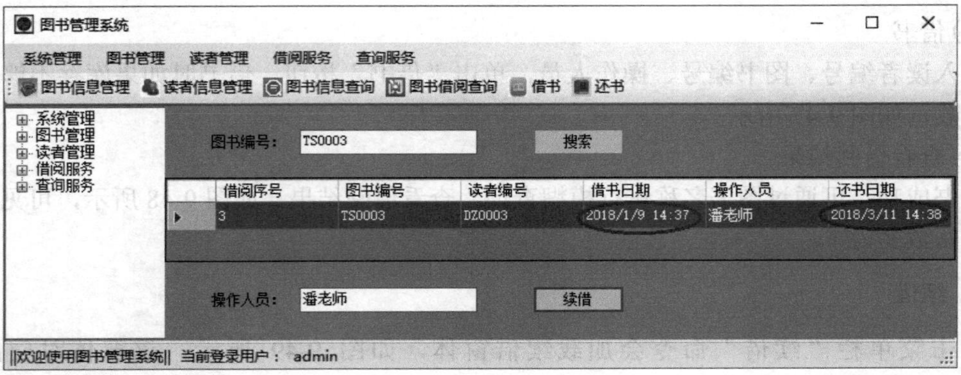

图 9-50 续借结果查询

续借图书操作较为简单，只需修改图书借阅信息表中的借书日期和还书日期即可。

(3)还书

单击菜单栏"还书"命令会加载还书窗体，如图 9-51 所示，该窗体对应的类为 FM_BookReturn。

以前面续借的图书 TS0003 为例，在还书窗体中输入图书编号 TS0003，搜索该图书的借阅信息，结果如图 9-51 所示。

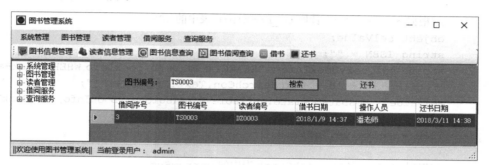

图 9-51　还书窗体

单击"还书"按钮，如果还书成功则弹出还书成功消息框，如图 9-52 所示。

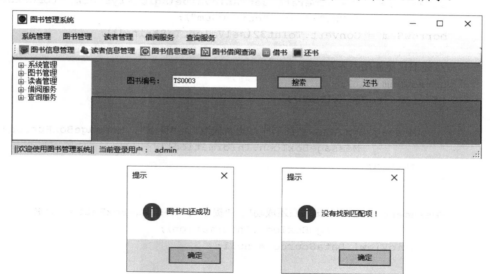

图 9-52　还书结果

还书成功后，图书 TS0003 的借阅信息消失，而再次搜索时将提示"没有找到匹配项！"如图 9-52 所示。还书成功后还要更新图书库存信息，将图书的累计借阅数减 1。还书功能的程序代码如下。

```
private void btnReturnBook_Click(object sender, EventArgs e)
{
    if (textSearchCon.Text == "")
    {
        MessageBox.Show("图书编号不能为空！", "提示", MessageBoxButtons.OK,
            MessageBoxIcon.Information);
```

```
            return;
        }
        string sqlDelRecord = "DELETE FROM tb_bookBorrowInfo WHERE
                bookBarCode='" + textSearchCon.Text + "'";

    DataSet ds;
    ds = BmsDataOperate.getDataSet(sqlDelRecord, "tbBookBorrowInfo");

    //根据 bookBarCode 读取 tb_bookInfo 表中的 ISBN
    object selValue;
    string ISBN = "";
    string sqlQueryBookInfo = "SELECT * FROM tb_bookInfo WHERE bookBarCode
            = '" + textSearchCon.Text.Trim() + "'";
    selValue = BmsDataOperate.getTableValue(sqlQueryBookInfo, "tbBookInfo",
            textSearchCon.Text.Trim(), "ISBN");
    ISBN = selValue.ToString();

    //根据 ISBN 读取 tb_bookStock 表中的 borrowSum
    string sqlQueryStock = "SELECT * FROM tb_bookStock WHERE ISBN = '" +
            ISBN.Trim() + "'";
    selValue = BmsDataOperate.getTableValue(sqlQueryStock, "tbBookStock",
            ISBN.Trim(), "borrowSum");
    borrowSum = Convert.ToInt32(selValue.ToString());

    //还书后更新图书库存信息
    borrowSum -= 1;
    if (!updateStock(ISBN))
    {
        MessageBox.Show("图书库存更新失败", "提示", MessageBoxButtons.OK,
                MessageBoxIcon.Information);
        return;
    }

    MessageBox.Show("图书归还成功", "提示", MessageBoxButtons.OK,
            MessageBoxIcon.Information);
    dataGridView1.DataSource = null;
}
```

还书功能的代码主要将图书借阅信息从图书借阅信息表中删除，同时更新图书的库存信息，将图书的累计借阅数减 1。

9.5.10 查询服务

查询服务是图书管理系统的重要功能，本系统提供 3 大查询服务，分别是图书信息查询、图书借阅查询和读者借阅查询。查询服务需要跨多张表，并且不需要对数据表进行增、删、改操作，因此查询服务采用数据库视图来实现，参考 9.4.3 小节，本系统在创建数据库时共创建了 3 个视图，分别是图书信息查询视图 view_bookInfoQuery、图书借阅查询视图 view_bookBorrowInfo 和读者借阅查询视图 view_readerBorrowInfo。查询操作将在对应的视图上进行。

1. 图书信息查询

图书信息查询窗体对应的类是 **FM_BookInfoQuery**，图书信息查询是在图书信息查询视图 **view_bookInfoQuery** 上进行的，如图 9-53 所示，可通过图书编号、图书名称、图书类型编号、书架编号、作者和图书 ISBN 来查询图书信息，也可以查询所有图书信息。通过图书信息查询，可以获取图书的图书编号、图书名称、图书类型编号、图书类型名称、书架号、书架名称、作者、价格、出版社、ISBN、库存数和累计借阅数等信息。

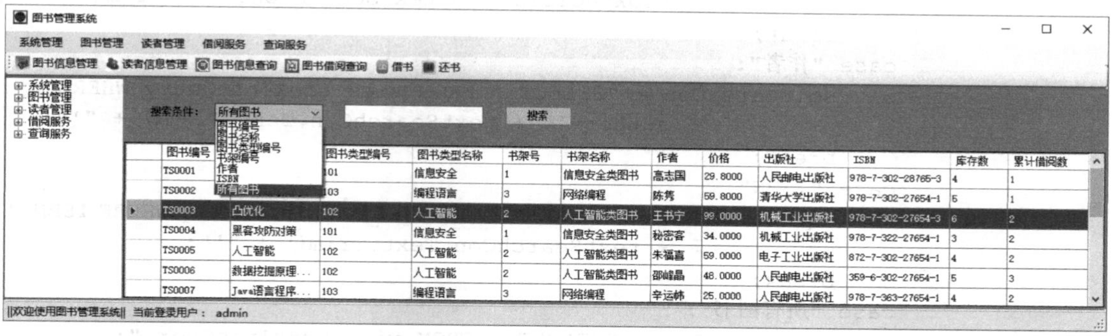

图 9-53 图书信息查询窗体

图书信息查询的实现代码如下。

```
private void searchBookInfo_Click(object sender, EventArgs e)
{
    if (comboSearchCon.Text != "所有图书" && textSearchCon.Text == "")
    {
        MessageBox.Show("请输入搜索条件！", "提示", MessageBoxButtons.OK,
            MessageBoxIcon.Information);
        return;
    }
    dataGridView1.DataSource = null;
    string sqlSearchCon = "";
    bool findBookInfo = false;

//图书名称模糊查询
    switch (comboSearchCon.Text)
    {
        case "图书编号":
            sqlSearchCon = "SELECT * FROM view_bookInfoQuery WHERE
                        bookBarCode='" + textSearchCon.Text.Trim() + "'";
            break;
//图书名称模糊查询
    switch (comboSearchCon.Text)
    {
        case "图书编号":
            sqlSearchCon = "SELECT * FROM view_bookInfoQuery WHERE
                        bookBarCode='" + textSearchCon.Text.Trim() + "'";
            break;
        case "图书名称":
            sqlSearchCon = "SELECT * FROM view_bookInfoQuery WHERE
```

```
                            (bookName like '%" + textSearchCon.Text.Trim() + "%')";
            break;
        case "图书类型编号":
            sqlSearchCon = "Select * From View_bookInfoQuery WHERE 
                            bookTypeID='" + textSearchCon.Text.Trim() + "'";
            break;
        case "书架编号":
            sqlSearchCon = "SELECT * FROM view_bookInfoQuery WHERE 
                            bookShelfID='" + textSearchCon.Text.Trim() + "'";
            break;
        case "作者":
            sqlSearchCon = "SELECT * FROM view_bookInfoQuery WHERE 
                            author='" + textSearchCon.Text.Trim() + "'";
            break;
        case "ISBN":
            sqlSearchCon = "SELECT * FROM view_bookInfoQuery WHERE ISBN='"
                            + textSearchCon.Text.Trim() + "'";
            break;
        case "所有图书":
            sqlSearchCon = "SELECT * FROM view_bookInfoQuery";
            break;
        default:
            return;
    }
    findBookInfo = BmsDataOperate.searchRecord(sqlSearchCon,
                    dataGridView1);
    if(findBookInfo)
    {
        gridTitleToChinese(dataGridView1);
    }
}
```

2. 图书借阅查询

图书借阅查询窗体对应的类是 FM_BookBorrowInfo，图书借阅查询是在图书借阅查询视图 view_bookBorrowInfo 上进行的，如图 9-54 所示，可通过图书编号、图书名称来查询图书借阅信息，也可以查询所有图书借阅信息。图书借阅查询，可以获取所借阅图书的图书编号、图书名称、图书 ISBN、读者编号、读者姓名、借书日期、还书日期、操作人员、库存数和累计借阅数等信息。

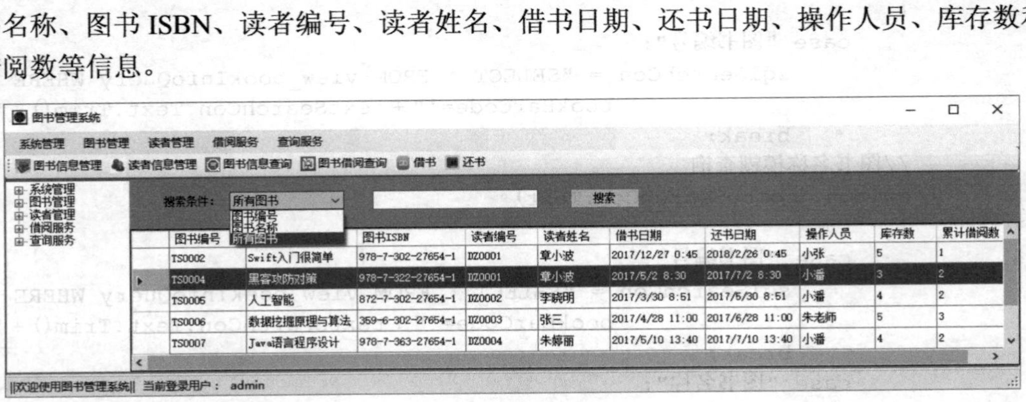

图 9-54 图书借阅查询窗体

图书借阅查询的实现代码如下。

```csharp
private void btnSearch_Click(object sender, EventArgs e)
{
    if (comboSearchCon.Text != "所有图书" && textSearchCon.Text == "")
    {
        MessageBox.Show("请输入搜索条件!", "提示", MessageBoxButtons.OK,
            MessageBoxIcon.Information);
        return;
    }
    dataGridView1.DataSource = null;
    string sqlSearchCon = "";
    bool findBookBorrowInfo = false;
    switch (comboSearchCon.Text)
    {
        case "图书编号":
            sqlSearchCon = "SELECT * FROM view_bookBorrowInfo WHERE
                bookBarCode='" + textSearchCon.Text.Trim() + "'";
            break;
        case "图书名称":
            sqlSearchCon = "SELECT * FROM view_bookBorrowInfo WHERE
                (bookName like '%" + textSearchCon.Text.Trim() + "%')";
            break;
        case "所有图书":
            sqlSearchCon = "SELECT * FROM view_bookBorrowInfo";
            break;
        default:
            return;
    }
    findBookBorrowInfo = BmsDataOperate.searchRecord(sqlSearchCon,
        dataGridView1);
    if (findBookBorrowInfo)
    {
        gridTitleToChinese(dataGridView1);
    }
}
```

3. 读者借阅查询

读者借阅查询窗体对应的类是 FM_ReaderBorrowInfo，读者借阅查询是在读者借阅查询视图 view_readerBorrowInfo 上进行的，管理员用户和读者用户在读者借阅查询的功能上是不同的，管理员用户可以查询所有读者的借阅信息，而读者用户只能查询自己的借阅信息。图 9-55 是管理员用户的读者借阅查询窗体，而 9-56 是读者用户的读者借阅查询窗体。

如图 9-55 所示，可通过读者编号和用户名来查询读者借阅信息。读者借阅查询，可以获取读者编号、读者姓名、读者用户名、读者所借阅图书的图书编号、图书名称、图书 ISBN、借书日期、还书日期、操作人员等信息。

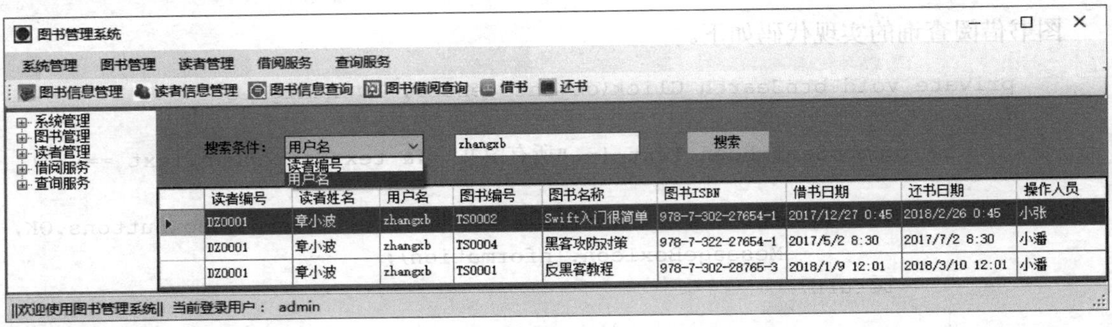

图 9-55 管理员用户的读者借阅查询窗体

如图 9-56 所示，读者用户只能查询自己的借阅信息，只能通过用户名来查询，用户名为当前登录的用户名，不可更改。

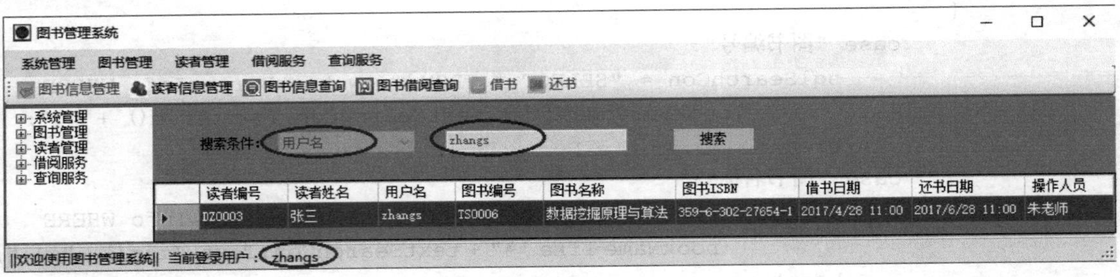

图 9-56 读者用户的读者借阅查询窗体

读者借阅查询的实现代码如下。

```
private void btnSearch_Click(object sender, EventArgs e)
{
    if (textSearchCon.Text == "")
    {
        MessageBox.Show("请输入搜索条件！", "提示", MessageBoxButtons.OK,
            MessageBoxIcon.Information);
        return;
    }
    dataGridView1.DataSource = null;
    string sqlSearchCon = "";
    bool findReaderBorrowInfo = false;
    switch (comboSearchCon.Text)
    {
        case "读者编号":
            sqlSearchCon = "SELECT * FROM view_readerBorrowInfo WHERE
                readerBarCode='" + textSearchCon.Text.Trim() + "'";
            break;
        case "用户名":
            sqlSearchCon = "SELECT * FROM view_readerBorrowInfo WHERE
                userName='" + textSearchCon.Text.Trim() + "'";
            break;
        default:
```

```
            return;
        }
        findReaderBorrowInfo = BmsDataOperate.searchRecord(sqlSearchCon,
            dataGridView1);
        if (findReaderBorrowInfo)
        {
            gridTitleToChinese(dataGridView1);
        }
    }
```

9.6 小结

本章给出了一个小型的功能完整的图书管理系统，通过这个完整的案例，详尽地介绍了采用 C#、ADO.NET 和 SQL Server 进行数据库开发的过程，包括数据库的创建、数据表的创建、视图的创建、数据库的增、删、查、改操作，以及采用主码约束、非空约束、唯一约束、Check 约束、外码约束来保证数据完整性和一致性的方法。通过本案例的介绍和分析，可以帮助读者更好地掌握 SQL Server 数据库技术。

9.7 习题

参考图书管理系统案例，自己动手开发一个小型的学生信息管理系统，要求采用 C#、ADO.NET、SQL Server 开发，学生信息管理系统由多张表构成，实现学生基本信息管理、学生成绩管理、学生考勤管理等基本功能，系统用户分为管理员用户和学生用户，系统要求有图形用户界面，并保证数据表的完整性和一致性。

参 考 文 献

[1] 王小科，徐薇．C#从入门到精通(第 2 版)[M]．北京：清华大学出版社，2010．
[2] John Sharp 著．周靖译．Visual C# 2010 从入门到精通[M]．北京：清华大学出版社，2010．
[3] Christian Nagel，Jay Glynn，Morgan Skinner 著．李铭译．C#高级编程(第 9 版)[M]．北京：清华大学出版社，2014．
[4] Karli Watson，Christian Nagel 著．齐立波译．C#入门经典(第 5 版)[M]．北京：清华大学出版社，2010．
[5] 潘瑞芳，贾晓雯，叶福军等．数据库技术与应用[M]．北京：清华大学出版社，2012．
[6] 陈志泊，王春玲，许福等．数据库原理及应用教程(第 3 版)[M]．北京：人民邮电出版社，2014．
[7] 罗佳，杨菊英，杨铸等．数据库原理及应用[M]．北京：人民邮电出版社，2016．
[8] 李雁翎．数据库技术及应用实践教程——SQL Server(第 4 版)[M]．北京：高等教育出版社，2014．
[9] 刘卫国，严晖．数据库技术及应用——SQL Server [M]．北京：清华大学出版社，2007．
[10] 吕云翔，钟巧灵，衣志昊．大数据基础及应用[M]．北京：清华大学出版社，2017．